生命的栖居

——设计并理解人与自然的联系

生命的栖居

——设计并理解人与自然的联系

[美] 斯蒂芬·R·凯勒特 著
朱 强 刘 英 俞来雷 俞孔坚 译

中国建筑工业出版社

著作权合同登记图字：01-2006-5512 号

图书在版编目(CIP)数据

生命的栖居——设计并理解人与自然的联系/(美)凯勒特著；朱强等译. —北京：中国建筑工业出版社，2008

ISBN 978-7-112-09739-5

Ⅰ. 生… Ⅱ. ①凯…②朱… Ⅲ. 环境设计—研究 Ⅳ. TU-856

中国版本图书馆 CIP 数据核字(2007)第 175293 号

Building for Life/Stephen R. Kellert

Published by arrangement with Island Press

本书由美国 Island 出版社授权翻译出版

责任编辑：姚丹宁
责任设计：郑秋菊
责任校对：李志立 王 爽

生命的栖居
——设计并理解人与自然的联系
[美] 斯蒂芬·R·凯勒特 著
朱 强 刘 英 俞来雷 俞孔坚 译
*
中国建筑工业出版社出版、发行(北京西郊百万庄)
各地新华书店、建筑书店经销
北京天成排版公司制版
北京建筑工业印刷厂印刷
*
开本：787×1092 毫米 1/16 印张：16½ 字数：292 千字
2008 年 5 月第一版 2008 年 5 月第一次印刷
定价：**50.00** 元
ISBN 978-7-112-09739-5
(16403)

目　录

致谢

任何一本试图讲解人与自然关系的书籍都不可避免会受益于许多其他人的知识和帮助。我深深地感激我曾经受到过的这些帮助，在此我只能简单地表达我的谢意。因此，我首先要对于那些无意中遗忘的、给过我极大帮助的人们深表歉意。

对于人与自然环境之间关系的知识和见解，我特别要感谢的人有：加波利・比诺伊特(Gaboury Benoit)、鲍勃・派尔(Bob Pyle)、彼得・康恩(Peter Kahn)、大卫・奥尔(David Orr)、伊丽莎白・劳伦斯（已故）（the late Elizabeth Lawrence）、汤姆・马姆布雷(Tom Mumbray)、克里斯・迈尔斯(Chris Myers)、保罗・谢巴德(the late Paul Shepard)（已故）、特里尔・休布(Terrill Shorb)、伊薇特・斯克诺伊柯・休布(Yvette Schnoeker-Shorb)、格斯・司比斯(Gus Speth)、爱德华・O・威尔逊(Edward O. Wilson)，以及我的许多学生，他们是：尼科尔・阿尔多因(Nicole Ardoin)、托莱・德尔(Tori Derr)、斯玛・艾宾(Syma Ebbin)、凯文・艾丁斯(Kevin Eddings)、提姆・法恩哈姆(Tim Farnham)、艾奥娜・豪肯(Iona Hawken)、拉莉・里奇屯菲尔德(Laly Lichtenfeld)、杰・米塔(Jai Mehta)、鲍勃・鲍威尔(Bob Powell)、索雷特・拉塔纳泊纳德(Sorrayut Ratanapojnard)、特里・特尔哈尔(Terry Terhaar)、克里斯蒂・

沃尔布拉奇特(Christy Vollbracht)、里丘·华莱士(Rich Wallace)。

同时，对于那些拓展我对可持续(sustainable)环境设计(我个人更偏向称之为“恢复性环境设计”)理论与实践的理解的人们，我在此也致以深深的谢意。他们主要是：吉姆·阿克斯利(Jim Axley)、比尔·伯朗宁(Bill Browning)、兰迪·克罗克斯顿(Randy Croxton)、朱迪斯·赫尔瓦根(Judith Heerwagen)、格兰特·希尔德布兰德(Grant Hildebrand)、史蒂夫·凯兰(Steve Kieran)、拉斐尔·皮利(Rafael Pelli)、乔纳森·罗斯(Jonathan Rose)、唐·沃森(Don Watson)，以及许多已经毕业的学生和仍在读的学生，如加维·贡扎利兹·卡姆帕纳(Javier Gonzalez-Campana)、马蒂·玛多(Marty Mador)、特伦斯·米勒(Terrence Miller)、本·谢菲尔德(Ben Shepherd)。这些人中，我特别要感谢的是马蒂·玛多(Marty Mador)，她帮助我完成了此书最终稿。

此外，我还要特别感谢岛屿出版社的全体工作人员，感谢他们极其认真地编辑排版，使此书得以完美地呈现在读者的面前。尤其要感谢的是杰夫·哈德威克(Jeff Hardwick)、希瑟·博伊尔(Heather Boyer)、詹姆士·努祖姆(James Nuzum)、芭芭拉·迪安(Barbara Dean)和丹·塞利(Dan Sayre)。

最后，我深深感谢那些允许我在此书中引用他们的研究结果的人。他们是斯蒂凡·宾尼斯奇(Stefan Behnisch)、肯特·布鲁默(Kent Bloomer)、比尔·伯朗宁(Bill Browning)、沃尔特·卡恩(Walter Cahn)、兰迪·克罗克斯顿(Randy Croxton)、加维·贡扎利兹·卡姆帕纳(Javier Gonzalez-Campana)、诺曼·福斯特先生(Sir Norman Foster)、亚历山大·哈尔希(Alexandra Halsey)、格兰特·希尔德布兰德(Grant Hildebrand)、迈克尔·霍普金斯先生(Sir Michael Hopkins)、希拉·凯勒特(Cilla Kellert)、弗朗西丝·栝(Frances Kuo)、威廉·麦克多瑙夫(William McDonough)、史蒂文·皮克(Steven Peck)、凯撒·皮利(Cesar Pelli)、艾伦·肖特(Alan Short)、麦克·泰勒(Mike Taylor)和约翰·托德(John Todd)。

第一章 导　言

人类与自然世界的紧密接触，对于人类自身的幸福安宁和发展至关重要，遗憾的是，在当今世界，这种人与自然的紧密联系、人与自然的和谐正在逐渐消失。只要人们仔细认真地对待自然，这种和谐可以得以恢复甚至重建。然而不幸的是，现代人类对自然环境在人类身心方面所起到的重要作用的理解早已模糊和混淆了。大多数人认为，文明的进程即使不是完全驾驭自然界的过程，也是征服自然、改变自然的过程。的确，大多数人认为，这才是文明的标志和本质。[1]

为何他们有此看法？首先，大多数人认为，由少数人生产的大量过剩的食物允许其他人在相对低消耗的基础上获得生活必需品，以及在极为自由的条件下去使用这些物品。直到如今，人类仍是依靠将自然生境（Natural Habitats）转变为大规模的单一栽培，主要途径是大片种植庄稼或是大规模地工业化地饲养家禽，从而生产出这些看似剩余的产品。其次，现代社会所能生产的产品的类型已远远超过了1000年以前最富有的人所能想像的。这些如今可以在一个一般的商场里购得的商品已使以前最富有最有权力的贵族黯然失色，而生产商品是以消耗大量的自然资源为代价的。再次，今天的多数人都期待健康与长寿，而将所有的这些都得归功于现代医学技术所带来的奇迹。这种对“疾病的征服”在很大程度上依赖于通过营造抗菌的环境来压制其他的生命形式。

至少到最近为止，人们才意识到传统的设计方式和人类的开发建设已在逐渐征服和消除原本未受干扰的自然世界(Wild Nature)，特别是在城市环境，已很少看到自然世界的痕迹。我们不得不开始冷静地思考：仅仅在两个世纪以前，英国是世界上第一个人口大规模开始在城市中定居的国家，而现在这种聚集是现代生活的普遍现象。[2] 如今，发达国家大约有三分之二的人都生活在大城市中。同时，人类历史上规模最大的人口转移正在进行，在中国、印度及其他地方和国家里，数以万计的人群正从农村移居到城市。

城市化的过程也就是将自然界的多样性转变为均质的、不透水的城市下垫面，消耗大量资源，同时产生惊人的垃圾和污染物的过程。据统计，现代都市环境要消耗掉约40%的能源资源，30%的自然资源，25%的淡水资源，同时产生33%的废水废气，以及25%的固体废弃物。[3] 这种发展模式不是必需的，同时也不能使城市可持续发展下去。这种发展的模式更多的是由于现有的设计存在着缺陷和不足，而并不是都市生活本身不可避免的缺陷。尽管如此，这种城市化的发展模式仍使得许多人相信：当今社会的受益来自于这种对自然界大规模的开发，换一种说法即是对自然界的征服。对许多人而言，人类的进步和文明的程度可以等同于人类对自然征服的程度。

然而，多数人仍直觉地感受到自然界的健康及多样性与他们自身的体质、幸福感等是休戚相关的。[4] 大多数人认为，自然界与他们的生活质量有很大的联系，而并不完全是物质财富和社会经济决定他们生活质量的水平。在美国及其他国家的一次民意调查中发现，大多数调查对象认为环境是同等重要的(相对于物质财富而言)。[5] 还有一些人坚定地认为，自然界极大程度地影响了他们的身体素质、心理素质和道德观念。这些可以从调查中大多数人的偏好、文化娱乐及其方式得到很好的印证。生活中我们与自然界息息相关：我们使用的材料，我们的装饰品样式，我们所选择的娱乐活动，我们选择的居住场所以及我们日常生活中常讲的故事都反映了这一点。自然界依然统治着我们的日常生活，日常生活中的形态、形式及语言都烙有深刻的自然印记。然而，一些技术至上的人认为，自然界在现代城市社会中是无足轻重的。

尽管人与自然相互依存的关系确实存在，但在现代社会中，还是缺乏充足的理由让所有人意识到丰富多样的自然系统极大影响了人类的生活质量，尤其是城市人的生活质量。也许我们对日常生活中随手可及的东西视为理所当然，就如同在水中自由游荡的鱼儿无法意识到水的作用一样。除非有一天，人类无法再继续随心所欲地使用这些资源，自然界的重要性才会引起人类的重视，这时的人类才会体会到自然界的存在和价值。现在，我们不得不开始面临着几乎无孔不入的环境恶化问题，同时人类已经感觉到与之前熟知的自然日渐疏远，而这些后果都归因于人口的大量增长，消耗的不断攀升，城市化的快速发展，资源的迅速枯竭，垃圾的大量产生，污染的进一步恶化以及化学污染的持续扩大等等因素。[6] 在刚刚过去的 50 年时间里，人类过度的消耗，基本上改变了整个地球的大气化学组成，并导致了大规模的生物多样性丧失，甚至威胁到人类自身的生存和发展。

因此，在现代社会，关于人类与自然的联系，我们面临彼此对立的假设。其中之一则是普遍存在于人类心中的想法，即衡量社会的现代化程度主要是看控制和改变自然的程度和力度。而另外一个则源于一直以来人类对自然界的直觉，即人类的身体素质、心理健康甚至精神方面等取决于同正常的、多样的自然系统的广泛而充分的接触。本书主要解释和证明的是后一种观点，即认为在现代化的都市社会里，自然界是人类生活中不可或缺，也是不可替代的部分。本书还解释了自然界的退化是如何削弱人类的物质财富和精神财富的。最后，本书讲解了如何通过详细的规划设计来重建一个更加协调、和谐的人与自然的相互关系。

本书主要涵盖了三个方面的内容。首先，通过多方面的实验证明，同自然界广泛接触以及保持自然界的多样性对于人类物质财富和精神财富的发展是至关重要的。其次，童年时代被认为是同自然接触、相互联系最关键的时期，它影响人类身心的发展和成熟，甚至会影响其一生的学习能力。但非常不幸的是，无论是孩子还是大人，共同面临的问题是：与自然环境直接接触机会的减少，尤其对于城市中的人更是如此。因此，本书的最后一部分将关注如何建立一种新的发展模式，从而协助人类重拾在现代都市环境中人类失落于自然界的那部分价值。

在许多关于人与自然关系调查的基础上，形成了这样一种观点：人类亲近自然的本性(Biophilia)，[7] 涉及的是人类热爱自然的天性。本书将从 9 种基本的环境价值来阐述这一本性(参见第二章)。通过这 9 个方面的价值可以帮助人类形成健康的体质，获取丰富和舒适的物质财富，促进智力的发展、情感的成熟、创造能力的培养、道德观念的形成以及对精神层面含义的深层理解。然而，这种同自然价值的理解与内在的基因遗传关系很小，这种价值观的获得完全依赖于全方位的体验、学习以及文化熏陶。

文化和自然世界保持着一种协调的联系，这对于人一生中所经受的方方面面至关重要。这种相互依赖的关系是每个生物的本性，由此可推断，人与自然联系最关键的过程就很像童年时期。[8] 年轻人在反复同自然世界的接触中逐渐掌握了自然的语言，并通过各种途径使得自己成熟。但是对于大多数儿童和成年人而言，现代社会里自然环境不断退化，使他们很少有机会直接触摸大自然，很难从自然中寻找到一种自我满足感，因此不可能将同自然的接触作为日常生活的一部分。[9] 这种趋势的直接表现就是大范围的空气污染和水体污染，破碎化的景观，大片生境的破坏，生物多样性的丧失，气候的改变以及资源的耗竭。这些变化趋势不仅对人类的身体健康和物质财富是一个极大的威胁，同时也破坏了自然界在人类情感、智力和道德发展中所起的媒介作用。

通过变革性的设计途径来建设人类生活环境可以改善这种现代生活模式带来的不足，这种新的发展模式称为恢复性环境设计(Restorative Environmental Design)。这一设计手法关注的重点是我们该如何避免大量能源、资源和材料的消耗，如何尽量减少垃圾及污染物的产生，以及如何避免人类与自然界的分离，产生疏远的感觉。最近或稍早，人们意识到现存的环境危机是因为设计的失败，而不是现代生活方式不可避免的；现今的科学技术的发展可以更好地协调自然与人类生活环境的矛盾。然而，要做到这一点(要真正达到人与自然的和谐共处)，将要面临两大挑战。首先，应尽量减少和减轻现代化建设和发展引起的对环境的不良后果；其次，也是同样重要的是，我们必须营造一种能够提供给人们足够多和令人满意的同自然接触机会的人工建成环境。

在最近几年，新出现了多解设计(Alternative Design)——也就是常说的“可持续设计”(Sustainable Design)或“绿色设计”(Green Design)。这些设计手法的最终目标是尽量减少在建造过程中对自然世界和人类自身健康带来不利的影响。在这里采用“恢复性环境设计”，而不采用先前的“绿色设计”，这是因为“绿色设计”掩盖了自然与人类生活环境也存在着重建这种积极的联系。现代建设过程中对自然系统和人类健康的破坏可以通过提前采取一些措施而尽量减少和减轻，其措施有：更有效地利用能源，使用可再生能源，减少资源的消耗，循环利用产品和材料，减少垃圾与污染的形成，使用无毒的材料，保护室内环境质量，避免生境的破坏和生物多样性的丧失。这些措施的最终目标是低环境影响设计(Low Environmental Impact Design)，但这还不足以实现可持续环境设计，它还只是可持续设计中不可缺少的一个环节。尽管低环境影响设计是必不可少的，也是很有挑战性的，但是它却忽视了城市开发过程中，恢复人与自然的接触也是同等重要的。更为遗憾的是，至今为止，低环境影响设计也还仅仅是可持续环境设计与发展的初步目标。

而在环境营造中，人与自然接触产生的满足感是另一种附加的目的，也被称之为积极环境影响设计(Positive Environmental Impact)或“热爱自然本性设计”(Biophilic Design)。热爱自然本性设计包含两个方面：有机设计(Organic Design)或自然设计(Naturalistic Design)；乡土设计(Vernacular Design)或基于场地的设计(Placebased Design)。有机设计涉及建筑物和景观的外在表现和形式，这些外在表现直接地、间接地或象征性地反映了人类对自然世界的内在亲和力。这种自然对人类环境意识的影响通过自然的采光、通风以及自然材料的使用来实现；同时，自然界中各种形态的水体、丰富多彩的植物，以及模仿自然形态及自然过程的装饰形式等都可以使人们感受到自然的魅力。而乡土设计主要指通过文化、历史和生态等地理文脉的联系使建筑及景观更趋向地域特色，反映地方风貌。

因此，恢复性环境设计的目标既包括了尽量减少对自然系统的危害和破坏，同时也包括在建造环境的过程中，通过促进人与自然积极相处形成人们乐观的态度，同时促进人类身心的健康发展和丰富人类的精神世界。而这两个目标是相互促进的，其实，每一个设计思想所强调的重点都与恢复性环境设计密切相关：包括低环境影响设计及热爱自然本性设计所衍生的有机设计和乡土设计，这些设计手法是解释自然系统是如何影响人类身体素质和精神世界三种理论的派生物(第三章将详述)。这三种理论是：(1)低环境影响设计有利于维持人类赖以生存的各种生态系统；(2)有机设计使人类从珍惜自然的过程中获得许多益处(即热爱自然本性的价值体现)；(3)乡土设计使得人们对于其生存的环境形成一种满足感，这对于人类精神世界的需求同样重要。

本书最后一章在总结和综合科学、理论以及实践方面的各种观点基础之上，讲述可持续环境发展的伦理观，它讲解了人类与自然系统是如何联系的。此外，本书特别着重讲述了童年时代的重要性，还着重讲解了如何通过周详的设计重建自然界与人类生活环境的有益联系，最开始是价值观念，最后上升到伦理的高度。这一过程带给人们的思考有：我们如何才认可融入到自然之中，人与自然的关系是如何反映人类基本的价值判断，如好与坏、对与错、满足与失望以及正义与邪恶等。

这些伦理方面的问题最适用的目的，是强调应如何保护自然来维持人类物质世界和精神世界的发展。然而，大多数人谈论到这一点时想法是狭隘的、目光是短浅的，他们并不认为保护和维持自然环境会对其自身很重要，也不认为热衷于此就可以从自然界获得利益。而本书指出，这种伦理目标是有缺陷的，也是不充分的。相反，本书加大了可持续伦理学的适用价值。可持续促进了自然系统的整体性和健康发展，而这种健康的自然系统，不仅可以为人类提供丰富的物质资源，同时也大大丰富了人类的情感世界，提高了人类的智力水平和精神层面的需求。这种可持续伦理观涵盖了理解人类自身利益(Self-interest)延伸的许多方面，不只限于经济物质主义(Economic Materialism)或是不切实际的理想主义(Unrealistic Idealism)。自然价值与人类的健康有着依存关系。这一广义的实用伦理学认为并坚信自然世界是人类生存不可缺少的物质精神基础，它不仅意味着身体素质的良好发展和物质财富的供给，它还承载着人类的情感和智慧，承载着人类的美和无限的创造性。

本书还包括了许多人与自然相互联系的其他错综复杂的方面，如在人类的一生中，我们将怎样设计、发展和维系人与自然的联系。这些方面涉及科学、理论、政策、实践及哲学等领域，无疑会遇到许多未知的东西。尽管如此，我们也只能通过这些内容和相关的实验数据以及逻辑推理来相互学习和交流。因此，在这一情况之下，本书最后的内容是用一种反传统的讲述方法来收尾，以便于更好地理解，这主要依赖于直觉和反省：叙述、讲故事和口头传述。值得说明的一点是，本书采用了叙述性的结尾，利用讲故事的形式让读者能更充分地理解人与自然的并存与和谐的关系。这些故事中也会遇到前面讲述过的内容。本书前面主要采用更科学的方法，采用目的性较强的文字，而结尾则是从个人主观的角度来看待这些问题。

这个叙述性的结尾由五个相互联系的故事组成，并加上有一个人度过了他一生中几个不同的阶段：从童年时代中期——青少年时代晚期——成人时代早期——成人时代中期，最后由他的孩子及孙子们来叙述收尾。第一个故事，始于1955年，描述了一个6岁多的小孩眼中的世界。这个时期的小孩极富有探索发现精神、创新和想像力，同时还喜欢质疑，具有反抗精神。男孩的整个世界是由家庭、朋友、邻居以及周围的熟悉的自然世界所组成。而且，这一时期也是一个男孩最具有挑战性的阶段，这段期间同自然的接触可变为持久的价值观，同时也是安全感的力量源泉。

第二个故事发生在20世纪70年代早期，是青少年时代的晚期，是一个充满斗争和混乱的时期。这一阶段是平淡乏味的。村镇在快速地发展，以前建造房屋的地方改建成了一条公路，而不是人行道，以便于交通；林林总总的商店代替了当地的市政设施。男孩眼中的神奇丰富的大自然已荡然无存，这儿剩下的只是一个青少年少许的狂想和灵感。这个故事主要关心的是社会及社会环境的快速改变和一个孩子从一个青少年快速成长为一个更加独立的成年人的时期。

第三个故事发生于1985年，也就是成人时代早期，这一阶段是人一生中经济和社会地位追求的愿望产生和奋斗的时期。故事的主人公来到了西海岸的大城市，而后又去了日本一个极现代化的大都市。此时城市都有大量的、频繁的社会活动，能令人产生远大的志向和抱负。这时候人的创造力和技术能力占据首要地位，而自然界则退居到记忆中遥远的乡村景色，眼前有的只是人工化的景观。

第四个故事则开始于2004年，他已人到中年，生活在美国一个中等大小的老工业城市。他已取得一定自我满足和社会安全保障，但付出的代价却是无尽的妥协和失望。然而，一个不同寻常的机会来了，这时需要进行一个商业风险投资来重塑自然与人类环境的机会，这为个人理想的实现和环境的修复提供了机遇。而最后一个故事则一下子跳跃到2030年，然后又跳跃到2055年。这一时期自然界与人类居住环境之间仍是一种不稳定的联系，但是会出现一种新的兼容的共存体。

因此，本书内容庞杂，写作手法多样，既用理性的数据来阐明，又用叙述性的语言来描述。书中有的结论却是严肃的、冷静的和稍许悲观的。但总体说来，此书还是保持一种乐观和自信的态度，相信人类通过意识水平的提高和自身的努力可以创造一个兼容的，甚至更为和谐的世界。尽管人类有巨大的消耗和发展的需求，但是人类却不是自然界中的一种“野草”，不得不耗尽自然环境的一切资源。相反，人类有维持自然的能力，以及与自然可持续和谐共处的能力，甚者还可以提高自然界的生产量和加强自然系统的健康。这种选择反映了我们意志的自由。我们的思想就像一把双刃剑，我们既可以创造一个生机勃勃的社会，同时也可以毁灭整个地球。

理论和数据支撑了这样一个观点：人类的身体素质、心理健康以及精神的状态都依赖于人类与自然世界相互关系质量的好坏。现代社会很显然削弱和衰减了这种接触的可能性。然而，随着人类认识的提高和技术的发展，人们开始追求与自然和谐共处的乐观态度，抱有这种想法的人也与日俱增。诺贝尔奖获得者、生物学家雷内·迪博(Rene Dubos)形象地比喻这种潜在发展为“寻求地球的支持”。他建议道：

> 寻求地球的支持意味着人与自然之间应是相互尊重和充满爱意，而非现在的占有和支配。只要这二者之间相互协调，使彼此更适应对方，那么人类将从寻求地球的支持中获益匪浅——富裕、满足，持续的成功……只要我们怀着一种对人类和地球的责任感，用我们的智慧可以新创一个更为生态的、更为优美的、经济更为发达的、持久文明的社会环境。但是只要我们能创造条件使得人类和自然都能更多地保留其自然属性，我们这种寻求地球的支持才能达到令人满意的、持久的效果。人与自然的这种共生关系虽不相同，但在无止尽的进化过程中，保留这种自然的属性会陆续产生无法预料的价值和新的希望。[10]

可恢复环境设计的客观因素主要来自周详、熟知和温柔地寻求地球的支持，然而一旦触及人类消耗量、人口数、技术水平、城市化、废弃物污染和环境破坏的现状，要实现这种设计则会极为困难。人们是否已有把握找到有效解决这些复杂的、大尺度问题的方法。或许我们将寻找一种解决人与自然之间更为谦逊、自律和循序渐进的过程。然而，不幸的是，人类对自然系统的强烈冲击，其程度如此之重，速度如此之快，已经让我们别无选择，只能随波逐流。这种不确定性的结局代表了我们这个时代特有的道德游戏。

第二章

联系人与自然系统的科学和理论

我们所知道的自然系统与人类的身心健康是怎样联系的呢？我们了解的并不多。许多关于人类自然体验的研究所提出的结论是零碎的、断断续续的，并没有一个肯定的答案。[1] 相反，对于各种破坏自然系统所引起的人类健康和社会生产等不良效应，以及人类的活动是如何破坏自然环境状况的研究却要广泛得多。可喜的是，已有人开始稍微系统但仍带主观色彩地调查更为积极的人与自然的关系，特别是关于体验自然可提高人类的身心健康，更有涉及关于人类积极的行为也可以增强自然系统的功能(见图 1)。

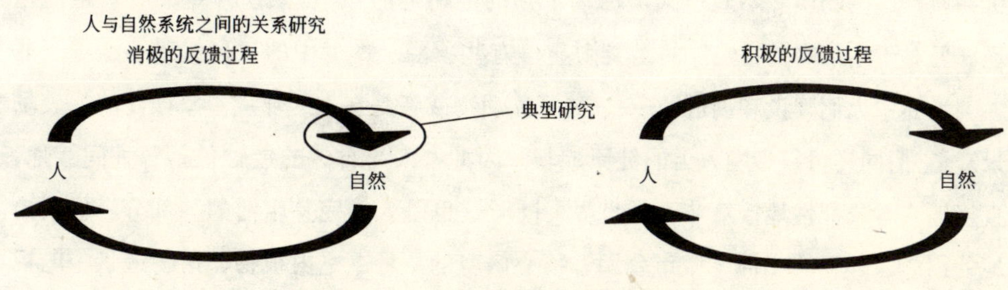

图 1　人类与自然系统之间的关系图

这一章在借用对非人类世界的体验是怎样提高人类的身心健康和满足感这一研究证据来阐明人与自然联系的乐观层面。本章主要关注的是发展的人与自然的联系，也可称这种联系为字典中常见的字眼："基本的、常规的，或经常可以遇见的"。[2] 关注的初始目标是体验自然作为与人类日常生活中工作、游憩及邻里关系和社区关系的组成部分，它是如何影响人类最基本的身心健康的发育。

当我们闭上眼睛想像自然，脑海中常出现的是日常生活中的盆栽植物、后花园、草坪、附近公园、本地的野生动植物，或者是我们装饰自己的家或是工作场所，还包括家养的生物，或者在一种控制下的自然体验，如一个菜园，一只笼中鸟，一只宠物狗，一片植物景观或者是一段电视节目等等。当然，只要是同自然加强联系，哪怕是通过间接的，或有的时候是象征性的方式出现在日常生活当中，只要这种相互联系的、非人类世界的自然体验经常、反复地出现，同时就能影响人类的健康。那与原生的自然系统或者更为野生的环境接触算不算呢？答案是肯定的，只要这种有利于人类的健康发展，不管哪种方式都可归于其中。因此，在这一章中还将试验一下沉浸于相对原始的环境之中将如何影响人们尤其是对于年轻人的日常状态。

我们也考虑了截然不同的接触自然的方式，如象征性的、代表性的或者替代性的方式，如读一本关于自然的书籍，看一部电影或电视节目中的自然世界，或者从装饰品、艺术品、语言、故事以及神话中隐含的自然要素中来展现。所有这些行为反映了人与自然的联系。只要这些方面存在于人们的日常生活中，就会影响人类的情感、智慧和行为。

这种体验自然的方式就会引发这样一个问题：什么是我们想像中的"自然"。"自然"一词虽然蕴含着复杂的内容，我在这里只作简单的理解。环境心理学家约阿希姆·沃尔维尔(Joachim Wohlwill)这样定义自然："自然是广泛的统领有机物质及无机物质，这些物质并不属于人类活动干预的范畴之内。"[3] 虽然这一定义有一定的道理，但对于本书中"自然"的涵义则显得有些狭隘。本书中的"自然"还涵盖了非人类世界中人们建设和创造的产品(如家养动物或者是在人工环境中象征性的代表场景)，它们同样可以影响人类的健康成长。因此，人与自然的接触包括各种间接地、直接地或者象征性地接触非人类世界，同时这也是人类完整生活的一部分，包括当地的沼泽、邻近的小河、城市公园、精心修剪的草坪、室内植物、植物造景、电视节目或是野生世界等等，所有这些都将会影响人类每天的看法和观念。

本书接下来将从两个较宽泛的层面来讨论人与自然的关系。第一，按照人与自然的亲密程度可以分为不同的等级：分级的一端是完全相同的环境设置和饲养动物，如宠物和后花园；另一极端是完全野生的、原始的自然环境；而中间一个级别则是如动物园或市政公园等等。第二，按照人类体验自然形式的多样化，从直接体验和间接体验到象征性或替代性接触。直接自然体验涉及的是由自然界自我维系的事物和过程，如在森林峡谷中漫步，在自由流淌的小溪中游泳、钓鱼，或者在沙漠中远足、野营；间接体验是指与自然要素的互动，这需要人类持续的投入、干涉和控制，如维护盆栽植物、整形的草坪，或是一个鱼缸；象征性或替代性体验则不是人亲自去体验自然，但是，却是更为隐晦地、象征地去触摸自然、感受自然：如模仿自然应用于建筑和景观的形式，在照片或在画画中描绘的动物及其环境，故事或是神话中幻想的、非幻想的生动形象和场景，以及根据植物来装饰或修饰的生活环境。

这一章将检验这几种同自然接触的形式是如何影响人类的健康和发展的，其最基本的目的是：寻找如何在持续地体验自然的过程中，使得人的身体、心智和精神得以成熟和健全。正因为我们生活在一个有机而非人工的世界里，我们常常依赖于并将继续依赖于重复地体验自然，以达到我们身体和心灵的健康和发展。[4] 以下是相关的应探讨的问题：

- 生活在或接近开放空间及保护区是如何提高人类的机能和健康的，特别是与很少或无法接触这些自然要素时比较。
- 自然体验如何影响人类的健康和康复(疗伤)，包括从疾病中痊愈。
- 接触自然是如何增强人与社会的联系的。
- 在自然采光、通风环境中工作的人是如何提高工作人员的成就感和自我实现，并缓解他们的工作压力的。
- 同自然接触是如何提高智力水平和解决问题的能力。
- 生活在环境优美的邻里社区中，将怎样增强积极的环境价值和较高质量的生活水平，并与生活在较差的邻里社区相比较。

我们在思考这样一个问题：同自然中的公园、花园、工作场所、医疗中心及户外空间，同时有动物相伴的环境相接触，或在一般的邻里和社区环境中生活分别将怎样深层次地影响人类的身体素质、心理素质及满足感和工作能力呢？我们分别对生活在城市、郊区和农村三种不同环境中的人群进行生活质量调查，进行比较研究，试图找出自然系统的健全与完整是如何影响人类的工作和生活质量的。研究的结论将为假设的自然与人的身心健康之间的联系提供充足的证据。

紧接着，此章的最后将从三个方面帮助阐明人类的健康与自然世界的相互依存关系：第一，我们拓展了生态系统服务功能(Ecosystem Services)的概念，也就是在这个飞速发展的工业化社会里，健全的自然系统将怎样为人类提供必需的物品和服务，以维系人类生存的基本需求；第二，我们认为热爱自然的本性，即人类天性中亲近自然的趋向有利于人类的身心健康，并将起到至关重要的作用；第三，我们检验了生活在安全的、熟悉的环境中的人们，比较那些对安全感和满足感还有更高期望的人更容易从自然界的生态系统服务功能中获益。那么，让我们首先讲讲公园和花园影响人类健康的试验吧。

公园和花园(Parks and Gardens)

公园和花园遗址活跃在人们的视线之内，无论是神奇的故事还是趣闻轶事中，都把公园和花园描述为用途极大甚至可以为人类疗伤的场所。[5] 普遍认为经常到花园中去，到开阔的空间中去，以及类似公园的场所中去，都可以让人得以休养、放松、沉思、康复，乃至精神的重新振作。[6] 这种一般的猜想可以从古老的传统中得以证实：如神圣的小树林和场所，常被视为神灵的居所或精神王国。而未被大范围破坏的地方也常常成为人们心灵体验、灵感产生以及精神焕发的场地，人们都喜欢到那些地方去体验。[7] 这一猜测同样也从古老遥远的世界中广泛存在的神圣场所中得到证实：如历史上的印度曾经将大面积的土地划为圣林加以保护，其面积相当于现今印度官方划定保护区面积的二倍多，同时也获得了公众的喜爱与保护。

一些欧洲国家和美国，在野外或城市中建立公园和保护区，一般是出于身体、心理和精神上的考虑[8]，这种先知先觉的判断力体现在美国的国家公园系统的形成过程中。在城市范围内，如景观设计的先驱弗雷德里克·劳·奥姆斯特德(Frederick Law Olmsted)(纽约中央公园的设计者；见插图 1)认为人类的身心健康依赖于经常有规律地接触那些引人入胜的景致。[9] 奥姆斯特德认为："在充斥着人工痕迹的大都市里，人们的目光不会太多的去注意周围冷冰冰的世界……最先是对人们的身心毫无益处，久而久之则是对整个身体机能的破坏……而引人入胜的景致则是治疗伤愁的最好帮手。"[10]

然而，直到最近几年人们才开始系统地研究公园与人类身心健康的关系，尽管

插图1 19世纪末、20世纪初出现的城市开放空间，如纽约的中央公园，常被认为可以提高市民的身心健康

相关的研究不多，但大量的调查已经证明了经常置身于公园、开放空间之中可以不同程度地使身心受益：包括减轻压力，增添心灵的平静，增加承受能力，提高对环境的适应能力，以及更好的创新能力等等。[11] 很多相关数据来源于广泛的社会调查，但有些调查还包括评价健康的心理指标：如减少的血压指数和增加肌肉紧张指数。甚至对于优美景致的被动体验也可以用来缓解压力，促使放松，形成“情感”的平衡，并增强认知能力(如注意力更集中，聚精会神，更好地解决问题)。[12] 这方面研究的结论是令人难忘的、持续的，科学工作者已经开始着重研究与公园和花园相似的场所，尽管这里存在更多的个人偏爱，如像热带草原般的草坪、繁茂的树林、森林的边缘以及色泽艳丽的花儿和观赏花木、水景(如清澈见底的池塘，欢快流动的小溪)等等自然要素，但它们都可以起到促使人类身心的恢复和痊愈。社会学家特里·哈尔廷(Terry Harting)和他的同事们综合这些研究后得出，接触自然可以帮助人们“平静下来，从悲伤中苏醒过来，避免情绪的失控，为思考和接受提供了时间以及加入到帮助他人的行列。”[13]

由哈尔廷和他的同事们共同组织的一项揭示性的专门调查研究中测试了城市中类似公园的一些设施、场所所起到的情感恢复和智力增加的作用。[14] 这项研究的对象是一群需要补充智力、注意力不集中以及身心疲惫的大学生，随机地挑选学生并将其分为三组：第一组学生在城市某公园内散步40分钟；第二组学生则在以建筑和人类活动为主的、吸引人的城市空间中漫步40分钟；而第三组仍旧呆在屋内，坐在舒适的椅子上看书、听音乐，时间同样是40分钟。40分钟后，每一组成员完成一项校对分配工作。在这些过程之后，试验揭示了精神恢复成效最大(乐观指数高而悲观指数低)，同时注意力较为集中的学生组合是在公园中漫步的那组；与之相反的是，精神及智力恢复明显较低的是“城市活动”和“室内活动”的组合。

其他几个相关的研究也指出对于城市之外的人群，特别是对于生活在城市中的人来说，常置身于公园、开放空间及城市绿地，可以帮助他们缓解压力，同时起到促进精神健康以及增强智力水平等相类似的作用。然而，仅仅把休憩、放松和恢复作为公园和开放空间的积极作用则过于简单和片面，同任何一种自然经历一样，身体上和精神上的效果依赖于经历和活动的种类。对于大多数而言，公园和户外空间为他们提供的是充满激情和挑战、表现他们身体的力量以及胜任竞争的能力的机会，而并不是去放松。[15] 无论是放松还是激发情感，自然环境要起到身体上、精神上、智力上乃至心灵上的作用则还是要看自然体验的个人及其周围环境。

公园和花园经常影响他们的美学价值评判。感受自然之美的经历可缓解压力，同时获得其他身心方面的好处。[16] 对自然的美感被认为是人类直觉趋向的一种普遍存在形式(在后面篇章中讨论)。这种天生的倾向可引起许多相应的效应，如休憩、放松、好奇、创造、更高的探索精神、更强的解决问题的能力以及对均衡与和谐美的认知。对自然的美感与自然环境本身的景致紧密相连，如亮丽的、花儿般的色泽，长长的夹景，各种形态的水体，所有的这一切，随着时间的推移，将会提高人类的精神财富，丰富人类的精神生活。

环境心理学家雷切尔·卡普兰和斯蒂芬·卡普兰(Rachel and Stephen Kaplan)认为公园、花园和开放空间所起到身体上和精神上的作用是源于观察时这些要素的四个特点：“连贯性、复杂性、神秘性和清晰性”。[17] 连贯性是人类认识、观察自然秩序和组织结构的能力；复杂性则是人类判别和回应自然界的多样性和易变性的能力。这两种特征可发挥功能性的优点，如判断思维、解决问题及创造力。神秘性则是检验和调查自然的复杂性和不确定性的能力，清晰性则是反映人类适应和驾驭自然环境的能力。这两种特征“激励人类组织、分析以及想像的能力”。

室外活动(Outdoor Recreation)

一项相关知识已检验到了室外活动对人类身心健康的影响。大量的活动可以被归类为室外活动，如远足、宿营、观鸟、钓鱼、捕猎、科普学习、生态旅游和观看鲸鱼等等。参与这些活动的动机是多样的，如竞争、运动、科研、锻炼、热爱自然以及审美欣赏等。这些活动动机因环境允许程度、环境设施(活动场所的)、参与时间的长短、参与者专业知识的广度以及其他因素的影响而不同，这些都影响了室外活动的意义和作用。

有时这些室外活动的体验是在特殊的场地和设施中完成的，然而这些非同寻常的活动与一般环境中的运动一样，对人类的情感和智力发展起着重要的、神妙的作用。例如，沉浸在相对未被干扰的自然环境中，有趣的、逐步完善的研究表明这种室外活动对于参与者，特别是处于青春期的年轻人来说，当他们与同伴一起体验大自然的挑战和冒险时，有着极为重要的作用，甚至能改变他们的一生。[18]

一项由室外活动观察者艾伦·伊维特(Alan Ewert)的多角度调查研究发现，室外运动项目对人类的身体素质、心理素质、社会能力及教育水平有深远的影响，或许会影响参与者相当长一段时间。伊维特总结的主要社会心理的影响有：增强自尊、自信以及个人效力；增强承受能力；更为独立；更愿意去冒险。承受能力的提高反映在更强的模仿能力、更高的效率和个人责任、组织能力以及更愿意接受并完成好任务；而认知能力和智力能力的显著进步则体现在增强判断思维及解决事务的能力，有更强的好奇心和更大的创造力，在学科或工作上有更好的表现；而体格上的变化则体现在力量更为强大，适应性更强，更有活力，更有忍耐力，更有协调能力以及得到各种室外技能(远足、攀岩和方向感)；从价值观上的主要变化则表现在心灵更加地平和、宁静，拥有更为清晰、明白的“生活哲学”以及增强的精神面貌。最后，伊维特发现：通过团体活动，人与人、人与社会获得更好地合作能力、更好的团队精神，更好地避免冲突，更加尊重他人的领导能力以及更加愿意结交新的朋友。[19]

另外三个著名的室外活动组织——户外拓展训练(Outward Bound)、美国国家户外领导学校(the National Outdoor Leadership School)和学生保护联盟(the Student Conservation Association)通过大量广泛的调查也得到了相似的结论，这些机构是本书作者和他的同事们所共同领导的。[20] 这项研究中的800多名参与者代表了社会经济的各个水平，通过对参与者调查、参访以及直接观察等方式收集数据。我们实施了两种研究方案：一种是跟踪调查研究，参与者只参与一个组织的活动，并跟踪调查长达20多年；另一种是纵向调查，即刚刚调查完一批参与者，紧接着还是此批参与者，项目6个月后再对其进行调查。这一调查方案设计既可以观测长时间效应，同时避免在不受参与者回忆的影响或在跟踪调查中出现参与者改变态度(退出调查)的这个缺陷，了解更有效的短时效果。这些调查项目都是在相对野外的自然环境中进行，如美国的落矶山(the Rocky Mountains)、太平洋的西北部、东南部或西南地区。

四分之三的参与者认为参与这些项目是他们一生中最重要和有影响力的活动，并对他们个人的智力以及全面发展发挥了主要作用。而且，跟踪调查和纵向调查以及这三个调查机构都得出了上面的结论。与此同时，参与者自信、自尊以及“自我观念”都有戏剧性的增强，大多数参与者说他们获得了极大的独立、自治、乐观、心灵的宁静，以及面临压力的能力。还有一些不是太明显但仍有令人惊奇的人际交往能力的进步，包括与他人一起工作、包容他人以及结交新的朋友并学会和新朋友一起工作。而一些潜在的益处是认知能力的提高，诸如解决问题、思考问题、尽力完成任务以及做出一些艰难的、复杂的决定。根据多重显著性分析(Statistically Significant Majorities)得出的结论是：参与者对自然有更大的感激心、同情心，也变得更为尊重自然，与自然心灵相通。

在以上的数据调查中发现，许多参与者对进行户外活动的体验影响他们的日常生活及整个精神风貌评价很高。这一调查深刻揭示了在一些不同常规的环境下接触相对原始的自然环境可对人的日常生活和个人发展发挥极大的潜在作用。一个十几岁的年轻人回忆道：

> 这是我有生以来遇到最棒的事情，我难以忘怀，这是一次养成独立和发现自我的机会，我比以前更加自信、更有同情心和更有自知之明。它影响了我看待他人的方式，影响了认识自我的态度，以及我对待自然的态度，甚至影响了我以后一生的生活方式。

另一个参与者写道：

> 在脱离日常生活的户外体验过程当中，我必须对自己的一切行为负责，因为这儿的一切都只涉及到粗犷的情感。这儿的事情是如此简单，自己面对挑战，并且自己要学会去战胜它。我所面对的只有自己的恐惧和脆弱，战胜它们，我便

将成为一个真正的人。当我在现实生活里面临一个更为“复杂”的困难时，我只需要想一想假若在一个极简单的情形下我将怎样去做，那么困难也就迎刃而解了。参与户外活动让我有机会接触自然，了解自然的简单和平衡，这将影响我的一生，也将伴随我的一生。它教会了我尽最大努力去发挥自己的潜能，并让自己沉浸在平和的心态之中。

因此，无论是定量还是定性分析都表明，沉浸在自然之中可以改变参与者的一生，并对参与者有着持续的影响。下面将介绍另一个完全不同的非人类世界体验，即与宠物的友谊或“动物伙伴”的益处和作用。

动物伙伴(Companion Animals)

这里所谈及的动物伙伴并不是常规意义上的宠物，而是指非一般意义上的动物伙伴，这是由于人类把这些非一般意义上的动物伙伴带入生活中时就怀有最初的目的，带着一定的情感。在历史上，饲养的动物更多的是劳动的收获品，常常被称为“额外的禽兽”。然而，在当今社会，这些动物不再视为人类的伙伴，也不再是人类家庭生活中不可或缺的一部分。[21]不过这一现象又因个人和活动类别而有所差异，狗、猫，有时甚至马等都受到了人类最多的喜爱，而鸟儿、爬行动物，甚至无脊椎动物“伙伴”以及存有原始“野性”的植物都得不到同样的礼遇。

有许多试验已开始调查了在一般情形和特殊情形下同动物伙伴接触而引起的身体上和精神上的影响[22]，这些研究一般都发现与动物伙伴接触可形成潜在的身体上的和精神上的益处。同动物相处可带来冷静、平和以及身心的恢复和痊愈。研究还发现动物伙伴可促进社会交流，甚至在陌生人之间动物伙伴还起到了“润滑剂”的作用。[23]各种研究发现，同动物伙伴相处可以提升个人的自尊(Self-esteem)、自信(Self-confidence)以及自我形象(Self-image)。著名的兽医学家詹姆斯·塞佩尔(James Serpell)总结出有动物伙伴的人群比没有动物相伴的人群相比更为“自我满足……乐观、自信”。[24]

当人们面临压力和嘈杂无序时，这些益处则更为明显。各种研究表明，对于承受精神伤害、患自闭症以及各种身体疾病的人来说，动物伙伴能够帮助减轻他们身心上的伤痛。虽然这些结论来自小样本的实验，而且数据收集程序不太严格，但是，仍有大量的、持续的、意义深远的研究认为对于有多种身体疾病和精神疾病的人来说，动物伙伴能够起到明显的协助治疗作用。有些调查报告指出，与动物相处主要促进身体上和精神上的变化，使病人能更快地痊愈和恢复。最早进行意义深远的关于精神错乱研究的先驱是心理学家鲍里斯·勒文逊(Boris Levinson)、精神病学家塞缪尔·科尔逊(Samuel Corson)和亚伦·卡特丘(Aaron Katcher)以及兽医学家艾伦·贝克(Alan Beck)。这类研究一般指出同狗、猫、鸟，甚至鱼的接触可引起身体上和精神上显著的提高。但是结论并非都是如此，偶尔也会得到相反的悲观结论，特别是当动物选择不当、没有充分对待、处于紧张和有攻击性的环境中时，这种悲观影响则更为严重。但是，已有的大多数研究表明利用动物伙伴的疗法能产生极大的医疗效果，包括缓解压力、加快精神错乱者的康复速度以及更好的身心健康。[25]

精神病学家亚伦·卡特丘和他的伙伴们尤其看好动物在治疗身患疾病和有残疾的病人时所起的作用。卡特丘、弗里德曼和贝克进行了一项仔细的研究，调查动物伙伴对有心理创伤的病人的康复作用。将病人以人口统计要素和病症来搭配，分为两组进行研究。其中一组进行常规治疗，另一组则经常与动物相处，不过，并不向病人说明事情的真实情况。研究得出有动物伙伴的那一组病人有更高的存活率和恢复率：“有动物相伴的病人死亡率仅是接受常规治疗病人的三分之一。”[26]

卡特丘和他的同事们最近进行了另一项研究，研究精神极度错乱、注意力无法集中、有很难控制精神刺激疾病(ADHD)、极为紧张的社会关系的一群男孩。[27]身患ADHD疾病的男孩随机地分为两组，分别进行两种不同的接触自然的体验：(1)一组进行有挑战性的户外活动，如划船、玩水安全训练和攀岩；(2)另一组则与动物相伴，与动物一起玩乐。然后在活动中期彼此交换活动内容。然而，最后研究发现这两种活动都取得了很好的治疗效果，但与动物相处的一组治疗效果更积极、更显著，持续时间也更长。当与参与户外活动的一组相比时，有 ADHD 症状的男孩与动物伙伴相处后进步更大，学习成绩更好，在学校表现更为优秀，同样他们的口才更好，自控能力更强(好动症减轻)，注意力更容易集中，遇到刺激时有更强的控制能力。而且，这些差异在实验结束 6 个月后仍然很明显。因此，卡特丘和他的同事们得出这样一个结论：对动物伙伴积极地照顾、相处可以缓解压力，增强社交能力，提高同情心和更好地完成任务。

这些关于动物伙伴的相关研究的结果说明了同动物相处可以极大地给予和传达爱的能力，增强自信和自尊，感受到自己被社会和他人所需要，以及加速情感和身体的康复。詹姆斯·塞佩尔总结了同动物相处带来的益处，其结论如下：“宠物不仅仅是替代人与人之间的联系，反而这种联系的补充使人与人之间的联系增强。它们增加了一种……独特的人类社会生活尺度，同时，缓解人们因孤独和被社会隔离而带来的麻木情感以及年华逝去的悲伤感。”[28]

然而，另一小部分研究则发现，若是不正确处理与动物的关系，则会引起负面的效果。[29]有些研究者的报告指出，由于把动物伙伴当作与人交往对象的替代品，以动物为伴，因此人与人的交流机会更为减少。有些动物主义者还利用他们的动物伙伴——忠实的狗——来攻击他人。当然，这种不恰当地利用动物伙伴的做法还是比较少见的。

在宠物盛行的今天，动物伙伴当然会有种种负面影响和正面影响。就拿美国来说，猫和狗的数量已超过1亿只，还不包括成千上万的宠物马、宠物鸟和爬行动物以及鱼类。[30]这巨大的数字足以说明动物伙伴在现代人生活中的重要性，而且在人类的整个历史文化长河中，动物一直以来都是与人相伴相随的。[31]因此，更少地将动物视为他人的替代品，而把它看作是人与自然有益联系的另一种潜在形式，这可能将是一种较为明智的做法，可以完善和丰富人类的体验和生活。

如今，动物伙伴的绝对数字和种类仍然是惊人的。尽管饲养这些宠物并把它们作为家庭的一员需要付出很高的代价。有什么可以解释在现代社会中它们风靡世界的原因呢？这或许是因为家庭结构的转变造成的。现代社会已从过去的大家族为主导变为以核心家庭为主导，所以宠物变得重要起来。同时，动物们的忠诚和机灵也使它们得到人类的喜爱，并把它视为家庭的一员。在飞速发展的现代社会里，人们同自然接触的机会越来越少，这更激发他们把这些宠物当作朋友，成为自己生活中不可缺少的一部分。

从压抑和紊乱中复苏(Recovery from Stress and Disorder)

除了同动物相处以外，还有其他同自然接触的方式，可以使人们从压抑和紊乱中恢复过来。某些植物或场所如花园、海滩、温泉、大山以及沙漠等等一直以来起着缓压和治疗的功效。一些花儿和漂亮的植物可以使病人和残疾人平静下来，并达到治疗的效果。几个相关的科学研究也报道说医院中的绿色植物和“治疗花园”(Therapeutic Gardens)都可以使病人的病症缓解。[32]相关的调查报告指出，病人通常也喜欢在他们的病房中放置绿色植物，这样可以让他们产生信心、受到鼓舞，从而得以痊愈。另外一个调查报告也指出，让病人在医院里同自然接触、看室外的风景或到花园中散步是现在治疗护理中最广泛最常用的方法。[33]

有调查报告指出，来自大自然的视觉、听觉以及其他感觉体验可以缓解压力和紧张感，同时使患有临床诊断为精神错乱的病人得以康复。[34] 其中一个给人印象深刻的研究是由环境地理学家和环境心理学家罗杰·乌尔里奇(Roger Ulrich)和他的同事们所做的，这是一个让胆囊病患者康复的试验研究。[35] 这些病人在外科手术之后按人数随机地分为两组，并分别安排在两者疾病恢复室内：其中的一个房间有窗户，从窗户外望去是满眼的树木和绿色；而另一个房间则从窗户看过去只能看到一堵砖墙。研究者指出："有自然景致相伴的病人在外科手术之后在医院所需观察疗养的时间更短，手术后遗症产生的几率也更小，从护士的记录来看术后产生的负反应也更少；与之相反，那些与砖墙相伴的病人则需注射更多的麻醉剂和止痛剂，而那些有绿色窗景相伴的病人只需几片药性较弱的止痛片即可。"[36]

乌尔里奇和他的同事们在瑞典又进行了一项类似的研究，是关于 160 个刚做完心脏手术的病人的康复过程。这一次他将病人随机的分成三组，位于三个康复房间：第一个房间内挂满了由水和树组成风景画；而第二个房间内则是抽象的墙体画；第三个房间就只是光秃秃的墙体。研究者观察发现，有风景画的那一组病人明显地平静些，不是那么的急躁，需要的强止痛药剂量也较少。而与此相对的是，在抽象画装饰房间中的病人的压抑指数是这三组病人中最高的。乌尔里奇和他的同事们同时也在瑞典组织了对精神病患者的另一项研究，这回他们将病人都安排在布置有象征性图画的房间内，一组房间布置有花和怡人景色的图画，而另一组房间则是抽象画。最后观察得出的结论是：第一组的病人(与自然风格的图画相处)获得的正面影响更多；而第二组病人(与抽象艺术的图画相处)则会出现更多的消极反应，这些通常没有攻击性的病人甚至会出现过激行为或捣毁墙上的抽象画。[37]

大多数调查研究已发现与真正意义上的大自然(而并非象征性的自然)接触所带来的治疗效果持续时间最长，效果也最好。而乌尔里奇和其他学者的调查研究也发现：不同自然风格的图画也会引起不同的症状反应，包括较低的压力指数和更快的康复速度。例如，有人曾精心安排过一组实验：将即将进行外科手术的病人分为三组，其中一组屋内是几张宁静的自然风光画；第二组是参与性强的户外风景(如海上冲浪)；而第三组则没有画。调查研究的结果是发现身处宁静的自然风景中的病人，其血压指数明显偏低。[38]

而亚伦·卡特丘和他的同事们对即将进行重要牙科手术的病人也进行了调查研

究。研究时将他们随意地分为三组：其中第一组在水族馆钓鱼；第二组则欣赏令人愉悦的自然风景画；第三组则面对空无一物、冷冰冰的白墙。结果显示几乎所有的病人都有某种程度的紧张，但是在水族馆中钓鱼的病人的身体不适反应和“抵触治疗行为”要少许多(对接受诸如催眠术的病人进行了压力指数的观察研究也显示同样的结果)。[39]

工作环境

在工作的场所更多地接触自然也可以获得很多益处。大多数工作场所并不是直接感受自然，而是间接地感受自然，如风景画、自然装饰和盆栽植物等等。但充分的数据显示，在工作场所中同自然相处，人们的身心更为健康，甚至生产效率也得到提高。

早期关于工作环境效应的研究主要集中在人为控制的物理环境方面：强烈人工光线的照射、自然通风的缺乏，以及含有人工化学气体的家具、图画、墙体涂盖物等等所引起的负面效应。[40] 采光较差、通风不良、大量的污染物以及千篇一律的工作格局经常会引起各种临床症状，即被诊断为“建筑物综合症”(Sick Building Syndrome)和“建筑物相关疾病”(Building-Related Illness)。其表现特症是呼吸不畅、皮肤堵塞、疲惫不堪，以及各种身体疾病和心理疾病，其带来的后果是高缺勤率、心情低落、工作效率低下和临床上诊断的精神紊乱等等。

直到最近，人们才开始研究工作环境中接触自然所带来的积极影响。一项正逐渐完善的调查研究表明：充足的自然光线、良好的自然通风、采用自然材料，可直接或间接接触自然的工作环境可为员工带来更大的身心健康，更高的满足感，甚至会提高生产力(插图 2)。[41] 例如，对欧洲办公楼和工厂工人的一项调查研究发现，只要稍微观看自然景物就可以减轻工作带来的压力并使人们的精神状态更为良好。另一项对欧洲在无窗建筑内工作的工人的研究发现，工人在随意摆放了一些植物的工作空间中工作会比没有摆放任何植物的工作环境中工作更少有过敏性反应。一项对美国办公室的调查发现：能透过窗户欣赏室外景致的工人比不能看到户外风景的工人的工作沮丧感稍低一些、身体素质和精神状态要好一些。而另一项调查则发现：那些在无窗的室内环境中工作的人们与那些可以看到窗外树木和开放空间的人们相比，他们更喜欢用自然风景画和盆栽植物来装饰他们的工作空间。

插图 2 最新研究表明，自然采光可以提高办公人员的身体素质、道德素质和生产力。刚刚建成的、位于马萨诸塞州剑桥的健赞公司大楼因其非同寻常的自然采光而易辨别，其设计者是宾尼斯奇(Behnisch)。

一项关于生产力的研究则指出：在布置有植物的办公场所工作的人们在操作电脑完成工作任务时更少出现数据上的错误，并且工作效率更高。而另一项调查则发现在布置有植物的办公场所工作的人们血压更低，注意力也更为集中。在一项对美国航空航天局(NASA)的调查研究中发现，观看自然风景画和海报的雇员比其他的雇员有较为明显高一些的“平和指数”。其他的几项研究也表明：在自然通风和自然光照的环境中工作的人们比那些靠人工照明和机械通风的雇员更容易集中精力，同时也具有更好的认知表现。另一项对监狱中犯人的调查也发现同样的现象：那些可以见到自然的犯人比那些在暗无天日的牢房生活的犯人的犯病率低，头痛人数以及产生消化方面问题的人数也要少。

综合以上调查研究表明：接触更多自然如自然光照、自然通风、自然材料、房外景致或自然图画等等，其工作人员一般身体更为健康、精神更为乐观，而智力知识技能则更为高超，所有的这些通常能产生明显的经济效益。更好的自然采光和通风可以提高工作人员 6%～16%的工作效率。同时，同自然接触还能带来工作质量的不断提高，工作错误和操作失误的减少，缺勤率和患病率的下降，所有的这些连锁反应都使经济效益得到明显的提高。

然而，很少有人严格地对这一领域进行研究，即便研究，其样方数据量也不大。这里要提及的一个主要的调查研究是由心理学家朱迪斯·赫尔瓦根(Judith Heerwagen)和他的同事们共同完成的，他们调查了密歇根州中心一座以制造业为主的工厂。[42] 这项经过详细策划的调查研究是关于工作人员从缺少宜人景致的工作环境搬迁到一处“绿色满盈”的工作环境中去这一过程的，在后者的工作环境中有较好的自然光线、自然通风、自然材料的使用，更有效的能源使用，塑造湿地和大草原般的环境、室外野餐空间以及步行道。调查研究选取了搬迁之前、搬迁之后以及搬迁 6 个月后这三个不同的时期。这座新的大楼是由建筑师威廉·麦克多瑙夫(William McDonough)和他的事务所为赫尔曼·米勒(Herman Miller)的家具公司设计的，如插图 3 所示。

研究者测试了工作人员的压力指数、动力、满意度、健康状况、业绩表现以及精神健康状况等相关指标。大多数雇员认为新的工作环境有更好的光线、更好的空气质量、更为“健康”以及更为优美、怡人。而工作人员对他们可以有更多的机会接触湿地、大草原等生境以及优美的景致的反应也是很乐观、积极的。这一工作场所的变迁使他们的工作表现得到了持续的提高，调查报告指出在搬迁 9 个月之后，工厂的效率提高了 20%，同时工作人员的工作满意度、身体素质和精神放松也有明

插图 3 由建筑师威廉·麦克多瑙夫(William McDonough)和他的事务所为赫尔曼·米勒公司设计的大楼，位于密歇根州中部。此建筑在可持续方面有显著的创新——自然采光、自然通风、能源的有效利用、恢复了林间空地和模拟湿地生境。

显的改善。在新的工作环境中的工作人员更喜欢表达他们“希望去工作、工作状态良好、对工作充满激情、更加快乐”这一类的情感，但少数雇员认为前后改变不大。总的来说，这种影响对办公人员的影响和持续时间比对操作人员的影响要大和长，有些工人还是在结束工作之时表现得更为疲倦，尽管搬迁后的工作水平得到了相应的提高。无论如何，这项严谨的调查研究还是揭示了这样的结论，更多地同自然接触的工作环境可以带来工人持续的身心健康和生产力的提高，同时工人会有“更好的工作表现，工作满足感，以及工作激情。”

家庭、邻里关系和社区环境(Homes, Neighborhoods, and Communities)

至今很少有研究人类的家庭、邻里和社区同自然接触所带来的影响，关于这方面直接可利用的数据更是少之又少。从对一个经过特殊设计的居住区的调查得到的一系列发现，这个社区当初营建的目的是减轻建设对自然环境带来的不良影响，同时为居民提供更多的与自然相处的机会。这就是著名的乡村之家社区（Village Homes），建于20世纪80年代中期，社区位于加利福尼亚州的戴维斯，由220个中等大小（面积由600～3000平方英尺）的家庭组成，共占地68英亩（插图4）。[43] 这个社区是由朱迪斯·柯贝特和迈克尔·柯贝特（Judith and Michael Corbett）规划设计的，尽管此处的建筑密度很高，但仍保留了令人惊叹的开放空间，约有四分之一的场地用来作菜园、公共娱乐场所和绿带。房屋之间由狭窄的通风步道和自行车道隔开，道路两侧种满了花卉、灌木和乔木；实际上步行道占用的面积要大于机动车行道。经过极力说服并得到允许之后，社区位于地面之上的灌溉渠道取代了下水道、排水沟和地下管线，用来控制暴雨的排泄，这些渠道的走向与当地自然地形的走向一致。可持续设计包括紧凑的建筑布局、大量保温材料和太阳能热水器的使用、良好建筑朝向的选择以及植物遮荫系统等等，采取可持续设计手法后，这么大的建设面积上的能耗大约只有常规设计中三分之一至二分之一。

插图 4 乡村之家社区，位于加利福尼亚州的戴维斯，占地60英亩，共有200多户人家，由朱迪斯·柯贝特和迈克尔·柯贝特设计。此社区带来了极为明显的环境效益和社会效益。

社区规划通过大量的开放空间、步行道和自行车道以及遍布的自然小溪和灌溉水渠来增加同自然环境接触的机会。农田区(Agricultural Areas)为社区居民提供了同户外相互交流的机会；而紧密相连的房屋、步行道和公共空间则增强了社区居民的社会联系。一项对“乡村之家”社区居民的调查研究发现，他们一般知道“40个邻居，而一般标准社区只有17个；有三四个邻居朋友，一般社区仅有一个。”下面是一位“乡村之家”社区先前的居民对他童年时代生活的地方和成年后居住在一个更为普遍的城市邻里环境所做的主观性描述，其描述反映了人与自然的关系以及人工环境增强所带来的影响：

从小在乡村之家社区长大，给了我一种自由和安全的感觉，这在一般的城市邻里关系中很难找到。乡村之家社区中的果园、游泳池、花园以及绿带为我及我的伙伴们提供了一个刺激、幸福和快乐的场所，留下了许多美好的回忆。我们可以从自家后门而出，来到长满了各种树木的绿带中，我们爬上果树摘下果子来吃，我们来到菜园，寻找可以生吃的蔬菜，甚至我们年少时，这些绿带还可以让我和我的伙伴们在社区中自由奔跑，到达社区中任何一个角落而不用担心要穿越街道带来的危险。即使我现在已不再住在乡村之家，我感觉我的思绪永远锁在我家后院的篱笆和我家前面的小街之中。每当我回忆自已的少年时光，这种对自由的失落感便油然而生。

乡村之家社区的开发商朱迪斯·柯贝特和迈克尔·柯贝特描述了自然排水系统带来的美学效应和娱乐效应，尤其对于儿童来说：

乡村之家社区中另一个让居民生活更接近自然的设计特征便是它的自然排水系统。当迈克尔只有六岁时，他住在这里，他家的附近有一条小溪，这是他童年时最常去的地方；但当他20岁时，回去寻找当年快乐的源泉时，小溪已不在。当有设计一个居住区的计划时，最重要的一个目标就是设计流动的水体作为我们儿童的快乐所在。

社区中大量的小径、开放空间和农田区加强了居民同自然和社会环境的联系。建筑以组团的形式出现，一般由户组成，每家隔着绿化带相望。农田区由果树林、干果灌丛、葡萄园以及蔬菜园组成，这为居民提供了一个参与生产景观的互动机会，以及一个与他人和户外环境更为积极乐观的交流机会。乡村之家社区最重要的一个特色是其浓厚的社区感，这种社区感由活泼的社区居民联系、本地学校的系统布局、社区中心以及公共活动中心得以体现。同社区居民和谐相处和与自然环境亲密接触带来了更大的身心健康，同时此处的房屋也相对较少地被转租，再度卖掉时其价值明显要高出许多。开发商讲道：

> 刚开始乡村之家社区的房屋价格与戴维斯地区其他地产的价格相差不大，然而到现在，初步统计得出乡村之家社区的价格在戴维斯地区是最高的……这并不是房子本身带来的价值，它们同样也是按照最普通的房子尺度来建造的，这主要归功于这儿的邻里环境，让人有一种强烈的意愿，想住在这里。这些房屋从开始建造到销售这一过程的速度较慢……但其售完的速度却是其他地产的2倍。

一项关于马萨诸塞州的两个居住区的调查也发现地产的价值与公共空间比率有极大的联系。[44] 这两处居住区开发时间相同，每户大约都在1600平方英尺左右，建筑密度也相当。而这两个居住区最大的差别在于：其中有一个居住区的建筑群被分成独立的小组团(簇团)，从而把剩下的空间用作公共开放空间(大约环绕了开发场地的一半范围)，而另一居住区的独立住宅区面积较大，但其公共空间却很小。这两个社区建成20年后，有较多公共开放空间的社区的地产价值明显要高出另一个社区。研究指出："在20世纪70年代中叶，这两个社区的售价约为26600美元；20年后，这两个地产价值差别明显，公共空间较少的社区平均售价是134200美元，而拥有一半以上区域作为公共空间的社区的售价则高达151300美元"。

一般都认为，这种开放空间和更多同自然接触所带来的积极效应与人们的经济收入有很大的关联，只有承担得起如此愉悦环境的人才能享受到这些好处；与之相对的是，也有人得出结论，对较低的阶层而言，同自然相处的所获收益与经济收入没有太大联系，尤其是对于那些城市中贫民和少数人，他们现在主要追求的还是最直接、最基本的生存需求和安全需求。然而，这一假设与前人的研究——由心理学家弗朗西丝·括(Frances Kuo)和她的同事关于芝加哥市内贫民区及少数民族居住的公共社区的研究所得出的结论是不一致的、甚至相抵触的。[45]

在另一对比研究中，社区的建筑完全相同，惟一不同的是有无树木花草(插图5)，

插图5 （上图和下图）将芝加哥两个极为相近的公共住宅单元进行比较。其中一个单元有绿化，而另一单元则没有绿化。有绿化的居民其身心健康明显要好，处理事务的能力也更强，避免冲突的能力也更强。

居民也是随机地分派到这些建筑之中，对景观也没有管理措施。其中一个社区最初为了便于管理而将所有的树木移走了，而另一个社区则保留了一部分树木，主要是一些稀疏的乔木、灌木和草坪。调查发现，生活在有树木的社区中的居民的身心健康明显要好些，面对压力的能力更强，解决冲突的能力更强以及认知能力也更好。研究者特别指出："在绿色环绕中生活的人们的注意力整体上要高得多；居民处理关键事物的效率也高得多……生活在拥有更多绿色的环境中……令人难以置信的是一栋16层的公寓楼外的几棵树和一些草坪能让它周围的居民受益匪浅。"[46]

在另一项不同的关于公共住宅建筑的研究中，括(kuo)和她的同事们认为评价区分这两处居民生活质量的差异竟然在于：其周围是被水泥、沥青包围着还是长满了树木花草。他们的研究发现，接触更多绿色的居民有更加显著的社会联系，更融洽的邻里关系，对陌生人更为友善，拥有更强的安全感以及强烈的社区感，同时，拥有更多绿色的社区内暴力及其他犯罪事件的机率也更少些。[47]

大纽黑文流域研究或"盲人摸象"研究(Greater New Haven Watershed or "Mastodon" Study)

由于以上研究中邻里和社区的样本相对较少，类型也不多，并且缺乏关于环境质量与生活质量相关的数据。因此，我和我的同事们在总结这些不足之处后，进行了一项雄心十足的大尺度调查研究，调查不同的乡村、郊区和城市社区，以便找出一个简单惟一的分水岭。这项调查评价了几个社区中自然系统的健全与否与居民的精神健康状况的联系。特别需要指出的是，这项研究调查了18种邻里单位，更为科学的是，还调查了位于康涅狄格州南部中心的次一级流域(Subwatershed)*，这是一大片流域的三条河流系统中的一条支流。这片流域环绕在这三条河流排水系统的周围，而这三条河流最终在长岛海湾(the Long Island Sound)的纽黑文海港(New Haven Harbor)汇合。这片流域面积约为250平方英里(400平方公里)，有275条小溪，17个乡镇，约50万人口。这里主要的城市中心是纽黑文市，有13万居民。这片流域中大约13%是城区，24%是郊区，11%为农村，41%是森林。18个分流域或社区

* 环境化学家加保利·班诺特教授作为此项目的主要调查员。协助调查的人员有景观设计师兼水生态学家大卫·谢里，植物生态学家马克·阿什顿教授，水文学者保罗·巴顿教授，生态学家莉妮·班尼特教授和艾米莉·戴尔米德女士。此项目由国家科学基金会、美国环境保护署以及美国国家海洋大气总署康涅狄格州海洋基金会赞助。

也包括在研究范围内，范围大约有 28000 英亩，人数约为 78000 人，涵盖了城市居民、郊区居民和农村居民。

以下是选择这 18 个分流域的几个标准：首先，要求几个社区的环境差异较大，从环境质量好到较好到差，各个层次的社区都要包括其中。其次，要求有不同的人口密度，包括城区、郊区及农村的邻里关系。再次，在综合前两个标准的基础上确定环境质量的变化是如何影响环境价值和生活质量的，同时还要确定环境价值和生活质量反过来是如何影响环境质量的。因此，除了研究环境质量相对较好的、人烟较稀疏的区域和城市中受人为干扰较多的区域这两个比较典型的样本外，我们还研究了环境条件相对较差的农村社区和自然系统相对健全的城市社区。这样一来，我们可以在除去人口密度的干扰下探寻人与自然的关系。最后，我们总结出“位于第一位”的分流域或邻里区域，这意味着他们有渊源，而不会出现在其他社区中，以便去检测一个特殊的邻里环境条件是如何影响人类的价值观和生活质量的，而不是环境条件可能是由人类的价值观和生活质量来形成的。

我们亲切的将这个调查称为“盲人摸象”研究，这主要是因为我们独特的研究视角，就好像一个盲人只通过接触一个四足动物的某个部位——腿、躯体、长牙和尾巴等来理解和熟知此庞然大物。我们希望在慢慢了解各个枝节的基础上，然后把它们联系起来，最终达到完全充分了解整个事物。为了了解人与自然系统是如何相互影响这一复杂问题，我们收集了大量化学、水文学、生物学、社会学以及经济学的数据。

我们开始着手研究自然系统的结构和功能是如何影响人类环境价值和社会经济状况的(同样地，我们还研究人类环境价值和社会经济状况是怎样影响自然系统的结构和功能)。我们假设，即使在一个现代工业社会中，人们依然要依赖对自然系统的持续体验。我们认定，自然系统与人类表现力和生产力的水平相关，人类身体素质和精神健康依旧依赖于他们同自然环境相应的接触交流质量，甚至是康涅狄格州的南部中心。这里的人们很少直接开发当地资源作为食物和安全感的保证，在经济不断全球化的背景之下，他们往往驾车到更远的地方去工作，就像在第一章中所强调的一样，大家普遍的一种错误观点就是：在现代社会，因为我们中的一部分生产了大量的过剩食物，因为我们可以抽取大量的资源并创造新的消费品和化合物，因为我们现在的健康水平相对较好，生命周期更长，还因为大部分都生活在高度人工化的城市里，因此人们更加独立，不再依赖自然世界。尽管存在着这些看似不依赖自然的观点，我们的研究依然可以说明人类的身心健康依旧很大程度上取决于人类体验和接触自然系统和过程的质量。

我们既调查人与自然系统的正面效应(有利方面)，也研究其负面效应(不利方面)。正如前面介绍的那样，大多数人与自然的研究主要聚焦于人类是怎样破坏大自然的，在某种程度上，主要探究受损的自然环境是如何对人类健康带来不利影响的。我们不太赞成人与自然之间存在不可避免的冲突这一观点，不应该将人类看作是事物本质的负面影响或正面影响，而是应像任何有机生物一样，人类应该有一种潜能：既可以破坏自然系统和自然过程，也可以为之带来益处。我们还认为人与自然的这种关系无处不在，不只存在于城市之中，郊区范围也照样存在；不只是古代人的本能，现代人也一样具备。那么我们是怎样想像这种出现在人与自然之间的联系的呢？总的来说，我们假设自然系统的健康和完整对人类的自然价值观(如人类依赖自然界的方式以及从自然界获得的益处)产生关键性的影响，而人类的自然价值观又反过来影响一个社区环境中人类的经济状况和身心健康。这种建设关系的具体描述见图 2；然而，下面的调查结果则完全改变了这一假设。

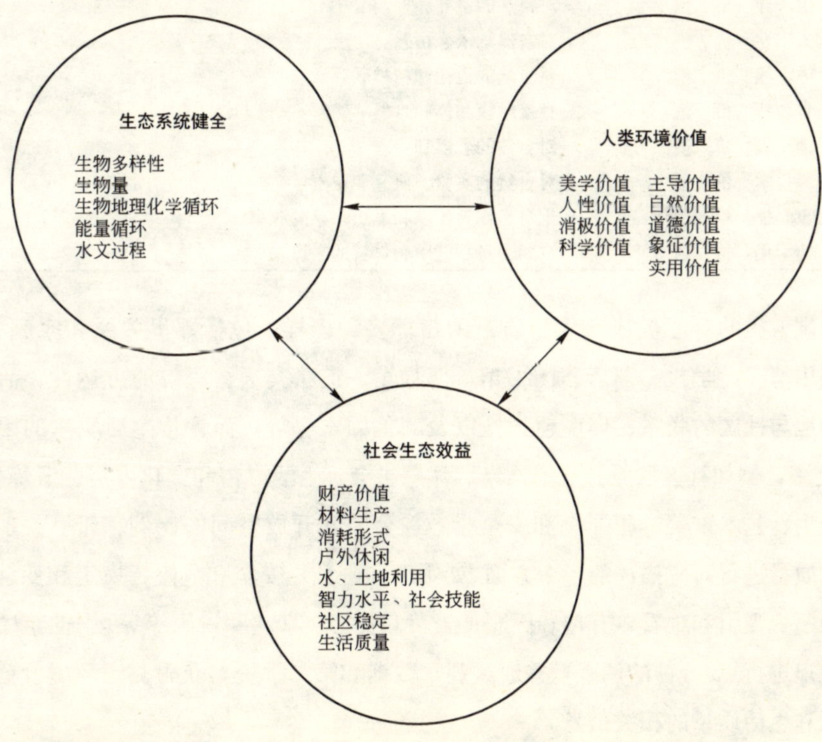

图 2 假想的健全生态系统中人类生活环境价值和社会生态效益的关系

在进行这项研究得出主要假设结论之前，先简单介绍作为衡量指标的相关关键变化因子，包括环境健康、环境价值、人类的身心健康状况以及生活质量。自然系统的相对健康状况由多种多样的化学指标、水文指标和生物指标来决定，这些指标大体上可以检测环境的功能、质量以及生产力水平。测定的具体指标有物种丰富度、物种多样性、生物量(生物物质的总量)、生物地球化学通量或营养通量(化学元素如C、H、N及其他元素之间如何有效地相互转换和被自然系统吸收)、水文过程、水质指标(如溶解氧气、硝酸盐、磷酸盐、粪便大肠杆菌、重金属、固体悬浮物、混浊度)、本地物种与外来物种比例以及其他测定生态系统功能和生产力的指标。[48]

评价人类环境价值的标准是作者根据人类依附于自然以及从自然中得到的益处的九种基本状态总结出了一个概念性评价体系。[49]这九个价值标准在表2.1中作了简要的界定，而其具体含义将在本章的后面作详细讲解。就像在后面将要解释的那样，这九个标准不是生来就有的，而是需要在一个文化氛围和社区背景中去体验和感受。

自然价值表 **表2.1**

美学价值	自然的外在表现和吸引力
主导价值	对自然的主导和控制
人性价值	对自然的依恋情感
道德价值	对自然的道德和精神联系
自然价值	直接触摸和体验自然
消极价值	对自然的恐惧和躲避
科学价值	对自然的实验、研究和观察
象征价值	把自然作为比喻和思想积累的源泉
实用价值	自然为身心健康和材料的来源

测试人类的身心健康和生活质量的指标多种多样，包括邻里关系和家庭状况，土地利用情况，学校、商店、图书馆、博物馆、道路交通、医院的可达性、活动设施、场地与社区的联系、环境趣味性以及其他因素等等；而评价生活质量的因素有40项之多，例如社区联系、交通网络、休憩机会、生活习俗和文化习俗、锻炼机会、医疗卫生、艺术审美、犯罪率和安全指数、公园和开放空间的比例、邻里关系以及对社区质量进行对应描述的各个方面(如干净和脏乱、安全和危险、稳定和变动、安全和动荡、吸引和难看、有趣和厌恶、繁荣和贫穷、喜欢和讨厌等等)。通过对2000多名住户进行45分钟的调查，并通过观察数据和第二手资料获得测定环境价值、身心健康和生活质量的相关信息。

90多种主要的生物物理和社会经济指标的数据非常庞杂，需要对之进行收集和检测，由于许多因素是各种指标的联合体或集合体，因此，尽管收集了所有相关数据，但其结论还只是试验性的，是“关联观测”(Observational-correlational)的有限产物，而并不是“导因试验”(Experimental-causal)研究。[50] 换句话说，我们所测试的人与自然的关系只是此时此刻的产物，并没有观察这些变异指数是如何随着环境状况的改变而变化。为了更进一步区分关联性研究与实验性研究的区别，那就得看看历史上的相关事件：寒冷时期冰川的溶解量和温暖时期冰川的溶解量之间的关系。尽管真正有意义的冰川溶解量很少让人类感受到灾难的来临，但人们还是能发现这些因素之间很大的关联。当然，也许是受其他因素的影响，比如夏天的热容量等类似因素，因此我们想在环境质量、环境价值和人类的身心健康之间的关联中找出其原因，往往可能是一种错误的做法。如果那样做，我们得测定不同时间人与自然的关系，并且要在严格控制的情形下进行，如为了测试社会状况和环境价值与环境质量的前期阶段、中期阶段以及很长一段的后期阶段，这时自然因素加上其他各种因素混杂在一起可能导致其变好或变坏。然而，尽管我们的研究存在着缺陷和不足，但其大范围地去测试不同城市、郊区和农村社区的环境健康、人类的环境价值观以及人类的身心健康，所以仍不失为一项极有代表性的试验，是一种极不寻常的尝试。

那么，我们将得到什么结论呢？在这一大尺度的建成与非建成区的调查中，初步结果部分证实了我们关于人与自然之间的负面影响和正面影响的假设。同时两项强有力的多变量统计结论也已经显示。当我们把这些发现汇聚在一起便为生态系统的功能、人类的环境价值和人类的生活质量三者之间的联系提供了依据和信息，尽管这还只是试验性的尝试。同时，这些结论还很有助于我们修正当初设想的基本技术路线。我们采用两种多变量统计：因子分析(Factor Analysis)和冗余分析(Redundancy Analysis)。这两种统计方法可帮助删减收集到的各种因素的庞杂数据(18 个社区 90 多项关于化学、水文学、植物学、动物学、社会及经济状况)，揭示因素之间的关系，并鉴定它们之间的变异系数，同时这些结论可用来帮助解释收集到的信息和数据。

首先，因子分析得出，其中 25 个因子是典型相互关联的，形成了三个明显的簇团或因素群。其中第一个簇团(因素群)由 11 个生物因子和自然因子组成；第二个簇团(因素群)由 8 个社会因子组成；第三个簇团(因素群)则是 6 个生物物理因子和社会经济因子的综合。由于前两个因素群几乎可以接受收集到的数据三分之二的变异性，第三个因素群只能说明另外的 5%，因此有些变异性在讨论过程中被忽略了。我们首先讨论并比较一下这 18 个分流域的前两个因素群。如图 3 所示，其结论明显地说明

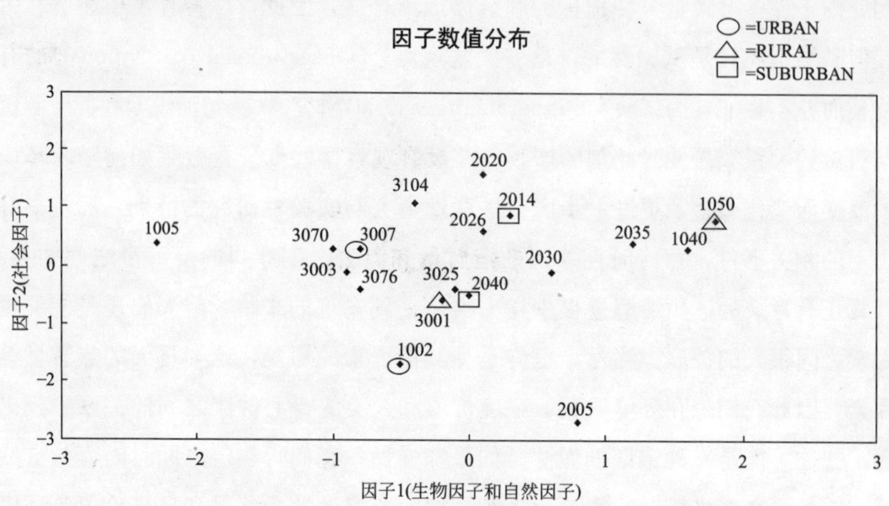

图 3 流域研究中两个因子的分布图

了尽管有些高级分流域是如此相似，但最显著的分流域还是同其他分流域有明显的区别。实际上，从生物物理变异数和社会经济变异数可以区分各个社区，因此，比较这两个变异数之间的关联是有意义的。

因为条件所限，同时比较 18 个社区中的 19 个变异数有些困难，为了达到说明问题的目的，在这儿我们只挑选了四个分流域：2 个位于城市，2 个位于乡村，同时比较 6 个环境变数和 6 个社会变数。由于各变数的打分不同，应统一采用公制，将所有的数据按照 1～10 的范围进行标准化，以便于比较和说明问题(图 4)。这些比较的结果为环境质量和人类环境价值和人们变化的社会经济状况三者之间的联系提供了部分证据。总的说来，因子分析最后得出研究的社区中好的环境质量(由五种多样性、生物量、化学污染物、本土物种与非本土物种的比例以及其他因素来决定)与这些社区中更愉快的自然环境、更可达的室外休闲，以及更好的家庭关系和更高的生活质量等方面都是相互关联的。相反地，这些统计数据还说明在受到破坏的社区环境中，环境的趣味性更低，居民生活质量也较低，邻里之间的家庭关系也较差。更重要的是，这种关联不仅出现在城市社区中，也出现在农村社区中，尽管在郊区的关联度要松散一些，并且在某种程度上，与社区的经济收入和教育水平没有太大的关联(这将在后面冗余分析的结论中讨论)。

这些结论能更好地帮助说明在这个流域内的城区和乡村中，这些社区可能促进或妨碍人类、自然与生活质量之间正面的联系。1050 号流域位于康涅狄格州贝瑟尼

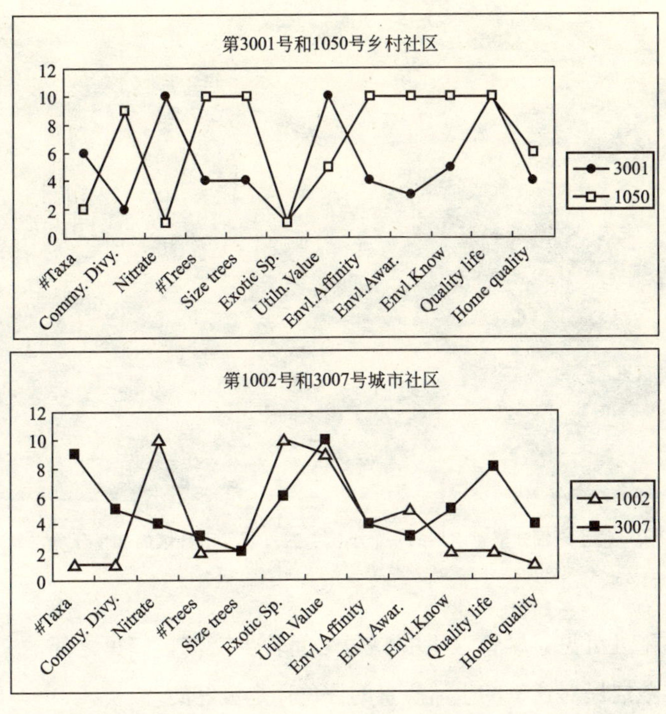

图 4 根据社会经济因子和生物因子两个条件挑选的两个乡村社区和两个城市社区

市一个小镇的东北角，也处于大纽黑文流域三条河流中最小的那条河流的源头，贝瑟尼市的大多数居民都积极保持这个地区的地面饮用水免受污染。从整个地形上看，这个社区是崎岖不平的，有些地方比较陡峭，这儿有一条主要的溪流、几个池塘，还有自然形成或人工挖成的湖泊。这个社区中的公关设施较少，尽管这儿有大量的开放空间、大片的森林、漫步的小径以及便捷进入自然区域的捷径和一处广阔的州属森林。这里大多数邻里是次级森林，古老的农场、建筑物和石头墙使之完全呈现了一派田园牧歌般的景色(插图 6)。

住在贝瑟尼市社区中的户主多是中等至中等偏上收入的家庭，因此，大多数家庭的房屋之间有着适合的间距(也遇到相对新的分隔方式和更小、更老的和更为接近的建筑)。这些极具特点的建筑物与这儿的历史、文化和生态环境十分和谐。房屋之间、房屋周围的田野、森林和农田景观都和谐地融合在一起。每家的院子管理得很好，这里的居民都有很强的邻里界限感和自豪感。尽管与其他区域在自然环境和社会环境有某种程度的隔离，但这里的人们表现出极大的满意。这个社区主要的问题是：缺少学校和商业区，要走稍微远的地方才能找到几个商业中心。但由于商店和

插图 6 调查中发现，位于康涅狄格州南部的一个小镇上的贝瑟尼市社区的邻里环境，其环境质量相对要好，场地感也相对较强。

市民活动设施随处可见，尽管这里的邻居之间较少交流，邻里之间的文化环境也不丰富，但大多数居民对这里的生活质量的评价还是极好的。

这个小镇的环境质量整体上看也是极好的，物种丰富，人们喜爱的野生动物(如鹿、鸣鸟等)也很多，由于污染较少，溪流和水流的水质也很好。同时，这里的大多数居民拥有良好的环境知识和意识，并能积极参与户外活动以获得更好的活力。许多居民经常观鸟、钓鱼或打猎，同时也参加农作物耕种收割并保护森林、植树造林。

与之相对的是，3001 号分流域位于顺着最大河流的一条支流处，所有分流域的东部边缘，是梅里登市(Meriden)中一处相对乡村化的地区。尽管分类时把其归为乡村类，但这里的邻里之间具备一些城市特征。这个社区的 31 条街道有组织地规划为网格状，大多数住户位于较小的场地上，沿着几条主要道路建设了好几个大型商场。这里乡村特征如农田、大量的开敞空间、几个主要的湖泊以及树木密布的山体占主要部分。同时这里家庭的平均收入和相互关系质量也是中等水平，并且大多数居民认为整个邻里关系和生活质量是中等偏上。

但这片区域的环境质量相对较差，其物种多样性和生物量较低，溪流和水流的质量也在下降，而且污染程度相对较高，粪便大肠杆菌、磷酸盐和固体悬浮物的指标都在增高。其附近的一条河流就长期受到了化学污染和工业发展的破坏(插图 7)。居民对环境的兴趣和关注程度也有限，在我们所研究的大多其他社区中，这里明显

插图 7 这个位于康涅狄格州的研究社区表现出退化的环境和存在着大量的社会问题。

缺少户外娱乐活动。

因此，在这些乡村分流域中存在着明显的差异，表现在其环境质量、环境趣味性、发展模式以及邻里关系等等方面。贝瑟尼的居民拥有相对健康的环境、较易得到令人愉悦的自然场所，其生活质量相对而言也较高；而梅里登社区，尽管它拥有更为积极的环境因数和良好的社区质量，但由于污染的加剧和环境的退化，这里的居民对自然环境的兴趣和认知也相对较少，对户外活动的参与程度也更低。

接下来我们介绍两个城市社区，1002 分流域是位于中等城市纽黑文市一个工薪阶层社区。这儿人口密集，大多是中等、中等偏下的阶层和一小部分低收入家庭。每栋房子占地面积较小，且这个社区内还有一些联排房和公寓楼(插图 8)，这些建筑是本次调查研究中建成时间最久的，同时社区中有几条街道也很容易被忽略，这是很不安全的几条街道，道路上人群乱动，交通也拥挤不堪，这些使得整个社区变得破碎、整体性不强。不过，其他的许多街道还是舒适、愉悦、引人入胜的，并且得到了良好的保护管理。这个纽黑文街区还包括比其他研究社区较多的不成比例的多种族群体和老年居民。

插图8 康涅狄格州纽黑文市的这个研究社区中，其环境受到大面积的污染，社会压力也很大。

纽黑文街区附近有一块相对保存良好的森林，也有许多大树，但一条主要的高速路妨碍了人们极方便进入这片森林。这个社区主要靠城市下水道排水，而不是自然排水或家庭排污系统来处理废水，这儿的环境质量是所研究对象中最差的，其物种多样性水平低、污染物含量高(如粪便大肠杆菌和磷酸盐含量高)、溪流的水质差。大多数居民认为此社区的生活质量差，事实上也是调查中最差的一个，居民的环境参与性、环境关注度以及环境知识量都是极有限的，大多数调查对象认为户外活动吸引力不够；他们认为对自然环境的需求不及社会经济活动对他们的吸引力，他们似乎更愿意去参加社会经济活动，而不是户外活动。

与之相对，3007号分流域位于切希尔(Cheshire)的郊区，这个小镇离长岛海湾(the Long Island Sound)和纽黑文市只有10～15英里。该社区的人口也很密集，美国人口署(U. S. Census Bureau)将其划分为城区范围，但它还是保留许多小镇的特点(插图9)。这里的大多数居民是中等收入家庭，尽管房屋的形式变化很大，但大多数的房屋都管理得很好。这个社区有几栋公共建筑，包括一个重点高中和一个大型的商业区。这儿还有几个公园，明显的开敞空间、球场、儿童游乐场和野餐区。虽然有几片繁华的商业区穿过此地，但社区的整体感觉是相对安静的，邻里关系强，家族感也较浓。那些小型住宅的附近大多种上了乔木、灌木和草坪，而且林下层望过去

插图 9 这个人口密集、位于康涅狄格州切希尔郊区的社区，其环境优美，也有很强的社会吸引力。

多为灌木和草地。

总的来说，这个社区的整体环境质量是好的，尽管存在几处受损、退化的自然特征。其邻里关系和家庭关系一般说来也是好的，尽管在研究中出现了一定程度上的社会经济衰退，居民的生活质量也较低。同时，大多数居民对自然环境的兴趣、了解和意识也是有限的，不过他们的兴趣比纽黑文社区(1002 号社区)明显要高得多。

此类定性比较反映出了因子分析中关于环境质量是与人类的环境价值、社区特征以及生活质量之间的许多结论。而冗余分析则会更进一步展现出我们对数据的理解，并将信息数量化。冗余分析是一个功能极强的分析方法，它可以断定一大组数据中的变数与另一组数据的变数的相关性和预见性。我们现在感兴趣的是社会变数和生物物理变数之间是否存在着极大的预见性关系。换言之，我们根据社会变数和人与自然的关系就可以肯定地判断自然环境质量。相反地，特定尺度的生物物理环境是否强烈影响着人类社会关系和环境概念，以及是否依据此就可预见人与自然的关系？

这一关系确实需要找出来，因为一个特别的生物物理因子会强烈地控制人类的社会变数，同时一个人为因子也强烈预见了自然环境质量。特别的是，通过对 18 个社区的研究，发现人们的“环境亲和力”(Environmental Affinity)可极大地关联和预见环境状况。而且，从生物物理的数据分析来看，本地树种的多样性则是人类社会经济状况和环境感知的有力预言者。环境亲和力测试了自然环境的吸引力和参与度，也是25个因子最基本的衡量标准。这25个因子包括“非消耗性”的户外休闲活动(如不同层次的观鸟、喂鸟，欣赏海景，野餐，摄影或观察自然界，划船等)，参观动物园和自然历史博物馆，观看与自然相关的电视节目，阅读关于自然世界的书籍，栽植野花野草，参与环境组织的活动，参加环境知识培训班，参加自然之旅等等。本地树种的多样性测定了生物多样性和对环境的干扰，同时也反映了本地种与非本地种的比例。

通过对18个社区调查发现，环境亲和力和本土树种多样性与居民的收入和教育并没有太大关联。也就是说，这些关于环境质量、人们的自然体验以及生活质量相关性的重要预见因数，有可能出现在贫困的社会，也会出现于富有的社会中；会出现在学历较低的人群中，也会出现在受过高等教育的人群中。这一结论让人回忆起了关于芝加哥房产调查的结果(这在本章前面有介绍)，其结论是：自然环境与人类健康在这群社会经济状况较低的人群中是有联系的。综合前面因子分析得出的结论，我们却得出环境质量与人类的生活质量以及该社区的人口密度和富裕程度之间是相对独立的，没有太大的相关性。

冗余分析也得出环境质量与人类价值观和社会状况没有太多直接的关系；相反，环境质量和人类价值观更多的是受到某种特定景观要素和土地利用方式的影响(某种程度上还比较模糊的结论，见图5)。特别要指出的是，我们找到了判断生态系统健康的指标，如物种多样性、化学污染和营养循环，这些与人类社会因素(如邻里关系、环境亲和力、环境知识或生活质量)没有太多的关联性。而且，这些生物物理变数以及社会经济变数与景观要素有一定的联系，并受这些要素的影响和干涉：如道路质量、高大优美的乔木、开放空间、溪流的存在与否和质量水准，还包括土地利用指标等等。结论之一便是景观要素和土地利用方式对以上方面的影响极大。大多数人不是很好理解，一个健康的生态系统所包括的各个方面：如生物多样性、水文学、生境化学或水生化学、营养循环等等。然而大多数人注意到并认为突出的景观要素和土地利用方式是环境质量的评价因子，如形态优美的大树、快速流动清澈的小溪、大量的公园用地和开放空间以及令人视觉愉悦的景观道。

总之，通过对各种城市社区和城市郊区的庞杂调查研究发现，环境质量、人类环境价值和人类的身心健康紧密相连。这次调查的主要结论总结如下：

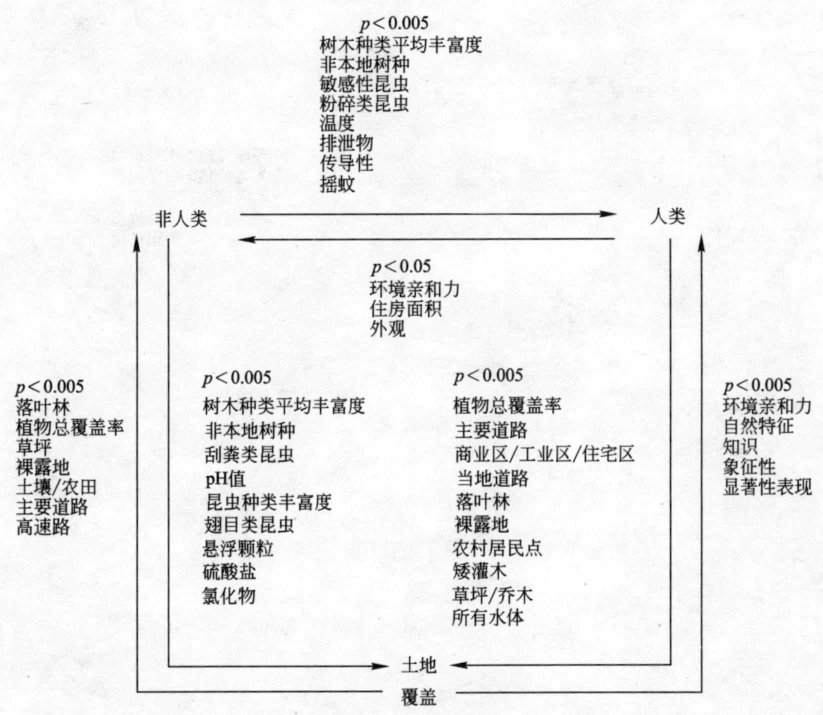

图 5 人类因子和非人类因子以及土地本身特征之间的冗余分析

- 有较高环境质量的社区其居民环境价值更为乐观、积极，生活质量更高，而那些环境质量较差的社区则表现出较少的环境兴趣和较低的生活质量。
- 环境质量、人类的自然价值观和欣赏水平以及社会经济状况之间的关联不仅出现于城市社区，也出现于农村社区，尽管在郊区的街区中程度更小。
- 某些环境因子(如本土树种多样性)强烈影响和反映着人类的社会经济状况，同时某些社会因素(如对自然环境的亲和力)也极大地影响着自然环境的健康和生产力。
- 社区研究中的环境变数和社会变数之间的联系与居民的收入和教育水平不相关。
- 自然因素与人类因素之间的联系极大地受主要景观要素和土地利用方式的影响。

最后一步的任务就是修正最先我们假设的关于环境健康、人类环境价值和社会

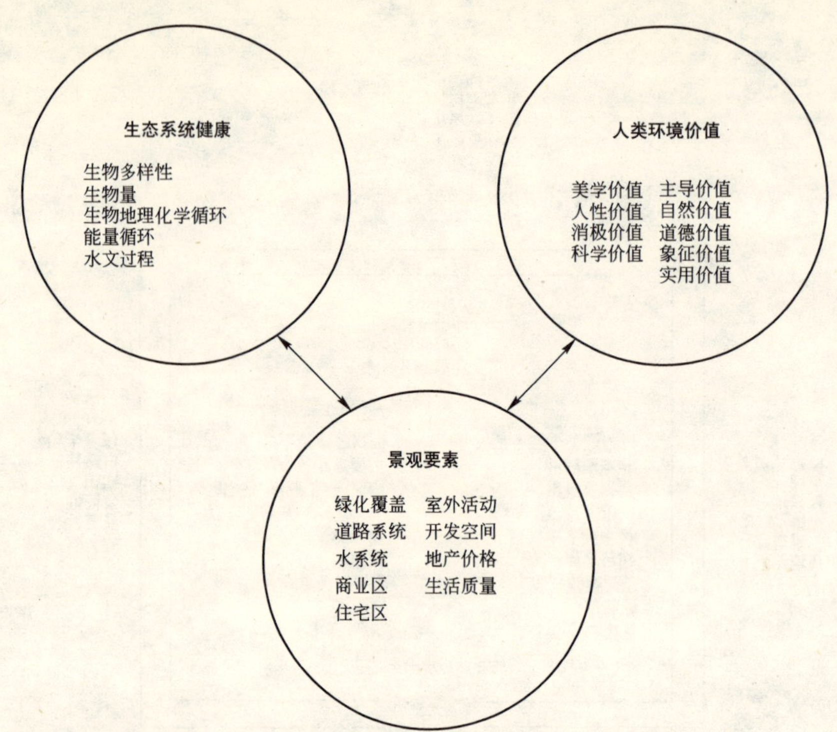

图6 生态系统健康、环境价值与景观要素三者的设想关系图

经济状况三者之间关系的概念框架。其修改后的框架图见图6，从图6中可看出，健康的自然系统才能形成人类较高欣赏力和价值评价的景观要素；反过来，这种土地利用方式又会带来各种社会的、心理的以及经济利益和益处，这样一来，就会激励这里的居民对他们生活的环境有更高的评价，这同时也会激发他们从社会学和经济学方面可持续地开发他们的社区。当然这种反馈机制有时也会出现消极反应。

这次"盲人摸象"研究的结果还为假定的自然系统与人类身心健康之间的联系提供了佐证，结论得出：生态系统相对健康的社区，其对自然环境的亲和力较高、生活质量也较高，而环境质量较差的社区一般说来对环境的关注更少，生活质量也较低。这既存在于城市社区，也出现在城市郊区和农村的社区中；同时，它存在于各种收入水平和教育水平的人群中。

诠释关系(Explaining the Relationship)

本章调查的各种结论涵盖了人与自然相联系的一个宽广的范围，包括花园、公园和自然区域；还有动物伙伴、医疗中心、工作场所以及街坊和社区。这些研究的目的就是为了说明：即使在这样一个不断现代化、城市化的时代里，人类的身心健康依旧极大地依赖于人类对自然环境的体验质量，体验大自然可以极大影响人类的健康。虽然大多数研究也有一定的局限性，然而，将各种情形和状态下收集到的数据集中起来则出现了令人信服的结论，人类接触自然的质量极大程度地影响着他们的健康和现代社会的生产力。

我们该如何解释这种联系呢？这个复杂的问题可能需要一本书才能解释清楚，这个问题也有可能超出我们现有的知识范围和理解范围。然而，我们还是可以用三个相关的解释来经验性、简要地阐明自然与人类的相互关系。首先，我们提出了生态系统服务(Ecosystem Services)的概念，即使在以技术为主的现代社会中，自然系统仍是人类持续获得财富的关键。其次，我们提出了热爱自然本性(Biophilia)的概念，以及人类怎样珍视其周围的自然环境和这会怎样影响他们的身心健康。最后，我们讨论场所精神(Spirit of Place)的概念，探讨当人类生活在极为珍视其文化价值和生态价值的社区环境中时，他们将怎样从中得到重要的生态系统服务和热爱自然所带来的价值。这三个方面是层次出现并相互关联的：首先，健康的生态系统提供必要的生态服务，而生态服务又形成了各种热爱自然的价值观，而各种价值观反过来又激励人们更加依恋他们工作和生活的环境。同时，这种反馈模式也能出现在受人类干扰和破坏的环境中，会形成一种恶性循环：即受破坏的生态系统提供较差的生态服务，从而导致了人们更不热爱自然环境，就不会让他们热爱和珍视这片他们生活和工作的环境，从而环境进一步恶化，这就形成了一种恶性循环。

生态系统服务(Ecosystem Services)

生态系统服务概念在其他相关文章中有较详细的讨论，因此，在此处对其只作简单的介绍。[51] 健康的自然系统为人类提供了一系列关键性的服务，有利于人类的健康和生存。而且，这些生态服务对于现代工业城市来说依旧是必要的，现代社会更依赖于制造商品和材料，他们从遥远的地方获得大部分实物和其他商品，而并不是利用附近的资源；人们也开车到更远的地方去工作。然而，当我们仔细研究就会发现，人类在很大范围内继续依靠基本的生态系统服务，这些服务也存在于他们当地的社区中，并对他们的身心健康产生极大的影响。一些必要的生态系统服务如下：

- 废物降解

- 土壤肥力形成
- 化学和生活污染的补救
- 有害有机物的控制
- 植物花粉授粉和种子传播
- 水循环和过程控制
- 水供给和净化处理
- 营养物质的保存和循环
- 氧气的产生
- 野生动物形成的产品(如蜂蜜、大须鲸和贝壳动物等)
- 野生植物形成的产品(如木材、纸、润滑油等)
- 药物和其他医用材料
- 粮食生产和畜牧

举例来说，降解，即分解我们所生产的废物。在现代社会，尽管现在不断使用特殊的、有高技术含量的处理设施来降解废弃物，我们还是很大程度上不得不继续依赖于土壤和水中不计其数的其他有机物(主要是细菌)的活动，使得大量的废弃物得以降解。在美国，人类每年大约要形成1.3亿吨的有机废弃物，而家畜则另外产生120亿吨的粪便。几乎99%的这些废弃物主要是由微生物生境来降解的，若没有这些“小朋友”的帮助，我们将不知道站在何处。[52] 而且，现代社会产生的化学污染物和生物污染物大多是通过各种陆生生物和水生生物降解的。昆虫学家大卫·皮蒙特尔(David Pimentel)检测出人类活动形成的四分之三的、7万多种污染物在经过自然降解的过程后大部分变得没有毒性。

土壤肥力是生产食物和木材、草坪的生长、花园以及其他植物生长极为关键的因素，它在很多方面对人类的生活带来益处。尽管现代社会不断依靠人工施肥来提高土壤肥力，但其形成主要依靠还是自然循环过程。通过分解纤维组织、混合有机物、营养物质的循环和不断增加的气孔和排水，同时通过蚯蚓、蚂蚁以及无脊椎有机物产生和保存土壤肥力，所有的这些都对农业和木材生产提供极大的帮助。

减少和控制有害植物和动物对于保护人类健康和促进农业和木材的生产是必要的。人们通过使用人工化学物和机械方法使害虫可以得以控制，但是这些化学药物使用的代价昂贵、所起的效果有限，并且还有可能引起环境污染甚至危害人类健康。

因此，最有效的害虫控制还是得依靠大量的自然有机物和自然过程。大多数有害有机物的数量一般受到自然中的一些生物(如鸟、蝙蝠和其他物种)的控制。自然世界中的食肉动物(Natural Predators)控制了大约90%的能引起疾病的昆虫以及农田中的害虫。据研究调查，一只鸣鸟一年可以吃掉大约10万到25万只昆虫。

植物传粉和传播种子(因此帮助生产大量急需品和有价值的食物)也是一种必要的生态服务，主要由野生生物来完成。举例来说，在美国，蜜蜂要为150种农作物授粉，包括苹果树、草莓、甜瓜和苜蓿等等。

水体的自然净化对人类用水、农田灌溉、人类健康以及其他行为都至关重要。通过自然系统对水文过程的作用和调控，对维持上述功能方面起到很大的作用。

虽然不是全部但大部分的农作物和家畜仍然依靠通过野生近亲物种之间的配种和基因技术来提高其基因水平。人类也利用野生的树木、鱼类以及其他野生生物来分别制成食物、衣物、纤维制品和其他产品，同时也为有意义的娱乐休闲如打猎、钓鱼和观看野生动物提供了机会。

另外，现代制药的开发依旧以植物、动物和微生物的医疗效果为主。统计事实证明，大约三分之一至二分之一的现代药物是在开发和合成化学物质与野生有机物的基础上制成的。最后，生物最基本的需求——呼吸，也还是通过依靠植物的光合作用来产生人类所必需的氧气。

以上例子只是代表性地说明了人类在不同方面，从健康的自然系统中获得必要的生态服务。但要估计现代社会依靠这些生态系统服务所产生的经济价值则是相当困难的，不过，也有几种粗略方法可以估算人类依靠自然环境的健全以及提高生产力所带来的价值，并且这也是必要，值得我们去估算的。例如，大卫·皮蒙特尔(David Pimentel)和他的同事们在1999年测算了自然界从自然资源到自然旅游为美国经济所带来的直接利润多达3000亿美元(占美国GDP的4.5%)，同时还产生多达30000亿美元(约占美国GDP的15%)的世界经济输出。[53]

上面所列出的数据说明了这样一种趋势，现代社会产品和服务的提供越来越通过复杂的工业过程。正因为上述这个特点，生态学家雷蒙德·达斯曼(Raymond Dasmann)把以工业文明为主导的社会中的市民定义为“生物圈人”(Biospheric People)，他们通过远距离的获取资源和产品来满足他们必需的产品和服务；同时，他把那些主要依靠本地的自然系统为他们提供可持续和安全生产所需要的能源和材料的人称之为“生态系统人”(Ecosystem People)。[54]尽管存在这些细微差别，现代城市社会依然需要由本地的自然系统提供服务，同时通过自然系统的多样性来支撑城市和社会的发展。可能除了制药和研究大多数野生动植物产品除外，几乎包括前面介绍过的所有生态系统服务功能，都还得依靠本地健全并有生产能力的自然系统来完成。尽管现代社会中的大多数人不再直接依赖于利用当地的生态系统为其提供食物，并且他们也经常驾车到较远的地方去工作，这些都带来了全球经济的不断发展，但他们的生活质量还得取决于他们工作和生活的地方的生态系统的健全和生产能力。这种本土生态系统服务也就是前面提到的降解废弃物、净化污染物、形成土壤、控制病虫害、传播种子、传授花粉、水文循环和为人类提供必要的、持续的生态舒适和安全感，虽然这不是人类生存的关键。

热爱自然本性(Biophilia)

珍视自然的倾向被称之为热爱自然的本性，这是一个假设的人们对自然环境的一种生物本能的亲和力，它主要反映在 9 个基本价值观方面(见表 2.1)。[55] 这 9 个相互适应协调的价值观对于人类的身心健康是一个至关重要的根基。当人们在同自然接触过程中获得极大满足感时，他们将从这种亲近生物本能的价值观中得到重要的身心愉悦。然而，这种价值观是“很少”通过遗传就天生具备的，它需要人类不断的、大量的学习、体验和文化支撑才能形成。[56] 若缺少足够同自然接触和体验的机会，这 9 种价值判断力则很难形成或开始衰退，从而导致物质、精神和智力上的缺陷和不足。然而，若这 9 种价值观得以适当的表达，这些热爱自然的本能价值观就会带来多方面身体上和心理上的益处，包括更有可能获得基本的物质和服务，更有可能找到解决问题的关键点，更有创造性和探索精神，更好地抒发情感和发展同社会的联系，甚至具有更强的社会正义感和责任感，更加地坚定自己认为正义和有意义事物的能力。每一种热爱自然的价值观需要很长的进化过程才能具备，甚至一直持续到现代社会中。因为这种价值观是在不断的适应和幸存的斗争中形成的，它是人类和社会适应的一个微妙而复杂的方式。

因此，可以这样简单地定义热爱自然的本性：微弱的基因影响，珍视自然，能为人类的身体素质、物质财富、精神健康、智力水平以及道德修养提供帮助的综合体。因为热爱自然的本性植根于人类自身和进化过程之中，它代表了在长期以自我利益为基础的保护自然的主张。热爱自然的价值观是“生物文化构筑物”(Biocultural Constructs)，是一种本能的反应，是个人爱好的倾向，其外在表现以及功能的实现主要依赖于人类的选择和自由意愿。由于其取决于人和个体和群体的选择，因此，这种价值体现有时是恰当的、有益的，而有时则存在着功能上的障碍。其实，热爱自然本性的价值只是学习一些“原则”，这些“原则”反映了一旦这些价值观虽然由于人类个体和群体因其文化和体验方式的不同，的确会出现一些非同寻常的多元化的满意度和强烈程度，但其都是学习体验以及基因遗传共同作用的结果，然而，人类自身的生物本性则限制了这种变化的相应表现形式。因此，假设每一种价值观随着一个连续统一体而出现，反映了生物本性控制的个体或群体的功能性变化，同时，当这种变化到达极端时，若表达不充分或表达过度时，则会出现功能上的障碍。这个连续统一体见图 7。

我们将要在下文中简要介绍这 9 种生物本能的价值观，[57] 并强调每一种价值观所带来的身体上、精神上、智力上和道德上的益处。首先我们要谈到的一个价值观是可以产生极大的健康和物质利益的；接着谈到的价值观则可以提供更多智力和情感上的利益；最后则讲述在道德和心灵上都有更重要作用的价值观。把这 9 种价值观综合起来，则反映了人类依靠自然界获得舒适感和安全感的丰富度，同时形成了一张极为重要的网络：从自身利益出发所产生的对自然环境关注的这样一张价值网。

首先，实用价值(Utilitarian Value)。实用价值反映了因各种身体上的、物质上的以及日常用品上的利益关系而亲近自然的倾向。然而，词语“实用”在某种意义上是一个用词不太恰当的名词，因为所有的热爱生物本性的价值都可以提高人类的物质财富和身心健康，在这儿使用的这个词语是一个传统的、狭义的概念，只是指从自然世界获得身体上和物质上的益处。实用价值反映了自然界作为农业的、医疗

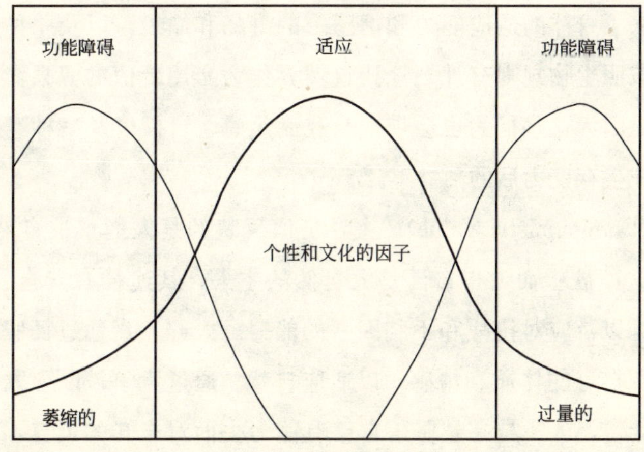

图 7 热爱自然本性价值观的假设性表达

的、工业的以及其日常用品上的自然资源的来源，另外，甚至在得到即时的物质回报的同时，从开发自然世界的实用功能中表现的手艺和技能也可以产生情感和智力上的益处。

大多数人意识到自然界是他们获得食物和安全的一种重要资源，然而，绝大部分的城市市民则认为这种依赖自然的关系只是在历史中曾经这样，并认为这只是社会原始阶段或经济欠发达国家的特点，对于大多数生活在城市中的人而言，区别现代生活的标准就是脱离远古时代对自然的依赖。然而，就如同我们前面已经讨论过的那样，这种观点是非常错误的：不论是古代人还是现代人都将继续从自然系统和自然过程中获得主要的食物、药物、建筑材料以及其他服务。而且，随着分子遗传学和生物工程的不断发展，这种依赖程度还有可能变大，因为这些技术允许对自然环境中的物质更多的开发和利用。地球上只有少于五分之一的物种得到了确认，更不用说分析测量它们可能存在的实用价值。每一个物种都是一种极为宝贵的财富，它们的生命是由进化过程中形成的各种需求、未揭开的自然和生物化学的解决办法；而且，正如我们看到的那样，由健康的自然系统提供的生态系统服务对人类的可持续发展依然方方面面起着不可替代的作用，例如，水的形成、废弃物的降解、植物的繁殖和营养物质的循环利用等等。

人类更进一步地表达了一种对自然的实用价值的潜在需求，因为自然能在身体上、情感上和智力上形成各种各样有用的能力。通过熟练、精通的栽培管理，如管理花园和收割野生植物等，人类可以获得身体机能和情感发育。从土地和水中，人类获得一部分最基本的物质需求。而人类获得并非如此，早已超越了最为熟知的物质利益，还带来了身体的适应能力和情感上的舒畅和愉悦，以及一种长久的平衡和节律感。人类按照生物规则有计划地让自然界作为实用价值的源泉，而并不是物质回报，这主要是因为这些行为也会带来自我满足感、自信以及一种经过锻炼自身能力和手艺而形成生存能力后的独立感。

主导价值(Dominionistic Value)。主导价值反映的是人们掌控自然世界的渴望。人类通过宣泄这种欲望而觉得自己是大自然的主人，其途径有安全、独立和自由、冒险和发掘资源以及应对挑战和不利因素的能力。人们一直通过征服自然、成为自然的主人来磨练自身的体质和情感，以适应自然。通过竞争，以智取胜捕获其他物种和占领其他生境，人类越来越坚信自己有能力去面对未知的世界，同时坚信自己有能力去战胜它们。尽管现代人不再过着努力捕猎、躲避食肉动物的威胁或尽量在野外世界中生存下来这样的生活方式，但是通过面对野生世界获得的力量和本领仍是人类自身的身体和情感得到适应和满足的手段。我们战胜不利环境而获得自尊心，通过战胜一个又一个难以对付的敌手，无论是一座高峰、一条奔腾的河流，还是一个野生的环境或其他生物，通过自己的力量和决心，我们慢慢培养了面对挑战、冒险以及适应未知世界的能力。

自然价值(Natural Value)。自然价值反映了人类将自然作为刺激、表述和多样性的来源这一观点。人类通过把自己沉浸在各种自然环境的职能和自然演变中，从而获得各种体质上和精神上的回报，其中最显著的是植物、动物和美景。通过深层次地参与其中，每一种生物和生境都促使人们神奇的想像、探索和发现。当人们更多的探索、寻找，就可以获得更多、没有止境的刺激和领悟，其带来的相应的好处就是提高了意识度和注意力，更愿意去检验和探索，拥有更强的好奇心和发明能力以及具备更好的创造力和想像力。

当然，参与到自然之中还可以帮助人们产生一种心灵的平和，从而更广泛而长久地吸收自然精华，参与得越多，人们越是感觉到拥有活力并更能平衡自身。乏味、单调、暗淡无光的岩石也会变得丰富和富有生气，毫无意义的植物也变得充满了故事；单调的园林景观具有了许多不同的感觉；甚至连空气也变得真实起来，感觉是可以触摸的。而这种提高的意识力常常形成了更为清晰、更有力量和更好解决问题的能力。相反，一个缺乏自然欣赏能力的人只能面对一个单调乏味的世界。

科学价值(Scientific Value)。科学价值反映了自然界是实践知识和理解智力的来源。人类有一种本能的需求去了解和领会它们所生活的世界，这主要体现在对自然环境中的各方面加以鉴别、标识、归类和说明。并同时在进行此类活动过程当中，培养起各种认识能力，包括增强发现问题、分析问题和解决问题的能力。

通常认为实践观察和有系统的学习自然是当代人生活的一个特征，认识自然的能力需要通过一个专业机构的严格训练和成员身份才能获得。然而，认识自然的科学爱好一直伴随着人类历史的发展过程，也出现在所有的文化之中。举例来说，所谓的原始人类，如新几内亚(New Guinea)的一些部落中的土著人可以认识和鉴定出现在他们周围环境中的几乎所有已被科学分类的鸟类，而不需要任何显著特征的提示。美国和其他地方的土著人也通过观察并进行详细的标注，接近于科学的分类。[58]所有的这些都说明人们急切想在实践的基础上了解他们周围的世界，并对其进行分类记忆，在这一过程中，可以锻炼他们的判断思维以及解决问题和发展其他智力技能的能力。

仔细观察和理解自然界的一部分为人类提供了无穷的学习动力，也成为人们认识能力发展的激励方式，当然也可以通过其他方式来发展智力，例如，通过使用电脑和现代社会中的常规知识的学习。然而，自然界的多样性使得其是刺激智力发展最理想的天地，人们有可能遇到一生中最丰富的环境知识，特别是当他在童年的时候。外面的世界为我们提供了一个无止尽的、富有挑战的变化和遐想空间，人们再次可以不用受过多世俗的约束，可以尽情地放松，他们可以按自己的意愿去观察、理解和学习。这种由自然实践学习获取的知识常常会产生指导实践的作用。

象征价值(Symbolic Value)。象征价值反映了自然界作为人类想像、交流和思想的源泉。在人类发展的历史长河中，人类用语言、想像、比喻和其他象征方式来描述自然景色、声音和感受，人类通过抽象自然，帮助交换信息和对事物的理解。[59] 这种相互作用和交换出现在人们的演讲、故事和幻想中，有时极为明显，而有时则是抽象、伪装起来的。与此相适应的益处是在进行鉴别和分类的过程中语言能力的发展，在叙述和讲故事的过程中心智臻于成熟，而在想像和研究过程中提高了交流水平。

象征性自然是人类语言形成和发展的关键，虽有争议但却是人类最高的成就。学习说话、写字和交流，需要更精确地区分、分类和归纳。语言能力是在人们很小的时候通过区分有显著差别物体的基础上形成的，并常常是区分一些生物和环境中有生命的物体。自然界为人类提供了一个强有力的、情感控制的和智力上的刺激源泉，以此来分门别类。甚至现代社会，幼儿也主要是依靠详细描绘自然来形成他们的语言能力、数学能力和分类能力。

象征性自然也会出现在儿童的故事和神话故事中，这些经历对一个人的成长是至关重要的，包括人们的身份、冲突和渴望等等。这一现象在所有文化历史中都存在着，反映了象征性自然是如何帮助年轻人在成长过程当中进行探索，其方式虽然常常伪装起来，但也是可接受的，同时对情感的发育有极大的影响力。神人同形同性论，寄托人类情感特性和了解自然世界动机的一种方式，经常以一种熟悉的、可容忍的方式用来帮助年轻人面对错综复杂的问题，而这些问题常常给人以打击和痛苦。

最后，象征性自然可以帮助形成日常生活中的语言，人们将自然的形象转化到街道语言、商场语言以及演讲和争辩当中。自然世界中单词和短语的产生有时是非常清晰的，有时则是非常模糊的，只有通过语源上的测试，它们环境的源泉才变得明了，用语言和演讲的形式比喻自然是未经雕凿和琐碎的，但仍是可产生具有雄辩的论述和具有想像力的演讲。所有来自自然的象征性语言都为生活带来更生动的交流能力，而这种交流能力则常常是抽象的和柔和的论述。象征性自然帮助人类学会交流的过程与自然界的多样性如何为人们探索提供帮助具有相似性。每一个热爱自然本性的价值为人类提供了探索自然世界中处于原始状态材料的线索，同时帮助人类面对生活中各种各样的挑战，找到合适的解决办法。

美学价值(Aesthetic Value)。美学价值反映了自然界作为美和吸引力的源泉。在形成这一价值观的同时，人类提高了好奇心、想像力和创造性的能力，同时增强了认知秩序、和谐、对称和均衡，甚至优美的能力。生活中很少有像对自然的美学那样有吸引力的体验，也很少有感知会那样长久地、强烈地影响着人类的灵魂。即使是一个孤僻的人也很难拒绝这种诱惑，即使它是一目了然的。自然界的美学吸引力通常认为是美丽的、漂亮的，如瑰丽的日落、对称绽放的玫瑰、雄伟的金字塔、白雪覆盖的苍山。虽然人类审美情趣的程度不尽相同，但是其存在于人类的生活中则是毋庸置疑的。审美价值普遍存在于我们的身边，因此，它可以是遗传的，除非是发育不良。同时它与人类的舒适感和安全感也是相一致的。

那么这种审美价值有哪些功能上的优点呢？最基本的一点，就是人类对自然的美景有所反应是被其吸引着，也是其兴趣和好奇心的表现。通过不断体验和培养，这种吸引力常常被引向更深层次和更为复杂的好奇心、探索能力和想像空间。随着时间的推移，持续的美学吸引力甚至会形成完善的观察、发现和创造能力，而所有的这一切与不断的坚持和发展是高度一致的。

自然界的美学吸引力与人类进化过程也是联系在一起的，让人类更有可能去获得安全感、食物和保证。[60] 人类受到自然的美学吸引有助于人类的生存，这在前面已经证明过。举例说来，流动的、洁净的水体和海角，形成人们视觉的美感和活动的机动性；那些避难场所和遮蔽空间，以及色彩艳丽的花朵常常意味着食物的呈现。研究已发现在各种文化中存在这种持续的审美偏爱，当代世界中的这种审美偏向也存在着，如人们愿意在有优美远景或是位于水体的附近、周围是五颜六色的开花乔木和灌木的地方建造住宅和办公楼，即使要付出额外的费用。

辨别自然美的能力可能进一步形成平衡、对称、和谐和优美的认识和欣赏水平。人类通过认识和欣赏秩序美和整体美而更受鼓舞并了解更多。自然界中这些特征用以作为鼓励人类通过模仿和发明，从而掌握生活中类似特征的模型和样板。想像中的自然常常起到了一个设计模板的作用，帮助人们找到更有利于身心健康的线索和途径。感知自然的美可以提升认知的想像力，而这与普遍存在的杂乱无章和混乱的、更为规范化的现实是相对立的。

人性价值(Humanistic Value)。人性价值反映了自然界作为情感喜爱和依恋的源泉。这一价值取向形成了人类给予情感和接受情感的能力，形成亲密的相伴关系，以及发展人类相互协调和信任的能力。对于大多数社会人类物种而言，这些特征是相一致的。

与自然界的情感联系始于极为熟悉的驯化动物，它们常被视为人类的朋友，甚至是家庭的一员。这些属于个人的动物成为了忠诚、承认和认同的载体，因其是关爱、喜爱和归属等这些情感的源泉而备受珍视。与之相对的是，对于大多数人来说，被隔离和孤独是他们沉重的负担和压力，他们非常渴望得到其他人或生物的友谊和相伴。人类得到自己动物强烈的认同后，形成了一种感激情感，同时觉得自己是重要的、是被需要的。对于另一种生物的情感很少能被对另一个人的感情所取代，但它同时为亲密感、亲切感和一种血缘关系的表现和体现提供非常重要的补充。

同自然保持亲密关系同样可以形成合作和参与社会的能力。关心他人和受到关爱可以增强自信和自尊，而自信和自尊的形成通常是在一种正常的环境氛围下，但是它们在危险时期和动乱时期则更为显著。温和地回应另一个人可以得以身心的放松和恢复。当人陷入沮丧中时，他往往会去寻求自然的力量，依靠自然来治疗他那沮丧的心；要么则是通过动物伙伴、花园、海滩；要么则是其他“有助于治疗”的生物和景观。

消极价值(Negativistic Value)。消极价值反映了回避和恐惧自然的倾向。自然界的某些方面可能导致焦虑和厌恶感，如蛇、蝙蝠、大型食肉动物、沼泽地、陡峭的悬崖、狂风暴雨时的大海、闪电等等。自然界的这些干扰经常导致人类的反感、厌倦情绪，有时还会有轻微的激怒。这些反应可以看作热爱自然本性的对立面，从字面上翻译即是“热爱生命”。然而，热爱自然的本性反映的是与生俱来的同自然联系的趋向，而这种趋向包括欣赏和厌恶，不过大多数情形下它表现的是乐观的、积极的兴趣和情感。

有时对自然的厌恶反应可以导致破坏性行为。然而对自然界中偶尔出现伤害要素以及人们恐惧的倾向常常是适当的，而这种体验也帮助人们避开自然界中有威胁的方面，避免伤害、受伤甚至死亡。当合理、恰当地表现时，人类可以通过远离，有时候甚至是消灭那些可怕的自然要素而获得益处。人类的健康依赖于获取的技能和能力，同时也依赖于在某种程度上远离潜在的有伤害性的自然环境要素，如果意识不到这一点，在强大的、无法预知自然力量的面前，人类的行为则是漫无目的地、白白冒险并徒劳无益的。我们必须忽视其自身不可避免的缺点。

有些时候对自然存有恐惧感也会激发敬畏和尊重的积极情感。当我们意识到比自身更为强大的力量，而这一力量足以打败和毁坏我们，我们就会顺从自然和尊重自然。敬畏还包含有敬重的内涵，其中还混杂着恐惧，以及对高于自身的强大力量的意识。自然界的这一力量也可以变成谦卑和娱乐的对象了。一只凶猛的狮子、一只凶恶的豺狼和一只大灰熊关进笼中则没有什么威力了，也不能激发敬畏感。若是绝对地征服所有物种和生境，也就不会存在羡慕、谦逊和尊重了。因此，对自然环境的伦理意识则大多来源于对自然界某种程度上的恐惧和敬畏，以及热爱和审美需求。

道德价值(Moralistic Value)。道德价值反映的是自然作为道德和精神灵感的源泉。环境哲学研究者霍姆斯·罗尔斯顿(Holmes Rolston)说道："自然界是哲学的源泉，同时也是科学、娱乐、美学或经济的源泉。我们会不断发现为什么，自然辩证法是我们思维的摇篮，好像早已安排好了似的，就等着我们去探索和发现。"[61] 人类在他们的生活中通过加强与天地万物的联系而获得自身的目标，感受精神世界的重要。与之带来的益处就是增强的意识感、自信和自尊，以及善待自然、尊重自然的意愿。

道德价值形成了生命和天地万物的统一体认识。人类的存在被认为是拥有潜在的更深的内涵和目标，有一种观点认为精神世界有时就是宗教信仰。这种宇宙中某些奥秘所产生的情感一直伴随着历史的发展，几乎每种文化中都有自己的宗教信仰和精神传统。而最近，随着对现代自然科学的理解，这种信仰也变得非常理性了。自然环境调查研究揭示了令人惊叹的、不同程度的多样性，有 170 万种已经分类的物种，研究过的现有物种有 1000 万到 1 亿种，曾经与我们共同生活在一个地球上，而所有物种的 99%已经灭绝。尽管有这么多的变化，自然界还是以其千姿百态呈现在我们面前。大多数活生生的生物都有相同的分子构成、化学成分以及基因结构，相似的循环过程和再生过程，以及相同的身体特征。森林底层的一只甲虫、海洋中的一条鱼、热带大草原上的一只走兽、高空中的一只飞鸟以及现代都市中的一个人，就可以构成这种独特的关系网。这种相互关系让我们感觉到冥冥中有一个实体在统制着整个地球(如果不是整个宇宙的话)。信仰和自信因共同、常见的特征而得到加强，这些共同的特征传达给我们的是一种共同的孤独感，当一个个体在某个时刻被隔离时都会感受到孤独。

道德观念更进一步激励人们去保护自然。当人类认为自然世界是一种最基本的联系，甚至亲密地把它们与宇宙中的其他方面联系起来时，人类将不再有强烈的占有欲，而是缓和下来，不去破坏和伤害周围的自然环境。这种愿望的产生一方面依赖于唯物和原则，另一方面也依赖于道德和精神的信仰。

这 9 种热爱自然的本性的价值观在许多方面是相互关联的，它们为人类持续的体验自然带来了许多身心益处。每一种价值观都是在进化过程中不断发展的，因为每一种价值观对提高人类的财富和健康有着重要作用。而将这 9 种价值观聚集起来则更有力地说明了人类需要依靠自然过程和自然界的多样性来获得身体、物质、情感、智力，以及道德上的健康发展，而这些对于人类的生存是至关重要的。

场所精神(Spirit of Place)

第三个需要阐明的概念就是人类连续的自然体验将会怎样增强他们的健康，而这与他们工作和生活的场所产生的安全感和满意感是相互关联的。当人类生活在一个熟悉、可达以及珍视社会设施和地理环境的地方时，他们更有可能得到前面所讲的生态系统服务和各种热爱生命的价值观所带来的益处和帮助。而对自然环境和文化环境产生满意感和安全感的情感称之为“场所精神”，关于这一点，两个互不关联的人都有各自的见解，如景观设计师弗雷德里克·劳·奥姆斯特德(Frederick Law Olmsted)和诺贝尔获奖者、生物学家雷内·迪博(Rene Dubos)，这两位大师都讲解了当人类对他们生活的地方产生联系时，他们是如何将一个仅有单调景观的场地转化为一个更有生命力的团体，而这也将给人以归属感并赋予人的人格和情感的源泉(插图 10)。迪博讲道：“人类需要去体验和感受感觉上的、情感上以及精神上的满足感，而这些只能从一种亲密的相互影响中获取，只能通过对他们生活地方的认可而获得，这种相互影响和认可就形成了场所精神。”[62]

景观理论历史学家约翰·布林克霍夫·杰克逊(John Brinckerhoff Jackson)将场地精神的重要特征进行了列表。包括熟悉的场所意识，一种在共同体验的基础上形成的强烈的伙伴关系，以及增强的习俗、生境和仪式的反复出现，[63] 这些所有的特征都

插图 10 场所精神集中反映出舒适的自然特征和文化特征，就像这个康涅狄格州社区展示的一样。

反映了以人为中心或者文化尺度的场所精神，这揭示了人类怎样跟他们紧密相连，随着时间的推移，形成一种与他们生活独特的文化环境产生的一种特别的联系感。

当更进一步仔细调查时发现，受人爱护的场所不仅是其社会和文化设施受到保护，其自然环境和生态环境也受到极大的保护，而这些赋予了此块场地独特的个性特征。同时也使得这个场地形成独特的文化环境和自然环境。长久保持重要性的场地反映了人类社会与自然环境长时间的、连续的和反复的接触过程中所形成的一种独一无二的、外显的面貌特征，这不能仅仅解释为社会动力或环境动力带来的产物。场所精神是自然世界与文化环境紧密结合而产生的独特产物。就像迪博极有见解的论述：“一个场所所需的精神需要当地自然环境和人类秩序的结合”。[64]

因此，场所精神的重要性总结如下：

- 一个场地的文化与自然之间的和谐、和睦相处的联系
- 一个场地的生物物理背景与文化和自然的成功结合，是二者相互作用改变的结果
- 建筑和景观反映了一个特定的生物文化环境中独特的自然和社会特征

当一个社区提供多种经济、教育、娱乐、市政设施和环境服务和机会时，这里

的居民则会分享人与人之间的友谊，从而此处的场所精神也得到了强化。而场所精神则形成了对邻里关系和区域的一种自豪感和认同感。就像哲学家马克·萨哥夫(Mark Sagoff)讲到的那样，场所精神“导致了周围环境的和谐、同伴之情和亲密感”。[65]

虽然我们必须承认，大多数生活在现代社会的人十分重视新奇、灵活的事物以及探索陌生世界和未知世界的机会。但是，即使在当代社会，大多数人当他回到一个有安全感可安心的地方时，他们会感到很欣慰，他们把这个地方称为家。与某个特定地方保持长久的联想，日夜思念某个地方，这就是我们常说的“根”，这同时反映了社会环境和生物环境的重要性。对“根”的渴望是人类生存中一个最基本的需求，常常未得到充分的认识。就像法国哲学家西蒙·威尔(Simone Weil)描述的那样：

> 有根也许是人类心灵中最重要也是最基本的意识需求。它是最难定义的一种情感。一个人靠他真实的、活动的以及自然的参与到一个社区生活中以获取根的感觉，这也同时保护对未来生活形态的某种特定的期望……每个人需要有很多根的感受，对他来说，通过把自然作为生命中的一部分，较好掌握它的整个道德、智力和精神生活是必要的、不可或缺的。[66]

当代社会中各种力量似乎使得这种根的意识不断退化，人们不再强烈需要得到他们所居住地方的文化、自然社会的认可。随着对我们所居之地不断增长的陌生感和割裂感，我们见证了这一令人遗憾的根意识的丧失。这种细微的联系被称为“场地感缺失”，地理学家爱德华·里尔夫(Edward Relph)认为是“对一个场地明显的、各种各样体验和认证的减弱”(插图 11)。[67] 现代生活的各个方面导致了这种“场地感缺失”，如经常大量的搬迁、与邻里和社区关系的松散、经济全球化、大家庭趋势的下降、城市的蔓延以及没有个性特征、千篇一律令人疏远的建筑物等。

当这个场地失去场所情感和凝聚力时，人们不再或者很少对他们生活的地方的文化或生态环境承担长久保护的责任。他们缺乏这种场所精神延伸出的责任感，也很少去做一些工作延续这种精神。作家温德尔·贝里(Wendell Berry)这样描述无场地意识带来的尴尬和后果：“对一个地方不再怀有复杂的情感，而且在缺少相应的感情的基础上，对一个地方也不再怀有信仰，那么不可避免地就是场地不会被仔细、认真地对待，甚至会遭受破坏的命运。”[68] 马克·萨哥夫(Mark Sagoff)甚至更深层次

插图 11 与场所精神相反的是“场所感的遗失”，反映出对一个场地的陌生感，以及与此处的自然环境和社会环境的隔离，这可以从上面的社区中看出。

地指出场地感的缺失使得我们感觉自己像是“生活在自己土地上的陌生人”，同时这也是当代环境危机的一个主要特征表现。他写道：“人类对自然破坏的忧虑之心以及对毁坏自然和人类居住环境的恐惧感会随着安全感的消失而减弱，甚至还会消失。人们对以前非常熟悉耳熟能详的场地和社区的方方面面变得陌生、变得没有安全感。最让我们担忧的前景就是我们将成为这块土地上的陌生来客。”[69]

尽管对其生活和工作的场所的联系带来的安全感和满足感似乎有所下降，现代社会也提供了许多机会让人们跟大自然进行有意义的交流，甚至在我们频繁变迁和无根的文化当中。下面是几个人类积极、乐观体验自然的实证：

- 每年更多的美国人去参观动物园、水族馆，其人数比去观看职业篮球赛、棒球赛以及足球赛的所有人数之和还要多。
- 每年大部分美国人至少会看一部与自然相关的电视节目。
- 参观国家公园的人数剧增，大约每年会新增 4 亿名游客。
- 生态旅游已成为国际旅游行业中发展速度最快的活动项目之一。
- 每年有 300 万人参加观鲸之旅，这项活动在 50 年前还不为人所知，那时这些生物正被大量屠杀，差点遭到灭绝。[70]

这些统计数据反映在现代社会既使人类有很多机会去接触大自然，依旧需要在本地社区或某一特定的区域形成一个精神寄托的场所，并且，这些活动不应该是浅尝辄止、短暂的，甚至发生在人们生活环境之外。与之相对的是，要想取得生态效益，体验一个健康的环境或丰富我们热爱自然的价值取向，需要有规律地反复地接触、触摸自然，从而获得安全感、满足感和对当地环境的场所意识的加强。对于大多数人来说，这意味着接近了具备熟悉性、可达性和安全性特征的基于场地的环境和文化背景。当人类同他们生活和工作的地方联系越来越紧密时，人们将从一个健康的环境中获取更多的服务和帮助，同时得到已发展成熟的热爱自然天性价值观所带来的利益。

有意义、价值极大的场所精神比那些所有的、无生命力的物质要素来说还要重要。当一个场地是健康的、熟悉的并能够相互交融和联系时，这个地方就成为我们生活中的一部分，是一种标志，也是一种回忆，同时我们还为她赋予了生机勃勃的活力和情感。把健康的生态系统和有意义的地方变为有生命的价值体现，伟大的生态学家奥尔多·利奥波德(Aldo Leopold)把这种意识取向形容为“金字塔思维”。[71]场所精神和一个健康的生态系统一样，提升了生活质量，保证了生活和生活环境的可持续性。短语“思维像山一样高”几乎连接了这一章节中各个主要点——生态系统服务、热爱自然本性的价值体现以及场所精神，这三个方面使得人和自然的健康达

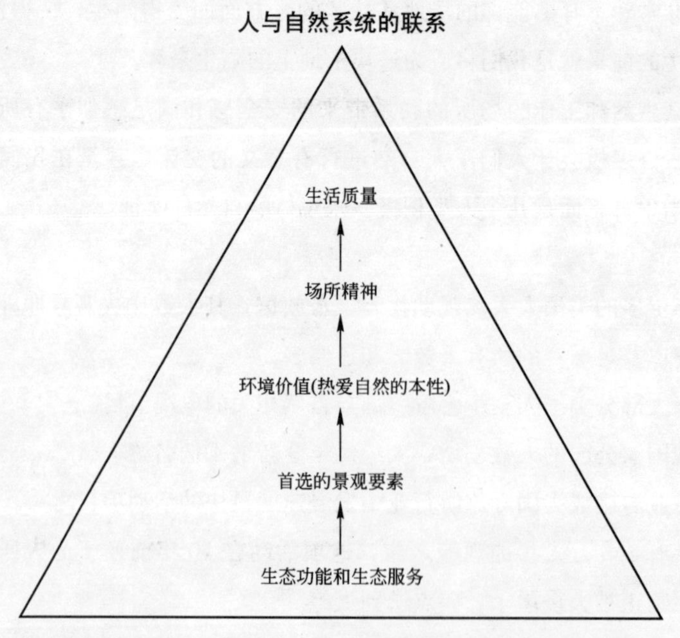

图8 “金字塔思维”：连接了生态系统结构和功能、环境体验和生活质量

到了一个长期和谐(见图 8)。

结论

我们对各种调查所得到的结果进行了讨论，并提出了几个相关的解释原理，为什么即使在现代社会中积极地体验自然对人类的身心健康是必不可少的。

这一章中，重点探讨了自然与源于人类生物体的人性二者的独立性，但是人性又极大地受到人类独一无二的学习能力、文化和自我意志的影响和控制。尽管人的一生都可以在学习中度过，但是，形成任何一种后天技能的最关键时期就是我们的童年时代。因此在第三章中我们将要探讨下一个论点：童年时期持续地接触自然将给我们带来健康的身体以及不断成熟和发展的人性。

第三章

自然与童年时期

我梦见自己在一头大象之中。
我梦见我正骑在一只巨大无比的公鸡背上旅行。
我梦见我自己正在做梦。
我梦见我没有脑袋。
我梦见我的耳朵比我还要大。
我梦见我的头发永远都是那么长。
我梦见我吃了太多的东西。
我梦见我打了个喷嚏，它就变成了龙卷风。
我梦见我的口水变成了洪水。
我梦见我飞到了另一个星系。
我梦见我是一块核仁巧克力饼干，我把它吃了。
我梦见我变成了一个曲棍球小精灵，拥有极大的冲击力。
我梦见我永远都是斜着眼看世界。
我梦见我完成了我的诗。

——彼得·温伯格，7岁

前面的章节为人类的身心健康不可避免地要依赖人类体验自然环境的质量(若不是数量的话)的观点提供了理论和事实证明，人类的这种对自然的依赖在我们今天不断城市化的世界依旧是起着关键作用的。为了解释这种依赖关系，我们引入了生态系统服务、人类热爱自然的本性和场所精神这几个概念，这几个方面置身于人类自身，但会因人类的经历、学习和文化而有极大的改变。如果我们假设人类对自然的亲密接触的需求是部分源自于遗传因素，即我们在自然中发展、进化的结

注释：这一章中的部分内容也发表在斯蒂芬·凯勒特的“自然体验：儿童的情感、认知和评价能力的发展”，和彼得·康和斯蒂芬·凯勒特的《儿童与自然：心理、社会文化和发育研究》(麻省剑桥出版社，2002年)。

果，而不是我们所创造的人工世界对我们的影响，那么就一定要意识到童年时期的重要性，因为这个时期人刚刚开始接触自然。而且对人这种看似有着不同于其他动物的改变其周围世界具有终生学习能力的高级动物而言，各种重要的能力和特征也是在这一时期发育、发展的。

这一章将主要探讨童年时期接触自然的重要作用，尤其是在儿童的情感、智力和评价能力的发展等方面的重要性。我们考虑了童年时期的身心健康是如何依赖于他们对自然世界的体验。以下几个问题则是指导我们探索的前提：

- 对培养一个健康发展的儿童而言需要多少接触自然的方式，以及何种方式？
- 在整个童年时期，一个孩子的自然经历、体验在不同年龄阶段，其重要性是否有差异？
- 在童年时期，不同的体验自然的方式，如直接的、间接的和象征的方式会带来什么样的作用和后果？这种影响在不同的年龄阶段是否会有所不同？
- 今天的儿童是否更少有机会直接地、自发地体验自然？如果是这样，这种接触机会的减少是否会影响他们的成长和发展？
- 不断增加的间接体验，特别是象征形式的体验会带来什么样的后果？这种转变可以补偿孩子们对自然直接体验的减少所带来的影响吗？
- 当自然界受到明显的破坏或人们很难接近自然后，这种将孩子与自然环境的隔离和疏远会带来什么样的后果？

尽管这些问题对于试图去了解童年时期接触自然的重要性是很重要的，但是令人奇怪的是，这些问题很少引起学术界的关注。举例来说，有一篇被广泛引用的题目为《人类发展生态学和生态心理学》(The Ecology of Human Development and Ecological Psychology)的文章中，“生态和环境”这两个词语只是用来描述人工环境和社会环境对儿童的影响，而不是自然环境对儿童的影响。[1] 值得庆幸的是，这种情况有所改观。尽管大多数社会科学研究者仍是很少关注这一方面，但是环境教育领域开始注重培养孩子们关于自然环境的知识，以及认知、欣赏自然环境，而不是环境对他们身心发展中担任的角色。关于自然对儿童成长过程中的影响和作用方面研究关注的程度不够这一问题，精神病学家哈罗德·思尔斯(Harold Searles)这样评价：

> 大多数文章只关注人类个性的发展，而很少考虑到实践对人与人之间成长中的作用。非人工环境往往被认为与人类个性发展是不相关，人类是独自在宇宙中存在的。人类仿佛在一个空无一物、没有形式、色彩、密度的均质的世界中寻找着个人和集体的命运。[2]

由于缺乏这方面的研究成果，这一章中的结论主要是初步的和试探性的。我们将把注意力放在最近的相关研究和文章上，包括一些评论或随笔，如作者最近同心理学家彼得·康(Peter Kahn)共同编辑的这本名为《儿童与自然：心理学上的社会文化及进化调查研究》(Children and Nature：Psychological，Sociocultural，and Evolutionary Investigations)，这本书主要探讨的是不同接触自然的方式是如何影响孩子的情感发展和智力发育的。[3]

孩子们体验自然有3种途径：直接体验、间接体验和象征体验。直接自然体验指的是主要与自然环境中独立的要素和过程的交流。这种直接接触自然的形式有植物、动物以及它们生活的环境(即生境)，这些要素大多数独立于人类的投入和控制，尽管这些要素有时会受到人类活动的干扰。直接体验自然通常是自发的、没有计划性的、常出现在相对不受掌控的地方，比如草地、小溪、森林或有时甚至是一个公园或一个孩子家的后院，这些地方都是孩子们的天堂。生态学家罗伯特·派尔(Robert Pyle)把这些地方描述为“孩子……可以自由的爬树、闲荡、捕虫甚至把自己全身弄湿”的场所。这些场所包括河道(例如小溪、沟渠、溪谷、池塘)，大树，灌木丛，树木掩映的山谷或者洞；公园，特别是还没有完全形成公园的场所；以及古老的田野、草原和牧场。[4]

与之相对的是，间接的自然体验，尽管也涉及一些实际的接触，但更多是出现在人工环境和高度理性、控制的环境中，而这些人工环境主要依赖于持续的人类管理和干预。间接自然体验倾向于是高度结构化的、有组织和有计划的。这类体验可能出现在诸如动物园、植物园、自然中心、博物馆和公园等这样的场所。这些间接体验有时是接触宠物、栽培植物或者非人类世界中的其他元素，这些体验往往已经融合到家庭生活之中了。这里的宠物通常是指猫和狗，不过同时也包括马、鸟，甚至鱼或盆栽植物，因为这些还保留一定的“自然的属性”。孩子们间接的自然体验包括花草的种植和管理，喂养宠物以及同受人类控制的生物及生境的互动。

而象征自然体验或共鸣自然体验不涉及与自然界的生物以及自然环境进行实质性或面对面的接触，而是同自然的图像、自然的象征或者隐喻性的表达相接触。象征体验是很明显的，广泛存在于我们的生活之中，而且有时候是高度程式化的，有时则是晦涩难懂的。今天的孩子可以通过广泛的途径获得对与自然界产生共鸣的形象和象征物，比如艾德熊、三只小猪、大灰狼、米老鼠、灵犬莱西、小熊维尼，孩子们通过观看电影了解这些可爱的小动物。这类电影有《威鲸闯天关》(Free Willy)和《狼踪》(Never Cry Wolf)。孩子们从国家地理特别节目和其他电视节目如《动物星球》(Animal Planet)中感受到自然的世界。尽管现代社会直接接触自然的机会在减少，但是诸如此类的象征性形象却是异常的丰富，这当然是新电子媒体(电影、电视和电脑等)不断创新的成果，同时也是更多传统方式，纸质媒体(书、杂志、连环漫画等)的广泛交流而带来的成果。

与象征自然体验只是当代才特有的现象这一观点相反，其实象征体验自然已有很长久的历史，可追溯到远古时代，也许跟人类社会的历史一样长久。这反映在人类进化长河中的最古老的岩石艺术和更多无数具有象征意义的神话、传说以及图腾中。而且，随着大众媒体、通信等技术史无前例的快速发展，自然界的形象也得以广泛的传播和散布，为世人所熟知。因此，也许有些人开始担忧这种象征体验会迅速的取代原有的儿童直接地、自发地接触自然的方式和机会。关于这个问题会在本文章的后部分内容将有讨论。本章内首先要探索各 3 种接触自然的方式与孩子成长过程中所起的相关作用。出于此种考虑，我们将把这些接触自然的方式同孩子的成长过程中的三个方面联系起来：(1)认识能力或智力发展；(2)情感的发展；(3)判断能力或道德意识的发展(图 9)。

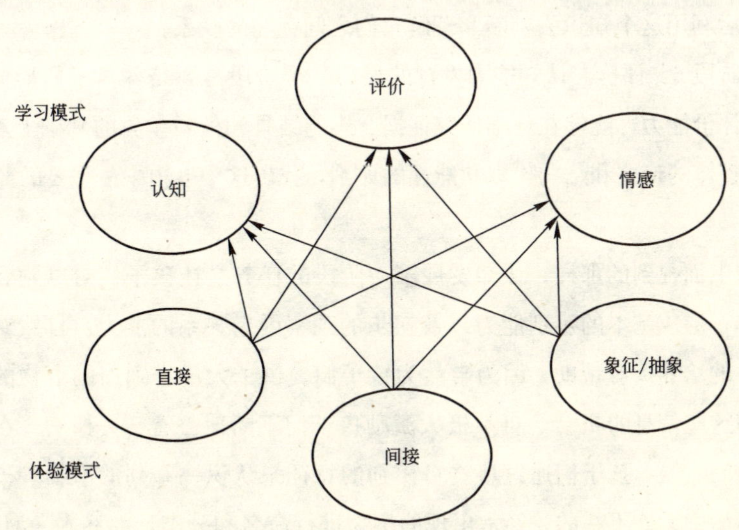

图 9 自然体验模式和成长、发展模式

自然与认知的发展(Nature and Cognitive Development)

心理学家本杰明·布卢姆(Benjamin Bloom)和他的同事们进行了认识发展的分类研究，他们将儿童正常的智力发育过程中的认知过程分为六个阶段，从对相对简单的理解、解决问题和思考，到更为复杂的理解和解决问题以及思考的过程。[5] 认知从这一阶段上升到另一阶段是紧密相连的，也是有次序和等级的，常常是这个智力水平紧跟前一个智力水平。六个智力阶段简要介绍如下：

- 阶段1：知识。第一阶段强调孩子对基本事物的初步理解能力，同时把这些知识应用到表达想法、更为广泛的分门别类以及表达一种根本的因果关系的理解中去。
- 阶段2：理解。第二个阶段培养孩子解释和转述信息、想法的能力；以及把这些理解推广应用到其他情况下的能力。
- 阶段3：应用。第三个阶段是锻炼孩子们熟练地应用这些知识的能力，形成自己的想法、概念，甚至把它们运用到更广泛的情形中去的能力。
- 阶段4：分析。第四个阶段培养孩子们逐渐判断后否定知识构成的能力，从而把在此基础上的理解用来阐述事物潜在的联系的能力。
- 阶段5：归纳。这与阶段4的分析相对，主要强调孩子们把没有联系的事物进行比较后整合的能力，这要求孩子们把这些分散的事物组成一个整体，然后利用这个知识去判断和理解它们之间存在的联系。
- 阶段6：评价。认知能力发育的最后一个阶段是要培养孩子们形成对事物的评价能力，能够在仔细研究证据、影响结果和外观差异的基础上对某一事物整体的形式和结构作以功能性的评判，找出这个事物中最主要的部分。

就像上面提到的那样，认知发展第一阶段的任务是让孩子们对事物和事件有基本的了解，形成基本的辨别能力以及初步的观察因果关系的能力。自然对于孩子的这一能力的培养极有帮助，因为自然为孩子们提供了大量辨别周围事物的基本信息以及整理这些信息的机会。自然极大激励孩子们不断地去看、去探索。在一个相对小的年龄的时候，孩子们通过事物可辨别的特征来认识一系列的事物。孩子们要不断地对生活中无处不在的、经常出现的事物进行命名和分类，如乔木、灌木、植物、花草、鸟类、哺乳动物，以及这些生物生活的环境和园林景观等。

而且，这一过程可以通过直接的方式来完成，也可以通过更具有象征性、隐语性的方式来实现。大自然对孩子们来说是个天堂，他们从中可以找到各种各样的乐趣。自然对他们的吸引是全方位的、多途径的。举例说来，对于北美的大部分孩子来说，他们都会不同程度地接触自然中生长的橡树、枫树、针叶树、毒漆藤(毒葛)、蒲公英、玫瑰、郁金香、山茱萸；他们还可以接触自然中的知更鸟、北美红雀、海龟、蛇、鱼、蚂蚁、蚊子、蛤蚌、螃蟹；以及河流、湖泊、小溪、山谷、岩石、悬崖和圆石；风、雨、云等等自然现象。他们还会遇到丰富的常见事物和种类同样丰富的、更为遥远或幻想中的生物，如老虎、熊、河马、长颈鹿、恐龙和妖怪，这些生物有些是现实生活中存在的，有些则是摹仿的。自然界为儿童提供了大量可以进行实际的或象征性的命名、区分及分类的机会。在孩子们的世界里，其他任何一个方面都是至高无上的，不可取代的。而且，这些要素对孩子产生吸引是因为它们与孩子基本上是相似的，他们要么都是活生生的，要么与他或她的日常生活紧密相连。自然界为所有的孩子提供了形成、辨别和分类能力的机会，其作用是突出的和具有戏剧性的。而了解、辨别、分类的能力是认知成熟的第一阶段最基本的特征。[6]

这一能力的形成不仅发生在直接接触或观察自然的过程中，同时通过更多比喻的方式也可以帮助培养这些能力。举例来说，在孩子们的学前所看的书中描绘的自然事物会有助于他们形成命名、分类和计数的能力。这些故事书多是“一只小熊”、“两只长颈鹿”、“三头狮子”、“四只河马”或“五座山”这些内容，而很少会包括人类构建的环境中和人造的物品。在这些故事传说中自然中万物通常描绘为神人同形、合二为一的，而且这种象征形象一直会伴随孩子的成长。

人类学和兽医学方面的专家伊丽莎白·劳伦斯(Elizabeth Lawrence)采用这个有争议的短语，认知上的热爱自然本性(Cognitive Biophilia)来暗指常用自然事物的形象和象征物可以帮助人的交流和促进人的成熟。[7] 甚至在我们这个现代社会里，那些印有强烈人类痕迹的发明物因其具备自然事物的外形而备受孩子们的青睐，为孩子们的认知能力的发展提供了至上的、不可替代的挑战环境。在孩子们的眼里，自然世界是他们在生活中遇到过的最丰富、最详细和最易获得信息的地方，也是最吸引他们的地方。[8]

零距离接触自然对帮助孩子们的认知发育成熟的作用在智力发展的第二阶段即理解阶段中可以看出。理解能力强调的是通过观察和体验，然后对此进行批判和信息确认，并在此基础上形成对事实和看法的变化、解释和剖析的能力。无论是真正地同自然接触还是通过间接了解，这两种方式都为孩子提供了一个广大的空间和大量的机会，使他们可以更充分的发展分析、吸收和领悟事实和观点的能力。

对于孩子来说，儿童时期他们所面临的主要挑战是通过对客观事物的系统评价，并在试验的基础上对此事物和事件养成解析和诠释的能力。透过孩子的眼睛来看这个世界，我们又一次看到了自然界为我们提供了无数个发展此能力（解析和诠释）的机会和可能，而这些事物在孩子们的日常生活中每天都会遇到。举例来说，北美洲的孩子知道在一定的温度下就会下雨；知道大树生长在泥土中而并非生长在水晶和柏油马路之上；鸭子和鹅则生活在潮湿的地方而不是生活在干燥的地方或高地。蝴蝶白天飞行而飞蛾夜晚出来活动；知道独木不成林的道理；牛和羊都是成群的聚在一起，而大型食肉动物则通常是独自漫步于森林之中；螃蟹和蛤蚌则生活在泥沼之中，而并不是生活在一个干燥的环境之中等等自然现象。

的确，孩子们成长过程中的其他任何方面都不能为他们提供这种持续的、多样的机会，来养成重要的思考习惯和解决问题的能力，不过除了一个健康的饮食以外，它对孩子的身体、心智也起着非同小可的作用。孩子们通过辨认自然界中的生物、自然现象和环境变化过程，并通过区分和分门别类出生物和非生物之间的联系和区别，以及通过观察、解释喂养和繁衍、生存和死亡的过程来获得动态的、持续的智力发展。在这一过程中，孩子们的智力得到不断的锻炼、逐渐趋向成熟。孩子们经常观察自然生活中的正常事件，也观察许多离奇的事件，这帮助他们从简单的辨认和分类行为发展到更为复杂的概念化意识和预见性意识。这种在对自然的直接体验、间接体验和象征体验的合力协助下，经过各个认知发展过程的阶段，之后呈现的螺旋形发展、成熟过程可增加和加强我们称之为心灵的力量。

为了加快讨论的进度，我们就不介绍剩下的四种认知能力的发展阶段，因为内容同书面两个都比较类似，下面介绍以及探寻接触自然是怎样影响孩子们的情感发育和成熟。

自然和情感的发展（Natural and Affective Development）

自然界强烈地影响着孩子们的情感成熟。我们将又一次地使用心理学家们探讨这一关系时常用的方法和手段。大卫·克拉斯沃尔（David Krathwohl）和他的同事界定了情感发展的五个阶段：

- 阶段1：接受。第一阶段主要是关注儿童对事物、信息和想法的意识程度和敏感性发展，以及他们接受和思考这些信息的意愿程度。
- 阶段2：回应。第二阶段强调了培养儿童在接受信息、情形和想法的基础上回应而得到满足感的能力。
- 阶段3：评价。第三阶段主要是看儿童评价信息、想法和情形的价值和重要性的能力发展，这反映了他们明显的和一贯的偏爱和承诺。
- 阶段4：组织。第四阶段强调儿童把这种偏爱和设想的价值控制成一种连续的、稳定的和有预见性的价值形式和信仰。
- 阶段5：一种价值观或多种价值观的个性化。最后一个阶段反映了儿童将各种价值观和信息整合为对生命清晰的世界观和人生观的能力。[9]

在这里只讨论前两个阶段，来探索儿童接触自然、亲近自然对于情感发展的影响。阶段3至阶段5则被看作是一个独立的成长过程；它们既不完全属于情感范围，也不完全属于认知范围，而是认知与情感的交叉和联合。换句话说，价值观被认为是智力和情感共同发展的产物。[10]

在情感发展的前面有两个阶段，主要培养儿童对信息、想法和状况的接收和回应能力。这两个情感阶段促进了儿童的智力成熟，因为在这一过程中，儿童探索和理解信息、观点的能力不断增长，这也会促进孩子情感、兴趣和爱好的形成。儿童的情感可被看作是获得知识的敲门砖，就像心理学家伦纳德·艾奥兹(Leonard Iozzi)讲解的那样——“情感是学习和教授的主要门槛”。[11]

儿童世界中哪些方面是孩子形成接收和回应新信息和观点情感能力的基石？当然，一些主要的人物起到了关键性的作用，他们影响或促进了儿童的接收能力和依恋程度的发展，这些重要人物包括他们的父母、兄弟姐妹、朋友、老师和邻居们。然而，儿童也被自然界深深地吸引着，自然世界对他们的生活方式的影响是最独特的，也是最重要的。儿童对自然的体验和感受，特别是与其他动物的接触和交流，为他们的情感发育提供了一个强有力的感情基础，退一步讲它也是重要的影响因素。

这种情形是怎样形成的呢？

这主要源于儿童对一些基本的情感，如喜欢、不喜欢、吸引、厌恶、怀疑、快乐、伤心、害怕、猜测等等这些刺激的反应。对于大多数儿童来说，自然世界可以不断地诱发他们的这些情感，还会形成其他基本的情感状态。举例说来，年轻人会看到自然界有许多生物像他们一样地观看、移动和感知，而这些集中在一起就激发了儿童情感上的反应和回应，最主要的是他们设想这些生物也可以感觉和思考，这样就使儿童产生了交互作用，便于他们进行情感的交流和互动。就像心理学家吉恩·迈尔斯(Gene Myers)和卡罗尔·松德斯(Carol Saunders)解释的那样："动物对儿童来说如此有吸引力，主要是因为他们对互动是极为积极反应的，并为互动提供了许多动态的、有活力的机会。"[12] 这些研究者认为熟悉动物的四个方面可以促进儿童情感的发展：(1)"行为"。某些动物表面上能形成和维持行为方式的能力。(2)"情感"。某些动物有明显的表达和宣泄感情的方式。(3)"倾向"。儿童对某一特定动物回应和交流的倾向。(4)"连续"。某些动物(特别是动物伙伴)在回应儿童时有重复动作的意愿。这四个因子将是某种动物成为儿童感情依托对象的关键。而这又将帮助儿童形成接收和回应信息、状况，以及观点看法的能力。

这种与动物以及整个自然界的情感交流似乎是如此重要，以至于大多数成年人回想他们的童年时，常说自然界是他们年轻时情感发育、成熟的关键，这其中寄托了他们太多的感情。心理学家雷切尔·斯巴(Rachel Sebba)调查后指出，在她研究的所有成年人中，96.5%以上的人认为，当他们还在孩提时，户外活动对他们而言是非常重要的，饱含了他们太多的情感。雷切尔·斯巴的这个调查涵盖了不同年龄、不同阶层以及不同人种的群体，他们或者在城市中长大，或者在农村或郊区环境中长大。而且，调查过程中发现，他们对于环境设施的回忆非常的简单和平常，诸如一个后院或邻近的公园。[13]

对许多成年人而言，这些早年童年时期的自然体验和感受是他们情感世界的宝藏，可以无限激发他们的个性创新以及开拓新事物的能力。心理学先驱伊迪丝·柯布(Edith Cobb)在她的研究著作——《童年时期的想像生态》(The Ecology of Imagination in Childhood)——一书中高度评价了童年时期体验、感受自然所带来的好处，她认为特别是童年时期的回忆为他们的创造能力提供了一个情感平台和感情的基础。童年时期的经历使得他们"重新点燃创造之火"。孩提时候体验自然、与自然的亲密接触对人的情感发育是一个严峻的考验，并在此基础上形成了怀疑、探索和发现之情。而探索发现带来的则是快乐、冒险、惊叹以及好奇、神秘和独创。就像柯布说的那样：

> 孩子的感觉……对自然……在去获知和去证实力量的源泉下充满了快乐，基本上是一种审美享受。对儿童来说，这种力量相对应的感觉是让……孩子们产生

怀疑、惊叹和快乐，这也是对神秘的自然的一种回应。这些都预示了“预见更多”或者更有意义的是“做到更多”——一种对已知世界和未知世界的感知力量。[14]

柯布也引用了沃尔特·惠特曼(Walt Whitman)的诗也解释自然对儿童的情感影响，以及激发儿童怀疑和快乐的能力：

有个天天向前走的孩子，
他只要观看某一个东西，
他就变成了那个东西，
在当天或当天某个时候
那个对象就成为他的一部分，
或者继续许多年
或一个个世纪连绵不已。

早开的丁香曾成为这个孩子的一部分，
青草和红的、白的牵牛花，
红的、白的三叶草，
鹟鸟的歌声，
以及三月的羔羊
和母猪一窝淡红色的小崽，
母马的小驹，
母牛的黄犊。[15]

环境科学家雷切尔·卡森(Rachel Carson)也进行了类似的调查研究。她主要研究在对自然进行情感体验和感受时，一个儿童的怀疑、探索和发现的能力多久就会开始和发展。她研究得出诸如感兴趣的、充满激情和快乐这样的情感主要形成于对自然的体验之中。而这些情感又将促进儿童学习和认知能力的发展。她还指出要过多久这些情感才会产生以及可以促进智力的成熟。卡森写到：

对于一个孩子来说……去认知相对于去感觉而言，认知还不及感觉一半的重要。如果事实是种子，它随后产生了知识和智慧，那么情感的表达则是这些种子生长发育的沃土。儿童的早年时期则是准备沃土的时候。一旦情感得以形成——对美的感受，对新事物和未知事物的兴奋和期待，以及同情、怜悯、欣赏或爱慕——然后我们洞悉我们情感反应的主体。一旦发现，将会持续下去，长期发挥作用。对于儿童来说，重要的不是为他们铺就想知道什么的道路，而是应把他们置身于他们还未准备好面对的事物面前。[16]

童年时期体验自然、感受自然会让儿童产生好奇心和学习的激情，这也反映了他们接收和回应信息、事实和想法的意愿。通过与自然界的互动交流，儿童会遇到大量不同的、起激发作用的机会，这样就可以获得诸如疑惑、想像和快乐这样的情感理解力。童年时代对自然的体验会对他们的一生产生重要的影响，是他们深层次的、持续的情感源泉。雷切尔这样写到：

一个儿童的世界是新鲜的、全新的和美丽的，充满了怀疑和兴奋……而承认有些情感超越了人类生存的极限以及增强敬畏感和怀疑心会有什么价值和结果呢？而探索自然世界是童年时期黄金岁月的仅是一种获得快乐的途径吗？还是另有深意和意义？我深信其中另有奥秘，存在着某种持久的、重要的东西……沉思、思考自然的美，这将对整个人生产生持久的力量和影响。这种抽象的符号美和真实的美在自然界中广泛的存在着，例如候鸟的迁徙、大海的潮涨潮落、春天里含苞待放的花朵。自然界中似乎存在着某种无穷的、重复的力量。[17]

在儿童体验、感受自然的过程中，除了会产生疑惑、着迷和情感依恋外，他们也能体会更深一层的、不愉快的感觉，如犹豫、焦虑、疼痛和恐惧。产生和加强自然情感的力量主要取决于人类的各种情感方式，包括从愉悦感、满足感到攻击感、预见感以及危险感等等。若不能完全的把握和战胜这些情感，这些所有积极的情感和消极的情感都会影响人类的成熟和发展。

为什么自然世界的情感能唤起儿童如此强烈而持久的情感呢？其中部分原因正如心理学家雷切尔·斯巴(Rachel Sebba)所解释的那样，自然世界中存在“一种无止境的激励的源泉和力量”。[18] 自然界为我们提供了一个无止境的、慷慨的环境，它是以激发和促进情感的回应和智力的发展。闭上双眼想像一下这样一幕情景剧中涉及的各种情感状态：一个年轻的女孩和她的朋友们进行了一次长距离的登山活动，他们从小镇边那座郁郁苍苍的山脚爬到了山顶，感觉是如此的疲惫不堪。他们走进一个光线灰暗的、随处有危险的森林，他们只有在登上顶峰后才能重见明媚的阳光。站在山顶之上，他们极目远眺。然后他们开始沿着一条深不见底的峡谷边缘往回走，在这峡谷中行走，他们曾经观察到一只雄鹰在高空中翱翔，他们在探索未知事物的过程中偶尔发现了奇特龟裂的昆虫。一路上始终担心走失或迷路，有一种隐隐的恐惧感。最后，他们终于走到了通往他们家的公路，这时他们只能蹒跚而行，早已疲惫不已。在他们这个段子的旅行过程中，他们感受到了快乐、疑惑、着迷、恐惧和焦虑等等，这些都是情感成熟过程中处于自然状态真实的感受。

自然界为年轻人的情感发展和智力成熟提供了各种各样的、具有挑战的机会和恐惧，这些体验再现了儿童应对和适应自然界的许多方法，这些情感常常与年轻人的含糊不清、复杂地处理事物是完全相反的。而且，心理学家哈罗德·思尔斯(Harold Searles)观察到：“非人类环境(自然)是相对简单和稳定的，而并非是极度复杂和经常发生变化……一般是可触及的，而不是受到父母的命令不得靠近。”[19]

故事和神话中的自然世界对儿童的情感也有重要的作用和影响，自然界的奥秘和疑惑不断通过儿童的故事、寓言、传说甚至在梦境中得到相应的提示。[20] 通过这些揭秘和讲述，他们相信世界上的高山可以直上云霄；恐怖的生物控制着人类的死亡；受到动物朋友帮助的小男孩和小女孩可以为了他们的全家和朋友而让时间停住。这些故事传说可以帮助孩子们形成神秘感、疑惑感、不确定感和冒险精神以及对失败的恐惧感。对自然的幻想让儿童产生了强烈的情感，而这些情感多隐藏在自然世界里，发掘这些情感对他们来说是如此的重要。

现代生活中一个潜藏的干扰就是迅速发展的有关自然世界的虚构小说和神奇故事的有声描述(如电影和电视节目等)，它们会减少儿童直接的、真实的探索自然的机会。[21] 今天的儿童天天面对的是一个人工的、非天然的自然世界，这取代了真实的、常有的体验感受，尽管在故事书和电影中可以看到神奇的生物，或在电视节目中看到一些奇特的野生生物，这些虽然可以起到娱乐作用，或许是很吸引人，但这些永远替代不了直接地、真实地接触自然所带来的感受。这些设计好的体验自然的方式不能激发儿童强烈的、持久地情感回应，诸如疑惑、快乐、惊奇、挑战和发现。从诗人迪伦·托马斯(Dylan Thomas)对他的童年时代的一个当地公园的回忆中，可以看出一个熟悉的自然体验带来的兴奋感、冒险精神和想像力：

尽管这个公园很小，但那儿却有古老的高大乔木，上面刻满了我们的名字，我们经常爬上它日益枯萎的树枝。那儿还有许多神秘的地方，洞穴、森林、草原和沙漠、位于海洋尽头的某个国家的某个地方……

尽管我们可以装备齐全，不惜冒险的整天在此探索，从公园的这端跑到公园的另一端，从强盗的山寨到海盗的客舱，从拦路抢劫的强盗的客栈到大牧场或者隐藏在丛林中的小屋。我们在这儿举行甲虫比赛，我们点燃木材、围着篝火烧烤土豆片、讲述非洲的故事；我们还在此制作机动车模型。然而，当第二天来临时，这所有的活动又是全新的，好像从未探索过一样……公园伴随着我的成长，我在树林和灌木丛中发现了新的埋伏和躲避之处，这个小小的世界却拓宽了我探索自然奥秘和自然尽头的空间，为许多想像提供了思想源泉和灵感。[22]

而在现代社会中，自然的直接体验和间接抽象体验对儿童而言，谁重谁轻这个问题将在这章的后面作详细的探讨。紧接着，我们将要讨论一下接触自然对判断发展的贡献和影响。

自然和判断发展(Natural and Evaluative Development)

判断成熟指的是一个儿童形成价值观的能力，是道德发展的一个基本方面。价值观赋予信息和情形的价值属性和重要性，同时这些信息带来的益处的一种认识，价值观反映了一种清晰的、持续的判断和价值取向。价值观是情感和智力的综合表现，是人的一种组织才能，既不能单独由情感来解释，也不能由认知来诠释。健康的成长与儿童的自然价值观紧密相连。第二章讲述的热爱自然本性的价值观的九个方面是这种价值观的发展根基；当它们作用更为明显时，儿童则可以更气定神闲地适应和应对事物，这样他们也就跨入了成年人的阶段。[23] 由于这些热爱自然本性的价值观不是与生俱来的，具有微弱的生物亲和力，因而，儿童有效的、成功的形成这些价值观则将取决于充分的体验和感受，学习以及社会的支持。尽管在第二章中已详细探讨了它们的内涵，在这里还是对每一种价值观的优点做简要的说明。

发展美学价值观可以激发儿童的好奇心、想像力以及创造和探索的能力；让他们辨别秩序美和组织美；形成对和谐美、对称美和平衡美的看法；以及在意识上获得安全、食物和保护的潜在可能。发展儿童的主导性价值观则是培养他们应对各种事物的能力以及冒险和面对未知世界的能力；探索的能力，自由和独立的意识；获得自信和自尊。而形成人性价值观则是提升儿童合作、发展友谊以及给予和接受的能力；照顾他人和表达亲密、信任的能力；以及适应社会和协作的能力。而发展道德价值观则是增强儿童对好与坏的判断能力，让儿童拥有一颗善良的心，用尊重之情来对待这个世界，产生信仰和信任感，以及体验心灵深处的意义和目标。

发展自然价值观可增强儿童的好奇心、探索发现精神，展示能力和才干并获得自信和自尊。形成消极价值观则可帮助孩子避免伤害和受伤；减少危险和不确定性；对比自己强大的力量产生敬畏、谦逊和尊敬之情。发展科学价值观则是培养儿童的观察、分析和实践检验的能力；准确判断思维和解决问题的能力；对世间万物的多样性和复杂性产生欣赏和尊重之情。形成抽象价值观则主要是提高儿童分类和区分的能力，交流和认知的能力，以及通过想像和故事来处理心理成熟过程中复杂的情况。最后，养成实用价值观是让孩子获得身体上的舒适和安全，来展示他们的才情和技能，最终获得物质和身体上的回报。

在儿童对自然的价值观的发展至成熟过程中，有三个主要的阶段。第一阶段，一般在儿童6岁之前或是童年时期的前期，这一阶段主要是形成实用价值观、主导价值观和消极价值观。这些价值观的形成增强了儿童身体上的安全感。同时避免了自然界的威胁和危险。尽管情感发展不是儿童这一时期的主要特点，但对自然的情感是依附于对更为基本的事物(如安全感、食物和保护)的关注而存在。幼儿最感兴趣的是直接面对大自然，无拘无束的触摸自然，除限制性地接触非常熟悉的生物和环境(如动物伙伴对家庭成员来说是亲密无间和信任他人的)以外。在保护和维护家庭氛围的过程中，则主要会展示探究的能力。在幼儿期，儿童一般喜欢描绘自然的图画和照片，特别是大大的、熟知的动物——如肥肥的河马，脖子奇长的长颈鹿和令人害怕及兴奋的狼群，这些动物帮助他们养成了辨认的能力和语言能力以及计数的能力。[24]

儿童对自然世界价值观的成熟发展的第二个阶段是童年中期(大约从6岁到12岁之间)。在这个年龄段的儿童会对自然界有他们自己的看法和理解，同时对自然界的万物有一个初步的经验性理解。童年中期主要是快速形成对自然的人性价值观、抽象价值观和美学价值观。这个年龄段的儿童开始学习认知其他生物和他们生活的环境，尽管还主要是他们家附近的生物和环境，此时还没涉及到对野外环境的探索。处于童年中期的孩子也逐渐开始欣赏其他生物的独立和自由，它们可以在儿童暂时的兴趣和需要之外而存在；孩子们也开始理解生活中的“差异”和“不同”。这一阶段与动物的联系也更为强烈和亲密，特别是动物伙伴和常见的物种。当他们掌握如何区分自然世界的万物时，他们将进一步在道德的基础上形成责任感和同情心，而不只是简单的在做错某事后得到惩罚的过程之中。

这个阶段的儿童也开始走出家门，到相对陌生的后院和邻居家周围去冒险、去探知，他们开始把自己投身于和沉积在更为自然的环境中，这里不再是他们熟悉的环境。在这儿，可以远离大人们的监督，他们可以充分发展他们的兴趣、好奇心和独立感。这个年龄阶段的孩子迅速形成了对自然世界的认知兴趣，包括自然界中事物的基本信息和看法，这有助于他们解决问题和进行创造性的冒险(通常在邻里之间的开放空间中进行)。当地的自然环境为这个年龄阶段的儿童提供了许多探索、发现、想像和创造的机会。[25] 心理学家大卫·索贝尔(David Sobel)解释到：

> 童年时期中期是儿童形成自我意识的关键时期，也是形成个人与自然界联系的关键时期，儿童早期的疑惑之心此时已变为了探究之心。孩子们离开那个安全的家，开始……发现新的世界……童年中期是体验、感受自然并引起回忆的时期。也是儿童独自一人或与同龄人共同探索的时期，一个能展现他们全部技能的易达的场所，进行新的体验和冒险的时期。[26]

在这个时期，儿童也通过自然环境来区分他们的父母和各自的家。杰出的心理学家埃里克·埃里克逊(Erik Erikson)把儿童中期描绘成儿童开始掌握制作、展示方面的能力和才能以及不受成年人控制的自我意识产生的时期。[27] 附近的自然世界特别为这个年龄段的儿童提供了创造的空间，这个场所离家不远，他们在此可以建造他们自己的堡垒、匪巢、隐匿处和玩具房。同自然世界中的树叶一样的神秘，这些地方为孩子们形成独立思维、养成自制的习惯和自信的力量提供了机会，他们通过这形成了在他们自己安全的世界中掌握客观事物。索贝尔进一步解释道：

> 在童年时期中期，自我意识是脆弱的、易碎的，需要在保护下逐渐增强……神秘自然界中的隐藏地方是重要的……为使他们的探索走得更远，许多这个年龄阶段的儿童创建自己的管控区，一个他们在室外的“家”。堡垒和玩具房担当了他们从自己的世界看向外面世界的中介，同时也是他们怎样将事物联系在一起的试验地。也是能够成功地将环境进行转化后获得的满足感和做某个

场地属于自己的舒适感的地方。[28]

这些在童年中期的建设性、创造性的杰出自然过程常常会产生巨大的满足感，也留下了无数美好的回忆，这些将一直保留到成年时代。作家华莱士·斯蒂格内(Wallace Stegner)观察得出："5岁～12岁之间的某个时刻……也许只有几秒的印记……会延续一生……将这个易受影响阶段的儿童置身于一个独特的自然环境中，他将永远记得他的样子永远保留这样记忆直至死亡。"[29]

心理学家路易丝·哈瓦拉(Louise Chawla)研究后指出，大多数成年人一般都会指出童年中期的户外环境和活动是他们整个童年时代中最重要的环境之一。她解释说，成年人的这种自然回忆也就是诗人沃兹沃斯(Wordsworth)说的"清晰的恢复"，是年轻人从推测的简单和审美中获得力量和知识源泉的时刻。霍夫曼和哈瓦拉的研究证实，成年人回忆儿童时光时强调"他们身处自然之中时，他们似乎在感受……着迷或嫉妒和谐"。然而，这种沉浸自然之中带来的激动之情随着人的成长会慢慢枯萎，只剩下一个模糊的记忆，特别是当人面临危机和受到伤害的时候。[30]

象征的自然环境对于童年时期的孩子的成长也是重要的。[31] 与更年幼的儿童不同的是，幼儿对自然的了解主要通过命名、数数，而这个年龄段的儿童对幻想的描述是有更多复杂的心理成长事物。这个年龄的儿童通过抽象的自然去鉴定自私、好与坏、忠诚和背叛、天真无邪和罪恶以及秩序井然和嘈杂不堪。他们从故事、传说和神话中形成这些意识和判断标准，诸如灰姑娘(Cinderella)、白雪公主(Snow White)、小熊维尼 (Winnie the Pooh)、指环王(the Lord of the Rings)等等。儿童们通过这些常见的人神合一的故事中动乱的和冒险的情景，如冲突、需求、渴望、力量和自由等来判断，从而形成他们的评价体系。这些故事多以有趣的、迷人的方式来讲述。心理学家布鲁诺·贝特尔海姆 (Bruno Bettelheim)在他最著名的论文《魔法的用处》(The Use of Enchantment)中强调了自然世界的象征功能。在这儿引用人类生态学家保罗·谢巴德(Paul Shepard)的描述：

> 儿童故事中戏剧性地表现了儿童本能的担忧，而这些年幼的听众并没有意识到这一点，他们会觉得这是他自己的故事，而他就是故事中的主人公……(贝特尔海姆)相信所有的问题是一致的，与一些怀有恶意的亲戚、陌生人不确定的目的、(儿童)行为和身体的限制等都有联系……身体的变化和能力与成长同

> 步……敌意、对抗、嫉妒和羡慕……每个故事是个人卓越才能的不可思议的预示……他们都有特别的能力，常常代表了不同的动物物种的力量，这可以解救他人，应对难题以及让时间停止。[32]

儿童自然价值观发展的第三个阶段是青春期(从13岁到17岁之间)。这个阶段的孩子对自然界形成了明显的生态的、伦理的和自然主义的看法和观点。这个阶段抽象的概念性的自然奥秘得以迅猛、明显的发展，这有助于青少年对他们自己与自然界的联系形成伦理和道德的判断标准。

青少年理解和鉴赏的尺度扩大，即从空间尺度也包括时间尺度。而这个扩大反映在他们对生态系统和进化概念的理解和掌握方面。他们也开始更加关注自己的责任和义务来关心和保护大自然，特别是对遭受疼痛、伤害的其他动物或者受污染、掠夺和破坏的自然环境。但这并不是说明年龄更小的儿童没有形成道德判断能力，而只是说十几岁、稍大些的孩子更明白这种价值判断，表现得更为明显。

青少年面对未知世界的挑战时也变得更为雄心壮志，也更愿意去冒险。这些室外的自然体验经历将为他们的身体素质和心理素质的发展提供重要的机会，同时也锻炼了他们独立和自主的能力，以及增强了他们的自信和自尊。关于室外活动(见第二章)的研究揭示了这些活动、体验对青少年的成熟有相当重要的影响，包括提高应对和解决事情的能力、发展了判断思维能力以及人与人之间交往的能力。下面这段评论正好说明了上面的户外活动，特别是对青少年后期的影响和好处：

> (我的户外活动主要集中在了)我生命中一个关键的时刻。它给了我去冒险的机会；它增强了自我意识；它给了我从没有遇到过的目的性、自尊和力量。一旦你对自己产生了信心，它将对你人生的方方面面产生影响。

> (我的户外活动)是我生命中最令人激动、最神圣、最有思想性和最有挑战性的经历。它让我相信日常生活中，只要是我真正想做的事我都有能力做到。所有我要做的就是看清自我，相信自己可以办到。它帮助我认清自己是谁，我要怎样才能和周围的世界融为一体。这种认识影响了我一生中的每一个决定。

> (自然世界)让我产生了难以置信的自信。我发现了未曾认清的另一个自

我——美丽、自信、充满活力，还有一颗平静的心。我学会了生活、认清了自己，还培养了技能，而这些直接影响我现在每天的生活和工作。它让我更加有信心、精力，也能更加集中和更强的、自力更生的能力。我不仅对自然世界更有同情心，我对其他人也产生了更强烈的怜悯之情。我学会了尊重他人、制定目标，并尽我最大的努力去完成它。自然界可培养各种技能，这对我做任何事都是重要的，我相信它们也会继续帮助我，直至成功。[33]

不过另一方面，有些研究则指出，十几岁的儿童接触自然的兴趣开始下降，参与性减少。心理学家雷切尔·卡普兰和斯蒂芬·卡普兰(Rachel and Stephen Kaplan)指出青春期是一个“暂停”时期，即这一阶段他们关注的是与同龄人的关系和社会竞争能力，而对户外活动的兴趣正在被上述关注所取代。[34] 但是进一步调查研究指出，儿童对人与人之间关系的关注的程度不会如此之大，还不会足以取代青少年对自然的兴趣。因为对这个阶段的孩子而言，他们需要跟他们年龄相仿的人共同体验这些户外活动的经历，分享这种快乐。这也可以解释为什么以团队为宗旨的户外活动，诸如国家户外领导学校(the National Outdoor Leadership School)和户外拓展训练(Outward Bound)组织的项目很受年龄较大的青少年的欢迎。

儿童自然价值观发展成熟过程中的三个阶段有几个共性，其情感成熟过程和认知发展过程中有些相同的地方，这在本章前面已有所介绍。[35] 首先，价值观念的形成是从与自然界更为具体的、直接的关系发展到更为抽象的理解和交流。其次，在早期的自然交流过程中，原始的个人需求和即时的兴趣会随着年龄的增长而拓展，逐渐变为对社会交流和互动这种更为广泛的关注。再其次，整个过程中，关注的范围变大，从早期只关注本地和社区(乡镇)范围内的自然环境发展到青春期对更多区域甚至全球的关注。最后，儿童早期强调同自然界的情感发展，而儿童中期则范围变宽，更多的是认知方面的发展，到青春期则是对自然界的生态和道德方面更为注重。

直接体验的重要性(The Importance of Direct Experience)

前面已经分析了各种接触自然的方式——直接接触、间接接触和象征接触，这三种方式都对儿童的情感、智力和道德发展有重要、显著的影响。精神学家哈罗德·思尔斯(Harold Searles)则认为：“非人类环境(自然环境)对于人类的个性发展作用甚微，它只是人类心理因素的一个最重要的、最基本的组成部分”。[36]

相当多的数据都说明了，同熟悉的自然环境的直接接触对儿童的成长有着特别的影响，特别是对6～12岁这个年龄段的儿童。[37] 直接体验，往往是自发地同自然进行交流，对儿童的健康成长和发展而言是一个主要的、不可替代的环节。对于直接体验、感受的重要性，环保生态学家、作家罗伯特·派尔(Robert Pyle)认为："只有通过一系列与地面特别紧密、亲切的接触，孩子们才学会回应大地……我们必须意识到产生这种魔力的微不足道的地方……每个人都有自己的沟渠，或者应该有自己的沟渠。只有这些沟渠以及田野、峡谷，才会教会我们怎样去关注这个世界。"[38]

生态学家兼人类学家加里·纳布汗(Gary Nabhan)在他自己孩子的成长过程中，也得出了类似的想法。他认为熟悉的和平常的，而并非特别的或壮观的自然世界对孩子有重要的影响。他说到："我逐渐意识到一些亲密的地方意味着更多……对孩子而言……比所有五彩缤纷的自然风貌还要重要的多。"[39] 理论和实例都证明了直接地、持续地接触一个相对熟悉的自然环境对儿童的身体、情感和智力发育有着至关重要的影响。

为什么直接体验自然会如此强烈的影响儿童的成长呢？心理学家雷切尔·斯巴(Rachel Sebba)的研究可以帮助解开这个谜团，特别是直接体验自然的几个关键特征对儿童的成长有着极大的影响。[40] 第一，斯巴强调，自然世界是如此的富于变化，因此，这会对儿童的视觉、听觉、嗅觉、触觉和味觉产生特别的影响。而且，这种回应是不可避免的，几乎存在于各种环境中，从乡村到城市。孩子们经常看到植物生长，感受风的吹拂，嗅到泥土的芳香，聆听鸟儿欢快的歌唱，甚至面对令人烦扰的蜘蛛。儿童对自然的感受是无所不在，是生活中永恒存在的。

第二，斯巴指出，儿童正常的自然体验是以一种连续的、精力充沛的方式："自然环境随着时间和空间具有持续变化的特征。"自然中的感觉是不断变化的，而且随着地理位置的变化也发生着变化；而且随着日子和季节的变迁，这种影响也随着变化，从而强化孩子的认知能力、意识能力和反应能力。

第三，斯巴强调自然世界是以一种随意的、没有预见性的方式来展示的。她认为："自然界的外在表现出不稳定性"。一个动态的、不断变化的自然环境需要儿童的"机敏和观察"，需要儿童对新出现的事物和经常出现的挑战有不断变化的看法和适应能力。

最后，斯巴指出，自然世界是由各种各样生机勃勃的生命体和类生命体组成的。她认为："自然界……是一个人生命开始的地方，是让有生命的事物运动的力量源泉。"儿童一旦接触熟悉的生物，他们很容易把这些生物当作他们生活的一个组成部分。这些活生生的东西基本上让儿童分清哪些是自然世界，哪些是人为世界。尽管一些精心制造的人工环境在一定程度上可以极大的模仿自然世界中有生命的环境氛围。然而，自然界是独一无二的，为生命提供着出生、成长、取食、对外在事物的感觉和思考，然后直至死亡的场所。甚至自然界中一些非生命的物质，如空气、水体和大地景观，即使它们不是真实的生物，但对于儿童来说，往往也是有生命的，是活生生的。儿童们直接感受到这些要素支撑并维系着整个生命。尽管他们不是一个生态学家，但他们已经注意到所有的动物都离不开水，有些动物以食绿色植物为食，而有些动物则是以其他动物为食物，而空气则是所有生命不可取代的基本需求，它有时的行为也像一种壮观的环境野兽。

现代社会面临的一个窘境就是今天的儿童是否仍然有足够的直接接触自然和感受自然经历。有些人认为当代生活中某些混乱的方面将极为深刻地影响着儿童直接体验自然的经历。其直接体验自然的机会在不断减少，而且从自然中获得的知识和益处也在减少。儿童与自然世界不断地隔离开来，取而代之的是间接接触和象征体验。[41]

有很多方面的原因造成了现代社会中儿童直接体验自然机会的减少，包括大范围、严重的污染和破坏，公共开放空间的减少，生境的破碎化，生物多样性的丧失，人造硬质化表面的增加，乡土的动物群落和植物群落被外来的、引入的物种所取代，拥挤不堪，对机动交通的日益依赖。而社会和文化形式的变迁也加速了体验自然机会的减少。一般说来，成年人在儿童对自然形成兴趣的过程中起着关键的作用和榜样。他们教会孩子认识和了解室外的各种事物，并把这些知识一代代的流传下去。然而，成年人特别是儿童的父母们，却越来越少地让孩子养成对自然的兴趣。这也是一系列变化造成的后果，如工作地点变动和社会的不断变迁，大家庭关系网的瓦解，固定社区的减少，城市化过程以及本地环境的破坏等等。也许这种增强的保护孩子安全的意识，也使得成年人更不愿意让孩子们在没有大人照看的情况下进行自由的户外活动。[42]

在自然中玩耍，寻找乐趣，特别是童年中期这一关键时间段(6～12 岁)，似乎对于形成儿童的创造能力、解决问题的能力以及情感和智力发育有非常重要的作用。很明显，这个现象一直伴随着人类的历史存在着。设计师兰迪·怀特(Randy White)用一种相对文学的语言来说明这个观点：

在整个历史过程中，当孩子一旦获得玩乐的机会，他们首先奔向的是最近

> 的野外……200年以前，大多数孩子在田野、牧场或是野生的环境的边缘度过他们的大部分时间。而到20世纪晚期，许多儿童的天堂如今变成了城市……但是……到最近的20世纪70年代，儿童仍然可以尽量的走进自然世界。他们在户外度过了大量的欢乐时光，通过……游乐场、公园……城市化过程中闲置的场地和其他“废弃地”。[43]

但非常遗憾的是，在过去至少25年的时间内，儿童们在游玩的时间内直接接触自然的机会在急剧的减少。由于很多方面的原因，今天的大多数儿童更少有机会自发地把自己沉浸在附近的户外环境之中。这一变化反映了户外活动的吸引力减弱，可供游玩的场地减少以及儿童在户外游玩的时间和倾向也在不断的减少。怀特继续写道：

> 在最近几十年里，不只是儿童们游戏的环境发生了急剧的变化，而且孩子们在户外游玩的时间也越来越少。在1981年至1997这17年里，美国6～8岁的儿童游戏时间总量减少了25%，基本上减少了3～4个小时，从先前的每周15小时减少到11小时11分钟……而一项对妈妈的调查研究中发现，美国70%的妈妈当他们还是孩子时每天都在户外活动，而现在他们的孩子只有31%每天在外活动；而且当这些妈妈们小的时候在外玩时，有56%的人呆到3个小时或更多的时间，而她们的孩子则只有22%在外呆了这么长时间。[44]

现代社会特别是城市更加地依赖于间接的、抽象的方式来体验自然，而不是直接的、自发的体验和感受。更为可怕的是，当代儿童只通过有组织的、严格监督下、正式的参观一些地方，如动物园、自然中心和博物馆来认识自然，或者通过电视节目、电影和电脑来了解自然。现在的孩子几乎对非洲或亚洲那些奇特的野生动物(无论是在动物园或电视节目中看到的)更感兴趣，而对他生活环境周围的常见动物的兴趣则大大减弱。政治学者大卫·奥尔(David Orr)谈到：“区域政治经济的发展对孩子而言，从与自然的直接接触具体的生物和景观变成了不断增长的抽象的自然、符号的自然；每天常规的接触动物和其他的事物……直接暴露在真相和想像的事实面前”。[45]

罗伯特·派尔用“体验的灭绝”这个词语来描述现在儿童直接接触自然减少的趋势，以及不得不妥协地同固定不变的自然界进行接触。[46] 派尔是一个环保生态学家，也是《世界画报组织》(the World Conservation Union)一书的作者，他引用了生物学中"灭绝"的概念。如今，每年大约有27000种物种灭绝，从地球上消失了。[47]他也从一个更加以人为中心的角度来看待人类体验自然机会的减少(特别是童年时期)带来的问题，他认为这种机会的减少明显导致了儿童的心理素质的下降和社会能力的减弱，同时独一无二的基因库也大大减少。他写道：

> 简单的说，邻居物种的丧失威胁了我们了解自然、感受自然……个人直接地同有生命的物体相处和交流，以一种不可或缺的方式来影响我们，这是抽象体验自然无法替代的。我相信引发生态危机最主要的原因是这种个人与许多(儿童)生活的自然环境的隔离和疏远。我们缺乏一种对生命时间亲密接触的深层认识……体验的灭绝……暗示了背叛会引发灾难性的后果这种循环。随着城市郊区迅速转化为城市，这一过程破坏了自然界的多样性，而城市居民不再同自然直接接触，其意识和欣赏能力的溃退……它带来……体验的灭绝，使我们不再了解我们的土地，也不再与它们有亲密的联系。[48]

然而，对于更少地直接触摸自然世界对儿童的长远发展会有什么样的影响，我们知之甚少。而对于迅速发展的电子媒介、有组织的活动和常规的风俗形成的间接体验和象征体验，它们可能产生怎样补偿性的影响也不太清楚。然而，儿童的情感、认知和判断能力的发展似乎已因自然界的直接接触机会的减少而受到了很大的影响。而这种直接接触机会的减少则是由于生态环境的不断恶化、生物多样性的丧失、公共开放空间的减少、城市的扩张与蔓延以及熟悉的社区模式的改变等原因造成的。

用体验灭绝来形容同自然直接接触的减少会不会显得有些夸张？尽管数以千计的生物物种的丧失不可否认的会带来生物的大灾难，这骇人的情形首当其冲的影响了偏远地方的生物链(如热带雨林)，许多生物将从大多数当代儿童的日常生活中消失。同时，儿童在日常生活每天都面临着自然要素的减少，他们熟悉的物种和生境在不断的消失。由于污染、城市的扩张以及大量的自然环境转化为人工环境，使得今天的儿童看到的只是一个贫乏的、高度单一化的自然世界。孩子们经常感受到自然倒退，他们得面对一个不稳定的环境，还得承受空气中、水体中和土壤中大量的污染物；以及越来越少的文字故事书讲述老虎、大灰熊、大猩猩、大象、朝天犀牛、大熊猫、鲸鱼等等动物的故事了。每天长时间的面对受损的、丑陋的环境，而无法感受自然的健康、美丽和多样。这将怎样影响儿童对未来的希望和对事物的乐观态度？当孩子们不再直接接触、触摸自然，不再持续不断地同周围环境中的本土物种交流将会失去什么呢？

迅速增多的同自然的间接体验和象征体验的机会是否可以替代或者至少补偿一下现今持续减少的直接体验和感受自然带来的作用呢？今天的儿童在学校里比以往任何时候都要多地参与许多有组织的、计划好的自然活动项目：参观动物园、自然历史博物馆和自然中心；参加户外活动，如观看野生生物和自然旅行。当代的孩子还可以通过电视、电影、电脑和网络初次接触、认识自然。这些在人类历史上从未有过的如此先进的技术手段，让孩子在舒适、安全的家里和学校里就可以认识全世界的物种和生境。

但是这能与更多地直接的、不受控制的接触那样影响儿童的成长吗？特别是与当地周围环境的接触相比。再看看路易丝·哈瓦拉（Louise Chawla）提出的直接接触的四个自然特征——紧密性、变化性、不稳定性和共鸣性，间接接触或象征接触根本不可能起到直接触摸自然过程中形成的能力，如面对挑战、适应、沉浸、创造、发现、解决问题或判断思维的能力。通过电视、电脑或参观动物园、自然中心等来了解的自然时间不能为孩子带来近距离接触而形成的亲密感、冒险心或惊叹之情，而这所有的一切（还有更多）形成了持续学习和进步的基石。罗伯特·派尔写道：

> 电子媒介……可以有效地、真实地传达动物世界和地理环境，并可以有效地加深印象和总体上增强兴趣。但是，当把世界编辑好，展现其最大效果，并把它胡乱塞进电脑变成字节时，就没法表达每天对日常生活中许多的邪恶的疑惑，因为真实的生活不只是充斥着奔跑的汽车和日益增多的建筑森林。真正的自然世界是藜草中的蚱蜢要比怪模怪样行进过程中的犀牛周围的蚱蜢要多得多这样的情景。[49]

直接体验自然的经历也扩展了孩子们面对不确定因素、冒险和体验失败的可能，这些实际经历或目睹过的事物是儿童形成适应社会环境以及形成解决问题和判断思维的前提，而且这些经历成为持续学习和成熟过程中不可或缺的。当孩子只是被动地看电视、参观动物园、面对电脑或者甚至在教室里是不能培养和形成这些情感和能力的。派尔写道："每个人都有……一次机会认识令人快乐的、有组织的自然世界。但是要达到这个目标，近距离的接触是必须的途径。面对面真正看到香蕉中鼻涕虫比电视中看科莫多蜥蜴带来的东西更多……以活生生的方式与自然进行直接的、面对面的接触和交流是象征体验永远不可能替代的。”[50]

那等级较高的动物园、博物馆、自然中心或户外活动能起到补偿性的效果吗？这些活动的确可以影响孩子对自然世界的认识和鉴赏能力。[51] 但是，这些活动能完全替代日常生活中直接的自然体验和感受吗？在回答这个问题之前，可以先来看看一些对动物园的研究而得出的结论。首先，动物园不是现代文明的产物；动物展览活动产生于4000年前，而现代动物园则于16世纪至17世纪仍出现在欧洲，而且大约还有400多个动物园今天仍旧是正式开放的。动物园在美国也很受欢迎，每年参观的美国人就多达1.3亿，而且98%的美国人在他们的一生中某时间参观过一个动物园。对那些极有自然特征的动物园和电视教育节目的调查中发现，他们积极地、正面地丰富了儿童对于野生生物的了解、认知和鉴赏。然而，研究也指出这种基础上的认知是短暂的，很少对儿童的成长和发展起到重要作用。而且，参观那些没有怎么改进的动物园，常常收获甚微，甚至有时候会让儿童产生对自然环境鉴赏和关注形成悲观消极的看法。[52]

动物园和其他的间接接触自然的方式对成长的作用有限，其主要原因是他们为儿童提供自发沉浸其中和挑战的机会非常少，另外，也因为它们是间断的、偶尔出现的，存在于儿童的日常生活之外。间接的、有组织的接触自然是被动的，需要较好的回馈和反应，而且主要强调娱乐而并不是为连续的学习和成长．参观动物园．水族馆以及博物馆时，儿童常常关注一些奇特的、不太常见的物种和生境，这与孩子的日常生活没有丝毫的联系。这些间接的、极有规律的、常常是计划好的接触自然的方式一般更多的是一种刺激和一场“表演秀”，无论其编造得多么老练周到。大多数孩子也是以这样的心态去参观的。动物园或者博物馆相对平常环境中的直接体验而言，缺乏真实感和亲密感。

那么，在一个相对未受干扰的自然环境中进行户外活动项目会有什么效果呢？这章的前面内容已证实它们特别是对青少年的成长产生重要的影响。很显然，这些活动项目对于学习、体验和感受是非常重要的，但是有几个方面让它还是无法代替直接的自然体验。首先，只有一小部分年轻人有机会参加这些项目，因为这些项目的费用是昂贵的，而且一般都在比较原始的环境中进行。这些项目过程中，接触自然中所发生的事情是极不同寻常的，而这与大多数孩子的日常现实则相差甚远。其中一个参与者这样说道：“(参与)稍稍改变了我的看法……我去了，同时增加了一些力量。但是，这次经历现在回忆起来是那么的遥远，好像发生在很久很久以前。我们学到的每样东西是相关的，但却又是抽象的。我们学习怎样组织、怎样小心对待我们的身体(免受伤害)。但是，对于每天忙碌、喧闹的日常生活来说，很难将这种经验融入到我的生活中去。”[53]

有计划、有组织地接触自然一般不会产生像在日常熟悉的环境中直接接触自然而形成的自发性、挑战性和联系性等特点。在与自然界的间接接触和象征接触过程中也会产生积极的影响，但是这些积极的影响只能作为一种补充，而不是替代直接接触当地环境带来的益处。罗伯特·派尔讲道：

> 自然保护区……对于满足与自然的接触是不够的，这些地方虽然十分重要，但是却是计划好的、受控制的接触和体验……儿童需要自由的地方闲逛、做巢、捕虫、观鸟……在家附近，他们可以在小径上溜达，搬起一块石头，闲荡或只是遐想：这些地方没有解释性的标识，他们可以自发地采取行动。[54]

持续的、没有规律的直接接触自然可以为儿童提供不可取代的机会，让他们去探索、去发现、去创造和发展他们的个性和判断力，探查和检测池塘的深度，直接面对平常的甚至是受人类干扰的自然环境对童年时期的发展和成长有巨大的影响，甚或是一块空地，一位研究者称之为“非正式乡村”也让孩子有机会去组织、创造和养成独立意识和判断意识。[55]

结论

因此，这一章的结论在某种程度上是自相矛盾的。我们先探讨了儿童的情感、智力和判断能力的发展依赖于各种各样的、持续地认识自然的过程。这些需求可以通过从儿童早期一直到青春期直接的、间接的、象征的接触和感受自然环境和氛围的过程中得到满足。当儿童固有的社会环境和自然环境是稳定的、可达的以及由文化关联的时候，儿童与自然进行广泛的接触对他们的成长过程带来最大的益处。其设想对儿童成长有影响的一系列因子的关系见图 10。

然而，另一派观点则认为，当代生活各种各样的压力迫使儿童不间断的直接接触自然的机会急剧的减少，从而他们得出一个更为冷静、更为现实的结论。这一章和第二章中大量的实例说明形成人类智力、情感、个性、创造和灵魂所需的最基本的原始材料是植根于一个健康的、可达的和充足的自然环境之中。尽管儿童直接接

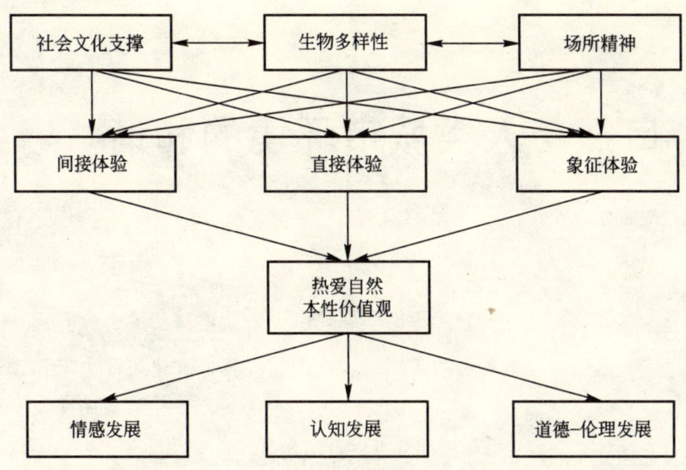

图 10　社会文化支撑、生物多样性和场地精神与自然体验、热爱自然本性的价值观的形成以及情感、认知和评价能力的发展关系假设图

触体验自然的机会在减少，他们仍可以获取一个有意义的生活吗？与成年人一样，儿童也可以忍受空气污染、水污染以及许多生物的消失，并在这种环境中生存下来。但是，在这种环境中，他们会获得身体上、心理上或道德上的健康发展吗？而从这一章给出的观点和材料来看，似乎不太可能。

儿童接触自然机会减少的这种状态不会改变，除非开发商、设计者、教育家、政治领导者和普通的市民的态度和行为有一个根本性的转变，否则这种状态将要持续下去。我们面临的最大挑战是怎样将现代建筑环境的不利影响降到最低？怎样为儿童和成年人提供更多积极接触自然的机会，并把自然当作每天生活一部分的机会？通过设计方式的改变和规划好这个不断城市化的世界，怎样才能缓解——若不能达到和谐——自然环境和人类建成环境的矛盾？这些将是第四章的主要内容。

第四章 自然与人类城市环境的和谐

人类建筑物与自然界的联系提供……最丰富和最有价值意义的感官体验，这需要建筑的努力。然而，这却是最容易被建筑评论家和建筑历史学家忽略的方面之一。许多原因造成了建筑师对这一关系的忽略。其中最重要的一个原因也许是对当代社会的茫然，任何事情不再完全呈现它原有的面貌，自然则更是如此。

——文森特·思卡里，《建筑师》：自然环境和人工环境[1]

设计教育最大的失败是使人同自然分离开来……所有伟大的想法和进步都来自于开放空间，来自于近距离接触自然。

——路易斯·沙利文，《建筑师》：由D·霍夫曼意译，

弗兰克·劳埃德·赖特：建筑与自然[2]

现代化的影响使得人和自然的接触减少，其中有环境的破坏和与自然的疏远。环境破坏表现在大范围生境的破坏、丧失大量的生物多样性、土壤污染、水污染、能源的耗尽、空气质量的恶化和全球气候的变化等方面。同时这些原因以及不断增长的城市文化共同作用造成了人与自然不断的分割开来，甚至同自然界产生了疏远感。传统的设计方式和城市发展模式便是原因之一。

引起人类疏远自然的主要原因就是我们怎样设计和建造我们居住环境。我们通常以消耗大量的自然资源、显著改变的自然景观、产生大量的废弃物和污染物为代价建造成了现代的建筑、社区和城市，同时人类也不再积极地接触自然。[3] 今天，人工环境要消耗40%的世界能量和资源，25%的淡水资源和30%的自然资源。而建筑

物则又产生大约占淡水20%的污水，25%的固体废弃物，40%的大气辐射，60%破坏臭氧层的气体和30%的温室气体。单以美国为例，建设用地和道路用地每年大约增加3%，大约是宾夕法尼亚州(Pennsylvania)整个国土面积的一半大小，而开发和建设的尺度从环境律师威廉·夏特金(William Shutkin)的观点中可以看出："20世纪的土地利用与开发是如此的迅猛，美国现在80%的建设是在不到50年内完成的"。[4]

这种情形随着城市的蔓延而不断恶化，至少到目前为止，美国城市的发展模式的主流还是以这样一种方式，今天的发达国家，大约70%的人口居住在城市或城市郊区。[5] 另外一组数据也要引起我们冷静的思考：人类先前大约经过了100万年，即直到19世纪中期，人口总数才达到了10亿；然而，今天全世界的人口超过60亿，而且约每15年又新增10亿。最乐观的人口计划预计从现在到未来的25年至50年内，全世界人口总数将稳定在80亿至90亿之间，而且大多数人生活在城市。

人类人口的增长、城市化以及巨大的发展不一定就意味着大范围的环境恶化、远离大自然。然而，从现在常见的设计方式和发展模式来看，特别是城市建成区环境的设计和发展模式中已可看出端倪，恶化和疏远已开始表现出来。为与传统的气候因素和地理因素相抗衡，当今的建设和发展消耗了更多的资源和材料，因此，人类是主要的消费者，据估算，地球上40%的初级生产物基本上都被人类消耗了。[6] 下面是人口增长、资源消耗和人类环境的建设带来的环境影响列表的一部分：

- 随着化石燃料的消耗，特别是温室气体的产生和空气的酸化，导致了大范围的大气环境的破坏。
- 有毒的化学污染物散发到空气中和流入水中。
- 营养和肥料的过度使用造成的污染。
- 释放的大气污染物导致臭氧层的破坏，形成了大气空洞。
- 大量建设、能源消耗及交通产生了光化学烟雾。
- 各种土地利用开发使得生物多样性和自然生境丧失。
- 过量的建筑产品和材料的制造消耗了可再生能源和不可再生能源。
- 产生大量超过自然系统自净能力的废水和废渣。
- 室内环境中存在大量有毒化学气体和细菌。

现代化的建设和发展也使得人类同自然之间有益的接触被隔离开来。现在大多数都市居民只能在一个缺少自然采光和新鲜空气的建筑物内度过大部分时间。心理学家朱迪斯·赫尔瓦根(Judith Heerwagen)观察到:“现代生活的工作空间往往是一个乏味的超大房间,使人同自然界中任何事物都隔离开来,此建筑就像早期动物园中的笼子。”[7]

赫尔瓦根提到了传统的动物园,这提示了我们,尽管不再可能把诸如老虎、熊和大象等动物困在笼中,这样做可能被认为是“不人道的,残忍的”,但是人类却用这种方式来对待自己。也许正是这个事实说明了人类是怎样脱离自然的,从而也形成了这样一种观点:无论如何人类不再是讲述生态学或进化起源的一个客体。然而,这本书前面作者大量的实证说明了同自然系统保持联系会对人类的身心健康、成长和生产力产生十分重要的基础性影响。现今设计和规划中最大的错误观念是假设人类建设环境可以独立于自然环境而存在(插图 12)。这一假设导致了建筑物和景观经常的滥用,以及不合理的规划,从而人类体验自然的机会减少,形成了同自然环境的疏远感,同时破坏了自然环境。政治学者大卫·奥尔(David Orr)评论当今的大部分

插图 12 (上图和侧面图)现代常规设计中与自然环境的背离带来的结果是环境功能的紊乱和与自然环境的疏远。这两张图说明了两种不同处理与自然环境的模式——对抗和协调——所形成的不同结果。

建筑物时，他抓住了以下实情：

> 没有反映出对生态或生态过程的理解……大多数建筑告诉其使用者的是……知道他们在哪里并不重要……大多数建筑告诉其使用者的是：能源是便宜的、大量存在的、可以浪费的……大多数建筑物需要提供……材料和水；处理废弃物的方式告诉其所有使用者，我们并不是生命网络中的一部分……大多数建筑物与我们的生态意识、进化观或审美能力互为呼应。[8]

传统的设计和发展规律既不是必须的，也不是人类期望的，而且毫无疑问是不可持续的。我们面对的挑战是如何对可悲的现状进行诊断，即对人们与自然环境联系的减弱进行深入剖析，然后在此基础想办法改变现状，使支离破碎的联系再度紧密相连。然而，减少破坏和重塑人与自然的和谐关系需要在建造建筑物和营造景观的时候，极大地改变原有的观念和想法。无论是建造商业建筑、工业建筑、公共建筑、设施建筑、教育建筑、居住建筑或娱乐建筑，我们需要掌握的是怎样最小化减少现代设计的破坏性影响，同时考虑怎样在人工环境中为人和自然营造一种更为积极的关系。我们把这种新的设计理念称之为*可恢复环境设计*(*Restorative Environmental Design*)。将在本章和第五章的内容中主要讨论这一问题。

可恢复环境设计(Restorative Environmental Design)

可恢复环境设计最基本的目标是在人工环境中，人与自然达到一种更为和谐的关系。两个基本的客观方面形成了可恢复环境设计：(1)减少现代设计方式和发展模式对自然系统和人类健康带来的不利影响。(2)促进人工环境中人和自然更为乐观、积极的联系。这两个补充性的目标也表明两种当代发展模式导致的现代环境危机：自然系统的整体性和功能的减弱，人类同自然界接触中获得益处能力的不断下降。

第一个目标——避免、减少和转化建筑物的建设以及景观营造过程中对自然系统和人类健康产生的不利影响，也叫*低环境影响设计*(*Low Environmental Impact Design*)。这也是本章的一个重点。实现低环境影响设计要面对许多主要的挑战，包括促进能源的有效利用，开发可再生能源，减少资源消耗，减少污染，使废弃物最小化，保持健康的室内环境，避免生境的破坏和生物多样性的丧失。

然而，可恢复环境设计不单单指低环境影响设计。它还要在人工环境中重塑乐观的人与自然联系的途径。若没有更为确定的设计和开发尺度，可持续的发展是不可实现的。即使实现了，也不知要费多大的精力去减少资源消耗，增加能源的有效利用，使废弃物量最小或者减少污染物。若没有乐观、积极地体验自然，人类也不太可能保证必须的能量、情感和资源，以求得建筑和景观长久可持续地发展，更不会去考虑怎样形成更为熟练的技术。建筑师詹姆斯·外恩斯(James Wines)认为："人类将……不希望呆在建筑周围景观较差的地方，无论我们装备多么完善的设施……防热玻璃、光缆、循环材料和不散发气体的地板。(可持续性设计)的目标……也是将这些零零碎碎的部件同自然界恢复联系。"[9]

当威廉·麦克多瑙夫(William McDonough)和迈克尔·布劳加特(Michael Braungart)在区分"生态效力"(Eco-efficiency)和"生态效率"(Eco-effectiveness)这两个概念时，提出了一个类似的、范围更广的可持续设计的观点和看法。他们把生态效力描述为最小化和尽量避免人工环境对造成自然系统损害，是一个必需和具有挑战性的客观主体，但是他们认为这个概念太狭窄，不足以形成一个对未来满意的、令人信服的说法，就像麦克多瑙夫和布劳加特极讲究修辞的提问："如果我把生态效力视为一个设计任务，那将出现怎样的情景呢？也许我将不得不说，我尽力让这一天感觉舒服一点，但我的期望落空了……人类尽最大的努力呈现出效率，因为我们建造的房屋实在太危险、太恐怖了。"他们讨论提出了一个涵盖面更广、更为确定的可持续发展目标，即把避免环境损害与产生生态健康相结合起来。他们建议我们"设计具有网路输出的建筑，产生比建筑自身需要还要多的能量，这样建筑才能更健康的发展下去，为人类提供更好的服务……(他们问道，为什么不设计)像树一样的建筑呢？树木就是自己生产食物和产生能量，还不带来不利于环境的废弃物，相反还可以形成优美的景观和丰富的物种多样性。"[10]

尽管麦克多瑙夫和布劳加特他们的想法是极好的、令人钦佩的，但是他们认为生态健康概念的广度应扩展，包括更加强调人类体验的重要性，并把人类的身心健康的好坏更大程度上同与自然的接触这样的认知融合在一起。但令人遗憾的是，现在盛行的传统设计手法或者可持续性设计和发展的一个终极成功目标却是怎样才能带来很多有益的体验机会，而这种体验也深深植根于人类天生对自然环境的热爱。

其他建筑师和生态学家——约翰·莱尔(John Lyle)、约翰·托德和南希·托德(John and Nancy Todd)、西蒙·凡·德·莱恩(Sim Van der Ryn)和斯图亚特·科万

(Stuart Cowan)和岩石山组织(Rocky Mountain Institute)的全体成员已经找出提升设计目标的重要内容。[11]他们所提出的基本原则见表4.1。

可持续设计原则 表4.1

莱尔	约翰和托德	西蒙·凡·德·莱恩	落矶山研究中心
· 让自然做主	· 设计应遵从而不是违背生命法则	· 从本土找到解决办法	· 认识背景
· 把自然当作模板和背景	· 同等对待生物决定设计	· 生态知识相关设计	· 把景观当作相互联系而非破碎的
· 集聚而非隔离	· 需在可再生能源资源基础上设计	· 设计结合自然	· 在开发过程中融入本土景观
· 寻找功能最佳水平，而不是最高水平或最低水平	· 设计必须使整个生命系统可持续发展	· 人人都是设计者	· 促进生物多样性
· 技术配合需求	· 设计应与自然界共同进化	· 让自然在我们周围	· 再利用已破坏的环境
· 信息取代动力	· 建设和设计应缓解地球压力		· 创造可恢复生境
· 提供多种通道	· 设计应遵从神圣生态法则		· 扩展设计思维，考虑长远利益
· 寻找解决各种问题的共同点			· 终结废弃物
· 驾驭资源以备可持续性			· 依靠自然能量运行
· 制定法规，指导设计			· 给建筑公司、客户和消费者灌输可持续设计知识
· 制定详细法规，指导施工过程			
· 优先考虑可持续性发展			

这些设计原则有助于确定可恢复环境设计的几个主要方面，但这些原则缺乏整体性和中心概念。若没有对这些概念确切的表述，剩下的就只有一个琐碎细节描述，在这儿我们称之为*积极环境影响设计*或*热爱自然的设计*(*Positive Environmental Im-*

pact or Biophilic Design)。积极环境影响设计或热爱自然设计需要对建筑和景观的设计可以形成一种人与自然环境的积极联系，从而增强人类的健康。热爱自然的设计理论包括两个基本层次：有机设计/自然设计(Organic Design or Naturalistic Design)和本土设计/基于场地的设计(Vernacular Design or Place-based Design)。著名的建筑师弗兰克·劳埃德·赖特(Frank Lloyd Wright)新创了“有机设计”这个词语，在本书中则定义为在人工环境中可提供直接的、间接的或象征的体验自然机会的一些特征要素的设计方式。[12]从赖特的许多建筑和景观中可以找到这种有机设计的特征，包括自然光线、自然通风和自然材料；模仿自然特征和自然过程而形成的建筑外观和形式；对光线和空间在一定程度上熟练掌握；自然景色等等。而热爱自然设计理论的另一个主要方面是本土设计，在本书中定义为建筑和景观可形成自身易区别的文化特征和生态环境的设计方式(在第二章中讨论过)，这也是景观设计师弗雷德里克·劳·奥姆斯特德(Fredrick Law Olmsted)和生态学家雷内·迪博(Rene Dubos)所说的“场所精神”。[13]一个人若缺乏强烈的场所精神，他将不能很好的利用必要的资源或能源，以维持自然环境或人工环境的长期可持续发展。

两个基本的假设前提可指导可恢复环境设计，并指出使自然环境与人工环境和谐发展的途径。第一，应认识到的是，当代的环境危机如环境的恶化和自然系统的破坏以及人与自然的疏远基本上是设计失败所造成的结果，而并非是现代生活内在固有的特征。而且，只要建筑和景观更为有效地、更加温和地建设和发展，这些问题就迎刃而解了。第二，如果建筑和景观缺乏人类对自然环境的亲和力这一基本的联结点时，则很难营造意义深远的建筑和景观。可恢复环境设计的两个基本原则——低环境影响设计与积极环境影响设计(或热爱自然本性设计)理论为人类和自然在人工环境中传达一种更为和谐的相承关系点亮了希望之灯。每个单独的目标都无法达到长久的可持续发展或解决当代社会的环境危机。然而，将此两个目标结合起来，可恢复环境设计就可帮助减轻当今社会建设中对自然环境的不利影响。因此，这个理论的主要观点是把人与自然的联系作为建筑和景观设计的中心所在。

布伦学院(The Bren School)

在这章详细介绍低环境影响设计理论各方面以及第五章中热爱自然本性设计(积极环境影响设计)理论之前，从一些实例中也可以找到这二者的差别和不同点。其中一个有代表性的实例就是位于圣巴巴拉市(Santa Barbara)的加利福尼亚大学(the University of California)唐纳德·布伦环境科学和管理学院(Donald Bren School of Environmental Science and Management)，此学院占地面积 85000 平方英尺，建成于 2001 年，由齐默·冈苏尔·弗拉斯卡建筑事务所(Zimmer Gunsul Frasca Partnership)设计。这个项目是全国低环境影响设计的最好例证，它成功减少了建筑对自然环境的多种不利影响。

布伦学院建筑由教室、办公室、实验室和一个大的礼堂组成，它占地面积为 3 英亩，位于太平洋海岸(the Pacific Ocean)边，外观十分雄伟壮观(插图 13)。这座建筑耗资约 3000 万美元，其中可持续设计的设施花费了 80 万美元。这栋建筑物促使了圣巴巴拉市的加利福尼亚大学建造新的建筑物来迎合最新提出的绿色建筑的建设标准，也就是能源和环境设计先导计划(Leadership in Energy and Environmental Design，LEED)(在后面的篇章中会详细介绍)。由于其对可持续设计原则的重要探索，这座建筑获得了环境和能源设计领导奖的最高金奖。

这个项目在有效利用能源、减少资源消耗、提高室内外环境质量和提高物业管

插图 13 位于圣巴巴拉市的加利福尼亚大学唐纳德·布伦环境科学和管理学院——占地 85000 平方英尺，齐默·冈苏尔·弗拉斯卡建筑事务所设计——获得了环境和能源设计领导奖的最高奖(金奖)。

理水平等相关领域取得较大的成就。这栋建筑装备了先进高度有效的照明和暖通空调系统(HVAC System)，有充足的自然采光，其顶棚上装有光电板，主要采用可再生能源。具有创新的实验室设计思想大大减少了能源消耗，其采取的手段有：有效利用空气质量控制设备；采用永不耗竭的电扇设备；采用较少的维护设备和其他高技术创新手法，如采用自由操作窗和引导自然通风，这样不但减少了能源的消耗，同时给使用者带来了舒适感。

此项目给人印象最为深刻的是其利用资源和材料的方式：将可回收再利用的塑料、玻璃和地毯用于天花板，建筑物的附属装置、家具和绝缘材料当中；建筑混凝土大部分来源于回收的粉尘(煤矿生产的附带废弃物)；从森林运来的木材是以可持续的方式获得的；回收的水用于园林灌溉和冲刷厕所，同时无水便池和自动冲刷阀可以减少了水的使用；大约93%的建设垃圾和一切有破坏性的垃圾都处理后进行再利用；认真仔细挑选的屋顶材料减少了传统屋顶中气候温室效应，而且建筑物的方位正好利用了太平洋的盛行风，可有效地进行自然通风；景观设计时保留了原有的树木，且多使用本土较耐干燥的植物，从而减少了水的消耗和避免水质的恶化；采用无挥发性的化学物质和甲醛的装饰材料并装配了一个空气实例警报系统，以保证室内环境质量良好。

尽管取得了这么多成果，但是布伦建筑也为只关注低环境影响设计设想的局限性提供了佐证。这栋建筑在亲近自然设计要素方面是不足的，或者说是存在缺陷的，使用者若想通过增加同自然接触的机会来获得健康的可能性不大。尽管此建筑毗邻太平洋，然而朝向大海的大礼堂却没有开窗；同时只有一些管理办公室可以享用这优美的景致，大多数教室、学生区和办公室都位于海景的另一面；建筑的内庭主要为硬质铺装，毫无生气和吸引力；建筑本身也缺乏与自然环境积极交流的场所，而其外观也不能使人产生愉悦；同时，一旦建筑的低环境影响设计不再具有创新性，其所有者不会愿意将此建筑进行修复和改造。给予这栋建筑环境和能源设计领导奖的最高金奖说明了现阶段可持续性设计只过分追求低环境影响设计，而几乎忽略了积极环境影响设计的思想方法及其目标。

低环境影响设计(Low Environmental Impact Design)

虽有争议，然而低环境影响设计仍然是基本的、应优先考虑的事情，因此，这一设计理论也是诠释可恢复环境设计的起始点。大多数用传统设计手法设计的建筑和景观，其资源利用、废弃物、能源消耗、污染和疾病等方面都是无法实现可持续发展的，总的说来，这些传统建设对当地、区域乃至全球系统造成极大的威胁，威胁到地球上的生物总量和多样性，以及威胁到更长远的人类健康和安宁。现代设计和发展方式中的能源消耗与污染所产生的影响使得大面积、大范围内的生境的破碎化，中断了食物链，破坏了营养流和能量流，同时打乱了许多生物的生殖策略和取食策略。这些废弃物和污染物损害了人类的健康，它们耗尽了关键的资源，并给人类带来疾病。因此，低环境影响设计理论的目标就是避免或减少这些有害的影响。

然而，现代设计的手法和发展模式所引起的环境影响经常不被平常人所注意。一个有趣的实例就是玻璃办公大楼对许多鸟类的影响。以玻璃装饰面为主体的建筑物代表了现代建筑的一个奇迹，直到最近，结构工程技术和玻璃制造技术提高使这种建筑成为可能(插图 14)。现在，高度透明、坚实和低能耗的玻璃幕墙大楼都可以得以建造，而这种高楼景观通常在人口密集的城市极为普遍，形成一种常见的景观。

但令人遗憾的是，最近调查发现玻璃幕墙建筑存在着不利于环境的方面，[14]如最新的数据显示玻璃幕墙办公建筑对鸟类的生活有极为明显的破坏。[15]不过在北美这类数据是很少的，大约有 225～971 种鸟类在冲向玻璃建筑的过程中死掉了，估计每年这样死亡的鸟类总数至少有 400 万只，而最多的时候则高达 9.76 亿只。如果后面的

插图 14 高耸的玻璃幕墙塔楼因其高度透明或反光以及夜晚有大量的照明光而显著增加了鸟类的死亡率

数据是准确的话，即每年有 9.76 亿只鸟儿因玻璃建筑而死掉，那么这类建筑对今天的鸟类来说是一个严重的威胁。

玻璃幕墙高层建筑对鸟类存在着多方面的危险，特别对在春天和秋天迁徙的候鸟威胁更大，同时某些特定的生境也会因此受到威胁，如飞行线路和河滩湿地，特别在乌云密布和暴风雨天气盛行的时候。许多鸟类在白天的时候极易受到高透明玻璃幕墙影响，因为障碍物是看不见的，也是无法穿透的。高度反射的玻璃幕墙也混淆了鸟儿的判断而猛然地冲向玻璃，特别是当玻璃中反射出植物的景象时，鸟类则更容易判别出错而丧命。还有一点就是，在夜幕降临时，特别是这些玻璃高楼高于 500 英尺(约 152.4 米)时，当乌云密布以及夜幕过后，许多鸟类降落准备休息时，鸟类常常被极为明亮的建筑吸引了，也极易产生混淆。

也许有些人会认为，生活中似乎到处都有鸟儿飞过，它们不应成为妨碍建造有用且漂亮建筑的原因。然而，正因为一种建筑类型，每年就大约有百万计甚至十亿的鸟类从我们的世界里消失，这不仅是非常可悲的，而且也相应地说明了一个似乎无罪的现代科技对自然环境会造成什么样的影响，同时也说明是人们的无知会对自然系统产生怎样的影响。

其中一个为减少这一影响而值得大力称赞的尝试是位于新泽西州泽西市(Jersey City, New Jersey) 一座新建高达 800 英尺(约 244 米)的玻璃办公大楼(插图 15)，它是由高盛公司(Goldman Sachs)提供经济投资，由建筑师凯撒·佩里(Cesar Pelli)和他的事务所设计，其玻璃立面进行了极大的改进，其导光设计也有很大的调整，这样极大地减少了鸟类的死亡。设计过程中所作的改进措施有：在建筑发光表面嵌入陶瓷玻璃材料，这样就使得鸟儿可以更清楚看清建筑的界面；同时更少使用反射性的玻璃并减少夜晚照明；采用间断式而非连续的屋顶桁条。

玻璃幕墙建筑的出现，尽管似乎是一种无辜的建筑形式，但却说明了大尺度的现代科技和社会发展模式对自然环境虽然会产生很深远的影响，但往往却没有怎么被大多数人所意识到。与许多当代生活方式一样，其有害的结果并不是人类特意造成的，但是，这种集体无意识所形成的巨大环境影响却值得人们充分的认识和思考。同时，现代建筑设计产生的不利影响更应从多角度、多维度(大的空间尺度和时间尺度)上进行充分的评价和预算，从建筑本身到其周围的环境，甚至是更大距离的生态系统和景观上认真考虑，从而来避免产生这些令人遗憾的影响。

现在，我们将从五个广义影响来思考人工环境对自然环境和人类健康的不利

插图 15 位于新泽西州泽西市高盛公司大楼在玻璃材料和光线设计方面进行了很大的改进，这将有可能减少候鸟迁徙过程的死亡率。

影响：

- 能源的利用和效力
- 产品、材料和资源的利用
- 废弃物及其管理
- 室内环境质量
- 生态环境和野生动物的影响

避免和减少这些对自然系统和人类健康的不利影响面临着极大的技术、社会、经济和政治挑战。本书中已经提到过低环境影响目标的复杂性，诸如能源和资源的有效利用，产品和材料的选择，污染的避免，废弃物的最小化，以及室内环境质量的提升等等。我们只能简要的再回顾一下这些低环境影响的策略。

也许在将来的某个时候，我们的社会需要将现在只是控制和缓解这些不利环境影响的阶段继续发展，从而最终找到一种解决途径，即把这种潜在的危险转化为未来资源和生态生产力。举例来说，我们将消除废弃物的概念，另创一个“闭合循环”系统。在这个“闭合循环”系统中，废弃的建筑产品和材料(建筑垃圾)将再利用或是安全地转化和被环境吸收。弗罗里达州建设和环境中心大学(the University of Florida's Center for Construction and Environment)的创办者查尔斯·凯伯特(Charles Kibert)提出，这种长远的目标需要一种观念，“(我们的)目标强调……生命循环、环境影响……和纯技术的发展……自然系统的同步发展”。[16]对于现在来说，我们需要更为慎重的考虑是，如何通过一种更好的可持续设计和发展模式来缓解面临的五个方面的环境问题，尽管这还不是我们将要受到的最大挑战。

能源的利用和效力(Energy Use and Efficiency)

能源被用于照明、加热、冷却和其他基本的建筑功能需求。当代建筑物和建筑运行中需要消耗巨量的能源，而随之就产生了大量的废弃物和污染物，从而能源的效力成为低环境影响设计理论的一个优先考虑的客体。[17]碳氢化合物资源，如煤炭、石油和天然气是现代建筑设计和发展模式中最主要的能源资源，它们通常是由不计其数的植物经过数千万年的沉淀后产生的。当今，主要依赖于不可再生、污染性的能源是产生生态和人类健康影响的主要原因，而且在不同程度上影响了能源的开采、生产、分配和消耗。

从可再生或污染性更小的资源获取能源是可持续设计和发展的主要目标。直到现在，人类主要依靠水力电能和核能，但是，已证实它们在转化为能源的过程中会产生生态影响。现在人们正在研究，通过提高能源使用效力和开发新的可再生能源等形式来减少不可再生能源的消耗，并减轻对人类健康的影响。从传统的使用不可再生能源和主要以污染性的化石燃料为主的能源改变到使用更为清洁的能源资源和产品技术，这是现在解决能源危机的主要出路。使用更有效的照明以及加热、通风系统，将废弃热用来发电，这同样可以减少能源的消耗和浪费。

大幅度地使用低挥发性可再生能源，特别是利用太阳能、风能、水能和地球上相对恒定的温度，以及储藏丰富的化学物质，如氢气等似乎有可能替代传统的化石燃料。在下个世纪 25 年内，提高能源的利用效力和开发可再生的能源可引发能源使用技术的革命，其途径有集中供热、集中发电以及无污染能源资源的使用。然而，当今这些目标的实现还存在着技术上和经济上的难关，而且许多还没有经过实践的检验。

通过更为优化的建筑设计、建造和运作，特别是照明、加热、通风、制冷等设备和装置可大大减少传统能源的消耗。据估算，四分之一或更多的建筑能源消耗是用于照明和供电设备，因此，可以通过装配更为有效的照明设备、使用机械设备来减少大量能源的消耗，同时设计更为有效的加热、通风和空调系统可以极为显著的减少电能的消耗。

建筑物设计和建造过程中使用成熟的能源模型也可以提高建筑中能源的使用状况。美国能源部（the U.S. Department of Energy）和美国采暖制冷空调工程师协会（the American Society of Heating，Refrigerating，and Air-conditioning Engineers，ASHRAE）以及其他部门已经开发出有用的能源模型。这些模型追求的目标是“设计需求最小能源效力的建筑……建筑可以以一种最小能源使用的方式来建设、运作和维护，而不是以削弱建设的功能为代价，抑或是使建筑的使用者感觉不舒适而缺乏工作激情为代价”。[18]“智能”建筑可以更好地减少建筑能源的消耗，其原理就是各种人类活动需要的能源会随着气候的变化而改变。具体措施有照明控制系统和用户传感器、能源监控系统、形成加热和制冷调节区以及在没有人的时候为建筑制冷。照明控制系统还包括光电感应器和工作岗位照明，这样会减少用电的需求。

使用更为有效的照明设备、灯具、镇流器、风扇、滤光器和动力设备，能进一步减少能源的消耗。高功效的设备和产品也可以促进减少能耗设备的发展和进步。

另外，通过节约用水也可以节约能源。如使用低流量冲刷的厕所、自动水门阀、流量可控制的喷嘴、温控、宽口径的管道和一些革新的设备如堆肥厕所等等。其中，一个有可能的用水工程是收集雨水，对雨水进行再利用。收集来的雨水可以用来制冷、洗刷、冲刷、隔离、灌溉或是增加空气湿度，这可以提高人们身体和精神的舒适感和愉悦感。这一能源节约方式带来的好处足以说明在过去认为是废弃物的资源，如今或许不久的将来会变为一种有价值的资源。

一个有效的能源效力提高的方式是对建筑物进行更为智能的设计，更少地使用和依赖于能源集中机械化系统。虽被视为“被动”能源设计，但实际上实现这一目标需要极高的创意、极为高超的建筑设计能力。被动设计理论的目标是通过探索一些影响因子，诸如建筑物的外观、朝向、空气流以及建筑材料来达到能源的有效利用，可以极好地控制和操纵水温、光线、供热、通风、空气、气候和土壤。可变流动力学模型和器具可以用来调节这些影响因子，因此，建筑对于用机械的方式而转换的能源形式的需求将降到最低。同时通过将建筑物的主立面朝向太阳，在使用某种材料和形式的基础上储藏和释放热空气和冷空气，利用自然采光和通风，以及使用地表水和地表以下相对不会枯竭的地气等设计策略，可以减少能源消耗并形成更多的可再生、无污染的能源资源。同时，在建筑构造中采用比热容大的材料(如砖和石头)，然后结合一些新型的设计处理，如用于通风的高烟囱和中庭等设计手段和处理方式也可以节约能源，用这些通风设备(高烟囱和中庭)可以更好地供热和制冷，从而控制温度的变化。

一个令人印象深刻的被动设计实例就是位于英国工业城市莱斯特(Leicester)的维多利亚女王大楼(Queen’s Building)，这座建筑很好地大大减少了能源消耗(插图16)。这座大楼是位于德蒙特福特工程学院(De Montfort Engineering School)内的一座工程实验楼，占地107000平方英尺，由休特福特公司(Short and Ford)于20世纪90年代末设计完成。这座建筑主要通过自然通风和自然采光而实现了能源消耗量的急剧减少。同时此建筑物不同寻常的外形、热容比重大的材料的运用以及广泛的建筑监控设备也节约了能源的消耗，此建筑物狭长形和开放式的外观对于实验室类建筑是不常见的，常用的此类建筑形式是长方形并且比较宽阔。然而，女王大楼的这一外形可以更好地利用自然光线和过道风。同时此建筑装配的大楼屋顶顶棚、通风设备、高烟囱、1600个可操作的窗户、大楼空气通风口和镶嵌板等也助于此建筑进行自然通风，这些结构上革新的成就是，此建筑几乎不用机械设备来冷却降温。在自然

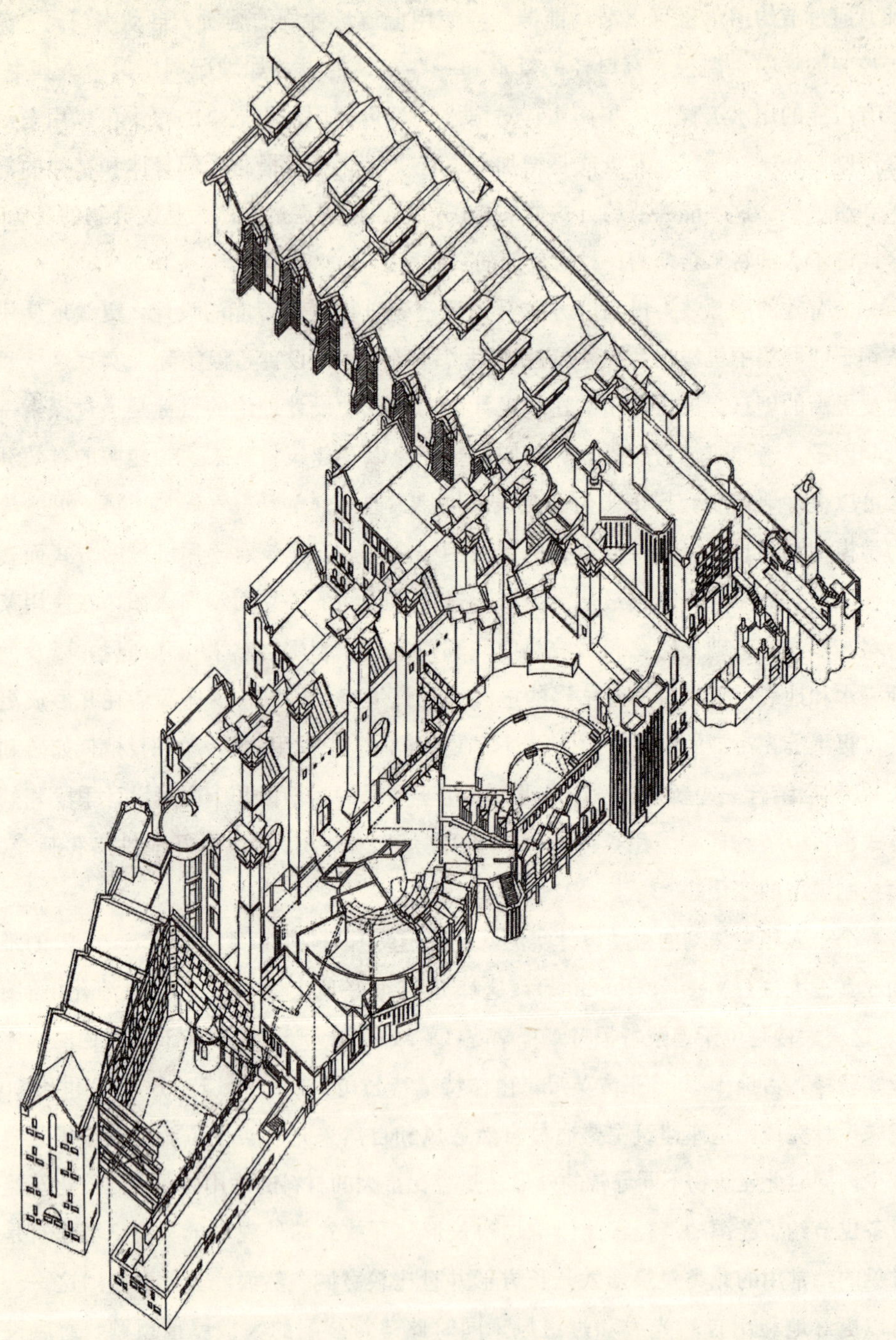

插图 16 维多利亚女王大楼，占地 107000 平方英尺，德蒙特福特工程学院大楼，由休特福特公司设计。设计时采用了自然通风装置、自然采光装置、大量的建筑控制装置和成熟的设计手法而达到了很好的能源效力。

通风系统中，还包括建筑中随处可见的1000多个监测站，它们帮助监控建筑内的空气流和温度变化。

大量使用砖材——莱斯特传统的建筑特征，加上混凝土，更进一步有助于吸收、保存和释放热气和冷气。这些建筑材料的使用，再加上高效的燃气系统，降低了能源的消耗，减小了温度的变化。因此，该建筑物的设计和实施，需要更熟练操控采光、气流、温度和气候等因素，从而达到比其他大小、功能类似的建筑更少的能源消耗。同时，气流控制缓和装置对该建筑非常重要，通过他们使用者可以长时间持续地感到舒适、特别是在礼堂那部分空间。

该建筑之所以可以如此之大的减少能源消耗，是因为整个设计、实施过程都采用全新的手法。建筑师与工程师、承包商和客户紧密合作，进行多方合作和集思广益，对空气对流、自然通风、太阳透射和获得量以及季节气候波动等进行熟练的模仿和模型分析。这些都对设计作出了巨大贡献，而大量的检测器和控制装置也是这栋建筑的主要成就之一。

另外，女王大楼从审美上说是令人惊叹的，其外观极为优美。采用大量各式各样的窗户、天窗、烟囱、光格架、百叶窗和通风口，使得砖砌立面引人入胜。如此复杂的设计手法和材料的使用是在利用、掌控空气、光线和温度等因素的基础上并减小对机械加热和制冷的依赖而得以实现。这栋建筑的设计手法在很多方面都模仿多个自然系统中常见的变化形式，引发了建筑界的争论。查尔斯·詹克斯(Charles Jencks)把这栋建筑贴上了“后现代哥特式建筑”(Post-Modern Gothic)的标签。他谈论到：

> 这栋大体量、不规则的德蒙特福特(建筑是)后现代哥特式……有山形墙、尖塔、光光的拱门、彩砖……其场地周围的山墙形式——尖尖的、高耸的、三角形的、开展的、错列的——还采用10种不同的窗型，又一次地采用自相似形和不规则碎片形。其背景则是给人厚重感的红砖墙同时染色的灰泥也极好的搭配了这些红砖墙，增强了建筑的厚重感……这栋坚固耐用的建筑弥补了一目了然的建筑内涵的不足，表现出……有序组织的特征。现在所说的“生态策略”的建筑物与传统的有机建筑在某种程度上具有渊源关系，而传统的有机建筑是常被现代主义所忽略和排除的。[19]

更为传统的能源效力策略可用于许多现代建筑物，通过充分的隔离、密闭窗户、双层或三层窗格玻璃和其他节省能源的产品和材料来使冷热能量损失最小。许多眩光技术的改进可以极大地减少能量损失，同时保留好的视觉通透性、欣赏室外优美的环境：如采用高强度、低辐射的玻璃可以让光线穿过，同时反射太阳的辐射热。再加上选择建筑最佳的朝向——面向太阳和主导风向以及采用革新的反眩光技术可以大大节省能源。窗檐、光格架以及百叶窗可以透过自然光线和自然通风，同时又避免了过热和眩光，这也可以提高能源效力。建筑物的顶棚至屋顶部分的设计试图在夜间晚些的时候达到冷却此建筑物的目的，同时可操纵的窗户进一步减少能源的消耗。

能源效力设计(Energy-Efficient Design)需要仔细考虑此地区的气候状况，根据一天以及一个季节的环境变化同时来改变建筑的使用和设计。通过极富想像力和创造力的设计，此建筑可以保存和释放热能，形成自然通风和制冷，以减少对机械动力系统和人工采光的需求和依赖。协调和利用各种自然资源和气候状况的设计方法反映了一个充满动力的、多方位的目标，把房子视为可控制的乐器或航海工具，而不是把建筑当作并设计成一个在空间和时间上永远不变的东西，一个令人无法亲近的空间。相反，建筑物应该是一个可以根据环境的改变和人类社会状况而变化的复杂实体。这种设计策略可以减少能源的消耗，减少废弃物的产生和减轻对环境的污染和破坏。

利用废弃的热能为建筑物供热和供电，也就是常说的一个“利用废能发电”系统，也可以帮助实现相当可观的能源效力。大多数传统的单一能源消耗系统大概只利用了所提供能源的三分之一。相反，利用废能发电系统估计最少可以到增加80%，极大地提高了能源效力。这些系统可以进一步的发展成为一个“生态工业化”系统，在这一系统中，建筑物的废能则变成了热能和其他能源资源，主要为其周边的建筑物提供能源。

可再生能源的开发和生产是一个长久的发展目标，同时也是对应环境污染的一项策略，其相对于传统的不可再生能源(化石燃料)可以减少对环境的不利影响。常见的有开发价值的低挥发性可再生能源资源有太阳能、风能、地下水、地热和有机废物(生物燃料)，以及大量存在的物质，如燃料中的氢气等等。光电能则是将太阳能转化为电能，这也是在未来不断增加的、可靠的、低挥发性可再生能源的一项技术手段。然而光电系统的耗资仍旧是高而惊人的，技术可行性也极为艰难，因此除非是在那些偏远的、缺乏中心电能系统供应的地方可以尝试这种技术。不过近几年来，在光电系统的耗资和技术可行性方面已有突破性的提高，包括建筑与光电系统一体化发展，不仅能提供能源供应，还可以为建筑物的立面提供材料。

其他有发展潜力的可再生能源系统如开发风能、生物能、水能、土壤和氢能。尽管这些能源中的一些现在可以开采，但是常常从偏远的地方才能获得这些能源，并且需要通过现有的能源(电能)网进行分配和输出。这种本地开采的能源因其易变性，其形成取决于多个方面的因素，包括技术、气候、地形、经济支持、政府投资以及建筑使用者和附近居民的容忍度和价值观。已经证实，开采相对充足的地热、利用动力泵和管道取用地表水可以替代可再生能源。

近几年，随着叶轮机技术的进步、分配系统的完善、经济的发展和政府的调控，风能的利用已有明显的提高。在过去20年中，风能的费用已下降约85%，尽管风能也是一种本地产生的能源，但其形成受诸多因素的限制，如气候状况、高耗资、民众对噪声的抗议、美观的破坏以及对带来生态方面的影响的担忧等等。能产生风能的地区主要包括风能可以形成巨型能源的风农场，特别是有恰当条件的地方，如怀俄明州(Wyoming)、北达科他州(North Dakota)和南达科他州(South Dakota)。

另一种重要的有开发潜能的低挥发能源资源是有机燃料或生物燃料，那些废弃产品如植物油、动物脂肪、木棒或垃圾填埋处产生的沼气都可用于开发。美国大约有700多个垃圾填埋处理厂，有极大地开发价值。不过要解决的难题就是技术上的突破和污染相关问题的突破。

另一个可替代的、有开发价值的能源资源就是氢气燃料电池(Hydrogen Fuel Cell)，氢元素是宇宙中最丰富的元素。其在常态下不稳定，而且很少以单质的形式存在，它通常和其他元素一起形成化合物，如水中的氧元素。在氢气燃料电池和氧气燃料电池产生化学作用的过程中会产生能量，从而可获得能源。但是，在氢气燃料电池达到大家的认同之前，还存在许多重要的技术难题和经济困难。如果在建筑和交通工具中使用这种新型技术和能源则有可能引发革命性的影响，可以不再依赖于不可再生能源、产生污染的化石燃料，同时获得一种几乎不受限制、用之不尽的能源，而产生的污染作用相对更小。

材料、产品和资源(Materials, Products and Resources)

现代建筑的设计和实施，其整个过程中会消耗大量的资源和材料，并常常对自然系统和人类的健康带来极大的不利影响。有人提出用“绿色材料”(Green Materials)一词来描述对环境带来的危险更小和更为安全的产品，尽管这些材料与传统的材料一样，对自然环境的影响往往很难确定。[20]在产品对环境和健康等相关问题的影响进行仔细、详细评价的基础上，商品的标签和认证程序可以提供一定的相关信息。官方和一些非官方组织都在致力于这个问题的研究，尽管认证的基本过程常常还存在着争议和异议。

当前最为广泛应用和被接受认证项目的是对自然资源（如木材和鱼类）和电力设备和机械的认证。[21]森林管理委员会（the Forest Stewardship Council）和可持续森林计划协会（the Sustainable Forestry Initiative）是两个致力于木材管理和木材产品砍伐认证的机构。美国环境保护局（the U. S. Environmental Protection Agency）和美国采暖制冷空调工程师协会（ASHRAE）发明了一套认证系统，来判断设备和机械系统的能源效力。国际标准化组织（ISO，the International Organization for Standardization）也列出了 ISO 14000 认证原则来评价能源产品，推广生命周期评价程序，以及评价产品的环境影响。

规范的发展也促进了卖主来识别和认清产品和材料对环境和人类健康的相关影响。识别标准由能源效力、污染性和危险性的物质、回收或可回收成分以及资源的使用组成。低环境影响产品和材料应包括以下几个特点：

- 少量或不含危害性挥发物
- 少量或不含能导致气候改变，或臭氧层消耗的化学物质
- 可回收、可再利用或可循环的材料
- 可生物降解的材料
- 持久耐用需少量维护的材料
- 可持续性资源
- 本地而非需远程管理和运输的资源

*《绿色建筑材料：挑选和识别商品导购手册》（Green Building Materials：A Guide to Product Selection and Specification）*一书特别详细讲述了对绿色商品和材料的挑选，包括材料和商品的耐用性、能源效力和循环可利用性；包含的可再循环的物质；可从当地和区域范围内获得的资源；含有极小的危险性的或合成的化学物质以及少量的能值（Embodied Energy）。[22]并且通过各种各样的刊物、目录、网站以及官方和非官方引发的有用信息来指导绿色产品和材料的挑选。

一个令人印象深刻的、采用了大量可减少对环境和人类健康冲击的产品以及材

料的建筑工程实例就是奥杜邦大楼(Audubon House)，它是 19 世纪曼哈顿(Manhattan)办公建筑的新型建筑形式，由兰迪·克罗克斯顿(Randy Croxton)设计并与其客户——国家奥杜邦协会(the National Audubon Society)密切交流、相互协作下完成的(插图 17)。[23]大多数可持续设计主要关注新建建筑，因为新建筑容易采用低环境影响

插图 17 纽约的奥杜邦大楼是由兰迪·克罗克斯顿事务所将 19 世纪的办公大楼改建而成，在可持续设计方面取得了许多显著的创新。

技术。然而，当可持续设计只涉及新建筑时，其本身就是一个失败，不可能达到减少资源消耗和使环境的不利影响降到最小的目标。奥杜邦大楼之所以值得称赞，因为它是利用旧建筑进行可持续性修复设计的首例，并且，最令人难忘的是，它出现于20世纪90年代早期，那时许多新产品和材料还没有发明或得到广泛的应用。

建筑低环境影响设计成就中最值得关注的方面有：采用了低挥发性化学物质的产品和材料；极大的提高了能源效力；实现了资源和材料的再利用以及再循环；废弃物大大减少。同时，在对地毯、地板、涂料、家具、粘合剂以及其他产品和材料中的化学物质仔细监督的基础上，室内环境质量也有明显的提高，这在历史上是史无前例的。此外，建筑安装了先进的加热、通风和制冷设备、主要采用自然照明、安置了建筑光线和通风的监控器，以及使建筑物充分隔离的高质量玻璃等等，通过这些技术处理手法使建筑物的能耗降低。奥杜邦大楼还通过在每层楼上设置冷热对流和可回收管道，从而减少废物量。

尽管该建筑的建造费用比常规预算高出了10%，通常这是不允许的，但这栋建筑的设计目标都得到了很好的实现，而那些超出的费用可以随着时间的推移得到弥补。同时，它带来了一个更为健康的工作环境，在增强了职员身体健康的同时也带动了生产力的提高。而这些目标的得以实现还得力于高度合作、协调的决策过程，在这一过程中，建筑师、工程师和科学家、客户之间合力协作、共同努力，并最终实现了设计目标。

奥杜邦大楼在理想、技术和思想方面都取得不同寻常的成就。另外，尽管此建筑设计中明显地增加了自然光线和自然通风，同时在屋顶部分设计了屋顶花园，这座建筑还是缺乏有机设计和本土设计应具备的特点。其低环境影响设计目标的实现极大的超出普通员工的体验范围，他们仍旧在与自然环境相隔离的地方工作。因此，奥杜邦大楼的一个最大不足就是它忽略了应在增加自然体验计划的基础上为使用者提供一个基本上完全不同的工作环境，对于员工来说，改造前后的变化不太明显(这一论点将要在下一章中详细介绍)。

关于能值的概念，对于绿色产品和材料的选择则是另一个重要的标准。而生产和消耗商品能源和资源涉及到的不仅是他们的暂时作用，还要考虑到其全过程。他们只是抽取、分配、处理和可再利用过程的一部分，包括了产品的整个生命过程，从“摇篮到坟墓”。这种让所有的能源拓展到每一件产品或材料的整个“生命周期”的过程就是它的能值。而通常的估计只涉及到材料得以完成或消耗的“绿量”，因此，常常与对全过程的消耗量有所偏差。举例来说，创造、利用和处理未被污染的铝所需要的能值通常高出大多数木材产品、钢产品，当然也包括回收的铝。另外，需要从遥远或偏远的地方生产或运输资源来生产产品，从而使得能值费用明显高于从本地或区域内获得产品和材料。

技术、经济和政府调控等因素都影响绿色产品和材料的效力、可信度、费用和易得性。不过，生产商和消费者的价值观及伦理道德与技术和调控因素一样重要，它们一起决定了绿色材料的生产和使用。而公众最终确认此产品是否可用的标准是其含有少许的污染物、节约能源、游客高度回收的成分、资源使用或浪费达到最小以及耐用和再循环等，他们根据这些因素加以判断。如果我们的社会将要显著地改变各种产品和材料对环境的影响的话，我们则需要更多的知识、注意力和伦理道德的回应。

废弃物及其管理(Waste and Its Management)

在建筑设计、建设和管理过程中将要产生大量的废弃物、过期产品和废弃的材料，这主要是由不去对旧建筑加以修复改造，而过度消耗和建设新的建筑所造成的。[24]平均每一个美国人每年都要产生约 5 万磅固体废弃物，2 万加仑的废液。而这吓人的废弃物通常未被填埋或被烧掉，而是直接释放到土壤、水体和大气中去；或者是通过复杂、昂贵的和能源密集型技术来处理的。减少废弃物及其对环境的影响，需要通过广泛地加大再循环、减少消耗和使用更为有效而危害更小的材料和技术，有效的废弃物管理的基本目标是固体废弃物的再回收和再利用，废液的再循环和再利用，以及产品和材料中不需要物质尽量最小化等各个方面。

一个眼前的现实挑战是，怎样处置建筑建设过程中的垃圾以及建筑运行过程中所产生的垃圾，从而尽可能减少污染和对环境的破坏，一级、二级和三级废物处理技术可以解决这一难题。其中一个有效可行的实践方法就是将建筑垃圾进行分类，分成不同的“废弃流”。如分成纸、玻璃、金属、塑料、木头和食物等等，这些材料大多可以再回收和再利用。现今一个伟大的成就是已经出台了一些要求再利用和回收废弃流的相关政策。另外，设置有区别、方便和容易利用的废物分离和收集设备，可以更好的、更有效地管理废物，并有效地把废物投入到再利用的过程当中。有效回收取决于发达的运输、贮藏和制造系统，它们可以更有效地把回收的材料转化为新产品。另外，增强产品和材料的耐用性和持久性也可以极大地减少废弃物。毁掉原有的建筑而建造新的建筑这一过程中会产生相当数量的废弃物，而这些废弃物往往也是可以被重新利用和再循环的。

在美国，建筑的建设过程中，单独每平方英尺建筑面积每年所产生的废弃物就高达约2磅，这些废弃物大多数是被扔掉了，大概有四分之一到二分之一的废弃物被填埋。其中在建设和拆除过程中形成的废弃物种类主要有沥青、混凝土、墙板、顶棚材料、木料和金属等等。在美国，建造建筑物消耗了四分之一的原木，五分之二的石头和沙砾，以及大部分其他自然资源。而回收和再利用这些材料可以带来极大的潜在经济价值和环境效益。这些废弃物有时可以当场再利用，而废弃物往往也可以生产成其他建设材料而被再利用。举例来说，飞尘，一种化石燃料燃烧过程中产生的附带品，可以回收后用来制成水泥。美国环境保护局(the U. S. Environmental Protection Agency)估算回收这种工业废弃物(飞尘)可以制成大量的水泥，能占美国水泥用量的一大部分。同时。这些材料还可用于铺砌地砖、钢铁定型和建造混凝土建筑，以及用于顶棚、地板和墙体材料之中。

污水池、淋浴池、雨水，甚至外排污水都可以就地减量化和回收再利用。通过放置屋顶贮水池、地下贮水缸和通过人工湿地的收集和沉淀，可以使雨水得以利用，并将其用在建筑内外的运行之中。现在较流行的创新技术是通过生物降解的过程吸收有机废弃物，它们有时可以转化为极有价值的材料。

废水再利用技术中一个具有创新性的例子就是生命机械系统(Living Machine System)。由约翰·托德和南希·托德(John and Nancy Todd)发明创造，将废水通过几个代谢阶段而使其得到净化(插图18)。这一系统中使用微生物和植物来“消化”和“治愈”废水，处理过的水然后可以用于建筑的其他用途，如冲刷、灌溉、美学享受和休闲娱乐(如瀑布、喷泉等)，甚至可以用来养鱼。这一处理系统中最有典型性的是其水缸的设置，它为细菌、藻类、植物，有时是一些甲壳虫和鱼类的生长提供了环境。下水道中废液由厌氧性细菌和需氧性细菌来分解，从而为其他有机物提供养分，而另一方面，有机物分解和消耗废物和病菌。这种废物处理方式可以将废弃物转化为一种资源，同时缩小人工环境和自然环境之间差别。约翰·托德谈到：“通过从美学的、生态的角度研究废物回收过程以及充满活力的生命机械系统，(人们)开始理解、体会他们生活中的自然系统和其内涵与意义。”[25]

这一实例说明，一个长期的并起关键作用的废物处理策略是将传统的废物观转化，废弃的产品和材料也可以作为未来生产其他产品和材料的原料。查尔斯·凯伯

插图 18 这个污水处理技术——也就是常说的“生命机械”系统——依赖于微生物和植物来“消化”和“治愈”废水，处理后的水可以供其他建筑之需，如冲刷和灌溉。

特(Charles Kibert)认为：“处理废弃物最大的难题是它自身的定义。废弃物常被定义为在使用之后没有价值而丢掉的材料……这个定义是一个假设的而未经证实的概念，这些能源和材料因当前的需要而提供一次性的服务，从而简单的遗弃或不再使用。”[26]把废弃物视为一种能源，这一观点改变了我们处理这些令人不快、可怕的物质的看法和手段，就像威廉·麦克多瑙夫把这些废弃物称为“食物”，它们可以用来生产新的有价值的产品。麦克多瑙夫提出了一套废物处理策略，即模拟自然系统：植物从太阳中获得能量，产生需要的产品，通过再循环将他们产生的废弃物转化为其他形式的有机物，同时不留下任何有毒的物质。这种策略应用于人类中则暗示两种“从废弃物到食物流”的途径：其中一条流是安全地将回收生物降解的材料转化到生态系统之中，另一条则是再利用不能生物降解的材料，将其作为生产新的产品和材料的原料。[27]

从传统的不再需要的、废弃的东西这种观念转化为未来产品和材料的资源来源，这一过程需要我们价值观上的根本性转变。它意味着在如今这个激增的“扔掉”型社会里，抛弃现在常见的废物观念，这需要新的产品和技术来解决。除非有一天，我们不自觉地就认为再利用和再生产的产品，服务过一次之后还可以再提供作用时，我们才能使废物量达到最小，甚至消灭废弃物的产生。

室内环境质量(Indoor Environmental Quality)

在此处只是简要的介绍室内环境质量，因为这一话题主要关注的是建筑内部环境健康问题，而并不是我们所讨论的重点：人与自然的联系。室内环境质量一直以来关注的是现代办公室建筑环境所导致的健康相关的问题，包括皮肤损伤、疼痛、呼吸困难以及其他神经上、呼吸上的问题。引发这些问题的建筑一般通风性差，使用大量人造材料和化学材料，还有存在缺陷的供热制冷系统。不可思议的是，室内环境质量问题主要存在于节能建筑中，此类建筑主要通过密封且不易透气的设备、大量的隔离层、不能自由操纵的窗户、不利空气流通的技术等等导致湿气增加从而产生霉菌和真菌。这些健康问题被称为“建筑相关疾病”和“不健康建筑综合症”。

由空气流动差和通风不足导致的室内环境质量问题会因为使用含有有毒化学物质的产品和材料而进一步恶化。此类化学物质中有挥发性有机混合物、甲醛和一些已知或未知的致癌物质。[28]而控制这些物质引发的不良反应需要尽量减少对他们的使用，同时要减少甚至消除某种化学物质。然而，关于这些建筑或材料中化学物质的认证比较困难，特别是当使用的化学产品之多、范围之广时。地板、地毯、涂料、砑石墙、家具、纤维织物、瓦片、绝缘材料、玻璃、镶板、木材、胶水、粘合剂、密封胶、填缝材料、防腐剂、制冷剂和灭火器等材料都潜藏着有毒的化学物质。然而，这些有害物质可以相当可观的减少，甚至消除。我们可以通过加热、通风以及制冷系统，在不透气的建筑中安装充足的空气调节装置、输送管、滤光器、通风孔和风扇来进行空气交换、补充足够的空气等措施减少或防止湿气的积累。

现在已经提出了避免各种涂料、清新剂、防腐剂、干燥剂、溶剂、地毯和家具等可能导致健康问题的指导原则，其中最重要的标准是：将有毒物质和污染物质的使用降到最小；包括高比例可自然和生物降解的成分；不含有甲醛、砷或其他已知或可疑的致癌物质；减少挥发性气体和其他化学物质的挥发；在入住之前评估和认证室内环境的安全性。

生态和野生生物的影响(Ecological and Wildlife Impacts)

本章最后要讨论的低环境影响因子是关于建筑物建造过程中如何对生态系统和生物多样性的不利影响减到最小。而在考虑对物种和生态系统的影响时，则应从不同的空间尺度和时间尺度上来分析，包括对当地环境和周围环境的逐渐增加的直接影响。[29]在建筑物的建设和运作过程中，减少对土地的开发和资源的消耗可以极大地减少对生态系统的影响。而更为深思熟虑的设计可以使对敏感物种和关键生境的破坏降到最小，如滨水地带和河流廊道。设计和开发有时也可以提高和保存自然系统，同时营造开放空间，这不仅给人类带来益处，同时也可以为野生生物提供好的生境。

正确合理选择建筑场地也可以缓解对某个重要的特定生态系统的破坏，如湿地、关键的饲养基地和生产基地。开发未受干扰的自然环境几乎不可避免地会导致环境的退化。因此，不论什么时候，应该优先考虑已经开发过的场地，恢复已受污染破坏的“褐色地带”一般比开发“绿色地带”更受欢迎，同时还可以方便交通和节省能源，使已破旧不堪的城市重新焕发活力(插图 19)。光在美国已确认的褐色地带估计就有 42.5 万个，恢复和重新使用这些土地可以缓解未受干扰区域的开发压力，改善过去环境的错误处理方式，以及帮助经济落后和生态环境差的城市得以复苏。

插图 19 英国的诺丁汉大学朱比利校区是在一个受污染的工业区上改建，由霍普金斯事务所设计。此校区对当地的环境复苏起到了催化剂的作用。

对土壤的侵蚀和土壤中有机物的破坏减到最小是另一个主要的生态目标。从建设场地移来的土壤几乎可以一直安全地保存和重新利用，不受污染，可以清洁回收。设计方案的调整可以减少在建筑和景观的施工过程中引起的野生生物的直接死亡率。在前面的鸟类死亡率实例中，其调整处理手法是采用反射性更强、投射性更低的玻璃；同时改变照明设计，减少夜间照明，研究也发现在城市中过量的光污染也会使人类的夜间环境质量下降和退化。在人类的历史时间中，夜空是我们文化和体验过程中一个不可缺少的组成部分；在现代都市中这种夜景的退化因而也会对人类的身心健康带来微妙的损害。现代都市的光污染带来的这种潜在危险通过减少建筑照明，同时使用更多的遮阳设施和减少大量的外部照明得以缓解。

景观建造和维护过程中经常使用杀虫剂和人工肥料常常会引起水质和土质极大的退化。同时，在大多数景观维护中，通过采取更有效的灌溉技术，可以极大地减少水的消耗。据估计美国用水中的五分之一是日常生活用水。采取更为有效的设备，利用回收以及收集的雨水，避免使用有破坏性的肥料和杀虫剂，这些都可以极大提高水质和增加水量。

更为理智和周详的道路设计也可以缓解现代道路建设中引起的生态破坏。过多地使用不透气的表面，以及含有有毒化学物质的沥青、柏油对环境带来了很大的破坏。减少在道路和屋顶上使用沥青用量也可以很大程度的消除城市中的“热岛效应”(Heat Island)和“温室效应”(Greenhouse)，而这也极大的影响了当地的气候变化，甚至影响着全球的气候变化。使用更多的多孔铺装可以进一步减少暴雨的流量以及对有毒化学物质的不良效应。在路边设置植物缓冲池也可以缓解由不可渗透的沥青表面导致的环境破坏。应更为科学地设计道路和高速公路，从而使环境的破坏减到最小，并使自然系统的生态破碎化程度最小。

当代交通系统太多地依赖于高速公路来缓解机动车辆的交通问题。现代高速公路系统已经导致了极为明显的不良生态效应、能源效应和与自由相关的效应。近来避免没有必要的高速公路建设，而且更加依赖于多种交通方式，鼓励传统的人行道设计。所谓的精明增长和新城市主义通常补充了环境设计的不足。

鼓励低环境影响设计(Encouraging Low Environmental Impact Design)

在转入积极环境效应设计或热爱自然本性设计理论这一主题前(第五章的内容)，先列举近几年来低环境影响设计理论的重要实践，这包括为设计、建造和维护人工环境所建立的准则和执行标准。重要的例子有：英国建筑研究所环境评估法(the

British Research Establishment Environmental Assessment Method，BREEAM)；由落矶山研究中心(the Rocky Mountains Institute，RMI)出版的一本关于开发事项的初级读本；由HOK建筑公司(Hellmuth，Obata，Kassabaum，Inc)出版的一本可持续设计导则；由明尼苏达州(Minnesota)和其他州设立的可持续设计导则；还有，更为重要的是美国绿色建筑协会(the U.S. Green Building Council)的能源和环境设计先导计划(Leadership in Energy and Environmental Design，LEED)。[30]以上初级读本专门介绍了设计和建设标准，包括场地的选择和开发、交通运输、建筑的选址、场地设计、建筑的构造和外形、能量消耗、水、生态学、施工详细准则等。而*《明尼苏达州可持续设计导则》(Minnesota Sustainable Design Guide)*主要关注六大环境影响类别：场地、水、能源、室内环境质量、材料和废弃物。

能源和环境设计先导计划(LEED)是应用最广、影响最大的系统，此系统创建于20世纪90年代末期，到现在，能源和环境设计先导计划在全美得到了广泛的应用，且越来越走向国际。能源和环境设计先导计划(LEED)涉及的方面主要有可持续的场地、水、能源、材料和资源、室内环境质量以及革新性的设计程序等。同时，在实际工作的基础上形成了能源和环境设计先导计划主要的运行框架，并带来了数不清的信赖和荣誉，而这在某种程度上促发了能源和环境设计先导计划的认证。每一个能源和环境设计先导计划类别都包含了设计建设目标，这些目标的完成高于已减少的标准，从而形成了能源和环境设计先导计划的主要观点和立场。举例来说，在可持续的场地设计类中，最多达14个细则可能与这场地设计有关，如场地选择、褐色地带的再发展、替换性交通、场地分配、暴雨管理、景观设计、热岛效应和光污染等等，其他类别也有类似的设计细则。综合所有的准则，能源和环境设计先导计划认证中一共有26项细则；33～38条银奖准则；39～51条金奖准则；52～69条最高或白金奖准则。

关于能源和环境设计先导计划怎样激励可持续性设计途径最好的实例是位于新泽西州(New Jersey)泽西城(Jersey City)的高盛公司项目(Goldman Sachs Project)。最早引发可持续设计的是对高层玻璃办公建筑导致了大规模的鸟类死亡的关注，然而，在这一目标的带动下，很快演变成为能源和环境设计先导计划认证标准，这个项目的合作者将对野生生物的关注扩展到更为广泛的可持续设计实践中。在缓解对鸟类影响的同时，这个项目可持续性设计实践包括能源效力、场地干扰最小、使用可回收材料、减少废弃物、提高室内环境质量、促进多种交通形式以及重新开发褐色地域等等。这些设计实践也同时强调了应该在预算支配之内，而不是作为一个额外的费用。

褐色地域的再开发表明了这个项目在低环境影响设计方面的努力。新泽西州的泽西城位于哈德逊河(the Hudson River)边，是一个有两个多世纪历史的工业区，这儿主要生产肥皂、化妆品、化学物质和药品。处理其受污染的土壤需要移走和清除那些多数没有危险却又巨大的材料。这些土壤被移到一个很大的地方——500 英尺长，325 英尺宽，45 英尺深——其大部分空间位于现有河床之下。移走的材料置于新泽西州北边的回收站长达六个月之久，而且处理回收和掩埋大约需要 30 万平方码的土壤。这些材料的一部分被回收后制成沥青，用于附近一个机场的跑道、一个高尔夫球运动场中的行道，还有一部分用于建造一个废弃池。

客户和设计者有理由因其可持续设计的完成而自豪。而且，客户的努力可以影响其他大型公司也进行类似的努力。然而，此项目几乎只集中强调了低环境影响技术，因而反映了当今许多可持续设计的偏见和缺陷。高盛公司项目阐明了能源和环境设计先导计划中过度强调了低环境影响技术和现实条件，同时缺乏热爱自然本性方面的设计思想，如增加自然光线、自然通风，采用自然材料，恢复原有景观和滨水景观，增加同自然的接触或是同场地的生态和文化的联系等等。尤其是高盛公司项目忽略了同场地生态环境和文化的联系，而将选址选在哈德逊河的旁边，这是这个项目最令人遗憾的地方。因此，高盛公司员工的工作环境或体验与传统设计的办公高楼没有太大的不同。这个项目中可恢复环境设计的缺陷反映了只集中强调能源和环境设计的先导计划的不足所在。

能源和环境设计先导计划及相关可持续设计理论毋庸置疑帮助了将现代建设和开发过程中对环境的不利影响降至最小。然而，这些系统的不足之处就是没有考虑怎样增强和恢复人与自然的积极响应，而这恰恰可以带来人类的身心健康并提高生产力。可恢复环境设计的另一个挑战——积极环境影响设计理论或热爱自然本性的设计理论将是第五章的重点。

第五章

热爱自然本性的设计

只有等到自然界和谐融为一体，成为一切的中心，变成一种实实在在的存在，并溶于建筑之中而不是建筑的附属物时，我们才有可能设计并建造出美观的、可持续的生态伦理建筑。建筑若不是美的，那么它也不可能是持续的，建筑必须是人类的庇护场所和心灵家园。

——史蒂夫·凯兰，《建筑师》，演讲："面向有伦理的建筑"摘录。
康涅狄格州纽黑文市耶鲁大学森林与环境研究学院，2005 年 2 月 3 日

正如前面所讲，可恢复环境设计强调的两个互补的目标：(1)避免、最小化和缓解建筑物在建造和开发过程中对自然系统和人类健康所产生的不利影响；(2)促进人工环境中人和自然的积极联系和接触。然而，遗憾的是，第二个目标在现代设计和开发过程中常常被忽视。无论如何，人类仍生活在一个生物的环境中，而非一个人工或制造的世界里，他们仍旧得继续依赖同自然的接触而获得身心健康。然而，令人可悲的是，当代人工环境的质量和特征不断割断了人与自然系统和自然过程的这种联系，从而进一步阻断了人们通过这种体验带来的诸多益处。

首先要讨论的是如何减少现代开发模式的不利效应，这也是可恢复环境设计最基本的前提条件，但我们得跳出这种简单局限性目标，思考一下建筑物和景观是如何形成人类的人生价值观和满足感的，并意识到依赖自然具有不可取代的中心作用，可以增进智力创新和情感发展。词汇"积极环境影响"或更讨人喜欢的"热爱自然本性"设计理论是在充分理解可恢复环境设计目标后的第二个方面形成的。"热爱自然本性"设计理论最基本的目标是激发一种在人工环境中乐观的、积极的有价值的体验。

在现代开发和发展过程中采用热爱自然本性的价值理念是至关重要的。从长远利益来看，如果开发和发展中缺少了极为重要的热爱自然本性设计特征时，低环境影响设计几乎不可能实现可持续发展，或者说对于营造一个更为和谐的社会来说作用不太明显。当人类对其生活中的建筑、景观和场地没有情感上和智力上的依恋时，他们也就很少意识到如何保护资源和能源的可持续性(“保持现有状态”)，从而维护他们生活的良好状态。低环境影响设计这一具有创新性的思维和理念在我们这个日新月异的世界里，将不可避免变得很平常、很一般。假使这类建筑永不过时，而当这类事实不幸发生时，建筑的所有者将会花费极大的精力和心思去保留原样、修复它们呢？或是忽视它而最终放弃它呢？当一栋建筑或一处景观不具备人在与其接触过程中产生一种积极乐观的自然体验、感受这一特征时，那么此建筑和此景观几乎随时间的变迁都会被人们所遗弃，因为此建筑或此景观不再具有美学上的吸引力，或者不再对人类的身心健康产生积极的影响。低环境影响设计理论只关注人类对自然系统和人类健康产生伤害和破坏，因此，它不会为人在体验自然世界的过程中获得生命的意义和满足感等提供机会。因此，一个夸大的问题则是：一个技术含量高，同自然世界隔离的低环境影响设计的建筑物，一旦排除掉其高技术系统设备时，低环境影响设计的建筑物不再是如此的神奇，不再有吸引力，或是在尊敬和喜爱，一代代地修复和重建。因为他们坚持对自然环境有一种长久的、内在的亲和力，这两种思维的设计哪一种更加可持续性？朱迪斯·赫尔瓦根(Judith Heerwagen)曾经讨论过：

> 人类的成长和健康……不仅取决于一些重要环境问题的解决，同时也取决于建筑物所具有的特别独特的特征……绿色设计面临挑战是……将积极热爱自然的特点与人类同自然的关系融为一体，都体现在建筑物中，同时避免热爱自然本性的缺失。[1]

建筑师拉斐尔·皮利(Rafael Pelli)也提出了类似的观点，认为可持续设计必须达到“不仅仅是去解决一系列的技术问题。而要真正实现可持续，必须得超越只是寻找解决这一特殊问题的局限，以及在一个特别的优美的地方营造一个有价值的场所这些狭隘的想法。”[2] 可恢复环境设计理论最基本的目标是重新点燃和恢复人类与自然界已妥协和削弱的联系。

本章中“热爱自然本性”设计的另一个需要强调的重点是不要解释为在更为理性、客观的技术效力基础上形成的主观审美。因为理性的、客观的技术标准，热爱自然本性的设计带来的满意感使人们在生活中的各个方面产生更强的适应性，包括健康、缓解压力、增进心理成熟、提高生产力以及增强解决问题的能力和创造性等等。只关注人们身心健康的设计和开发行为很难说是成功的，我们还应该进行热爱自认本性的设计，这是长时间获取身心健康和精神愉悦的源泉。

巴士底狱高架桥(The Bastille Viaduct)

其中，一个在城市背景下重新建立与自然界的紧密联系的项目是位于法国巴黎东部的巴士底狱高架桥(Bastille Viaduct)或艺术桥商业长廊(Promenade Plantee)(插图 20)。这个高架桥包括了一条在商业区中抬高的绿带(或“线性公园”)，步行步道采用玻璃钢；将其置于其支撑拱门下面。这条步行道曾经是一条铁路，建于 19 世纪，长度大约有 3 英里，宽度由 30 英尺至 100 英尺，高 30 英尺。这条铁路在1998

插图 20 巴士底狱高架桥，其上层是抬高的绿色步行道，下层是商业空间，由设计师菲利普·卡索维茨和雅克·维吉里设计，这里曾经是一条铁路线。这条绿带在带动巴黎东部区域复兴方面起到了至关重要的作用。

年改为了一条步行道，由景观设计师菲利普·卡索维茨(Philippe Mathieu) 和雅克·维吉里(Jacques Vergely)设计，该步行道主要用大量的砖块铺就而成。

这座高架桥的改造极大地影响了当地的社会状况和经济状况，高架桥上面的步行道由花园和小径镶嵌而成，其中采用的景观要素有花坛、树木、花架、竹林、水景园以及热带平原的景观要素等等。步行道贯穿始终，与高架桥一样长，通过小径和台阶基本上连接了地面、地下商店。一方面，抬高的高架桥便于使用者观看下面的建筑物和街道，随之产生一种远离城市噪声和喧闹的感觉；另一方面，步行道旁大量的植物和公园环境更让穿行其中的人们由此感觉到漫步其中，舒适而惬意。这条绿带为城市中的人们提供了一个令人难忘的步行体验，实际上，是穿越喧闹、拥挤的城市中心的一抹绿色。

街道空间转化为商业空间成功增加了这条步行道的知名度。商店、花园以及人行道连为整体使得曾经萧条的巴黎东部重焕生机。步行道的开放空间、公园一样的体验环境吸引了无数的居民和商家，他们将其周边地区的居住、商业和办公空间进行了修复和改造，使之焕然一新。高架桥环境的修复是其附近所有区域重焕生机的触媒。

这条漫步道最成功之处是其外观以及其所提供的体验功能，它为高度城市化环境中的人们提供了一个人与自然之间有意义的联系。将步行道与古老的砖桥设计成一个整体，极有本地特色，同时也加强了与城市历史的交流和对话。这条漫步道的重建过程既注重了环境的改善，又注重了该区域的历史文脉，而不是随意地破坏它们。

然而，这条漫步道的设计在很大程度上没有考虑低环境影响设计的许多方面，或者没有实现生态景观设计目标。这条步行道，主要由规则式花园组成，种植大量的外来植物，而没有尝试尽量使用本土植物，也没有尝试形成一个生态自给自足的环境。栽种外来植物需要更细致的管理，包括水分控制、施肥、打药(化学物质)等等，都反映出一种强加的、不自然的美。同时，这条步行道不能为本地野生生物提供食物和藏身之处，也不能为它们提供穿行廊道。因此，这条漫步道不能治愈巴黎文化和生态中存在的问题。而且，其商业空间也缺少低环境影响设计的特征，没有考虑到能源和资源的使用，废弃物的管理，以及材料与产品对环境的影响。尽管如此，这条步行道依然是一个具有创新性的里程碑，通过其在城市环境中强化的人与自然的联系，从而带动了本地区及周边地区的经济发展和社会稳定。

热爱自然本性设计理论的特点(Attributes of Biophilic Design)

热爱自然本性的设计特点可以体现在建筑的立面处理、室内环境、装饰特点和外部景致等各个方面。这种特点可以是直接的，也可以是间接或象征性的；可以是无意识，不需要深思熟虑地设计和营造，也可以是经过仔细思考所完成的。热爱自然本性的设计这种强调主观因素的视角体现了人类古老的本性，而这种古老的本性常常表现在人类对自然的内在亲近本能，而人类这种亲和性常常是不容易意识到的。因此，世界上许多最受欢迎的建筑和景观都很明显地具有热爱自然本性的特征，虽然这一点往往没有得到理解，也没有得到深刻的认识，然而它会对人类产生极大的影响(插图 21)。建筑历史家格兰特·希尔德布兰德(Grant Hildebrand)谈到热爱自然本性这种更为主观和内在的设计时建议：

> 我们更喜欢将建筑物、景观和有明显的自然要素结合起来，这是由人的生物本性所决定的。当我们不再可以直接地、真正地触摸、感受自然环境时，我

插图 21　悉尼歌剧院，设计师约恩·尤特尊设计，显著的反映有机设计的特征，特别是其鸟一样和帆船一样的造型与悉尼海港形成了一种强烈的对比和呼应。

们则会尽力营造一些自然要素来取代。我们喜欢生活在典型的自然环境之中是有证据的，但这不是说一栋建筑或一处景观浓缩了自然，而应该说是建筑的景观（如形式、空间、光线、光影）自然而然反映了自然世界的典型形象。[3]

现在我们面临的挑战是怎样更确切地明确热爱自然本性设计的哪些特征可以反映出人对大自然的亲和力，并因此创造了令人满意和有益的建筑。热爱自然本性设计的特征有哪些呢？自然光线、自然材料、自然通风、模仿自然特征和过程的外观和形式、自然景致等等。心理学家朱迪斯·赫尔瓦根（Judith Heerwagen）将热爱自然本性设计的特点列成了一张表，其具体内容见表5.1。

热爱自然本性设计要素 **表5.1**

景色（最大远眺的可能性）	• 明媚的田园风光（窗户、白墙） • 获得最好景致的能力 • 水平线/天际线（太阳、山脉、云彩） • 有战略意义的景致 • 景观廊道
围合（围合感或遮蔽感）	• 树冠效应（低矮的天花板、遮蔽物、头顶上树枝状造型）
水景（室内或内部景观）	• 闪耀或反射的表面（暗指净水） • 流动的水（也暗指清洁的、未变质的水） • 象征意义的水景
生物多样性	• 室内外各种不同的植物（大树、灌木和花卉） • 设计的窗户可纳入更多的自然景色 • 室外自然区域内有丰富的植物和动物
变化性	• 环境色彩、温度、空气流动、质感和光线随着时间和空间而变化 • 自然规律和过程（自然通风和自然采光）
生物模拟	• 设计来源于自然 • 采用自然类型、形式和质感 • 不规则形特征（具有不同水平、随机变化特征）
趣味性	• 融入装饰、自然材料、人工制品、客观实体和空间，它们最初的目的就是带来快乐、惊叹和娱乐
诱惑力	• 复杂性 • 丰富的信息，并激励探索 • 被逐步展示出来的景致

为了超越朱迪斯·赫尔瓦根所列的特点，并加深对热爱自然本性设计的理解。这一章将会从热爱自然本性设计的两个基本的维度着手分析热爱自然本性的特点，更加深入地体会其深意。其两个基本维度是：有机设计(Organic Design)和乡土设计(Vernacular Design)。

有机设计(Organic Design)

有机设计可定义为，建筑物的外形和形式是直接、间接或象征地反映出人类对自然特征和自然过程的一种亲和力。直接有机设计常常表现了自然界中极为明显的自给自足的特点，比如说一处森林景观、一条自然的小溪，或者是未过滤的空气和光线。间接有机设计中的自然要素需要人类不间断参与和管理，如盆栽植物、修剪的草坪或是水缸。象征的有机设计并不真正涉及到生命物质或者是真正的自然世界，但却是自然界装饰性、隐喻性或抽象性的特征表现。其中包括模仿自然的外形和形式的装饰风格，室内家具与陈设新流行的木质材料或石质材料，或者是景观与有机物质的照片及象征物。直接有机设计的确有可能会体现在建筑物中，但是一般的人工环境强调的还是对自然界的间接尤其是象征性的模仿和反映。

有机设计理论是由著名的建筑师弗兰克·劳埃德·赖特(Frank Lloyd Wright)提出的，尽管他描述的不很明了，概念也不很清晰，并且常常是用不同的方式来叙述的。[4] 他从两个感兴趣的方面对这一问题进行了相关讨论。第一，他坚信建筑物和景观的吸引力通常是建筑、景观与自然环境相融合并反映自然环境特征的功能产物。第二，他提出最成功的建筑应与自然相和谐，二者融为一体，或是换句话说是他所常说的“直面自然”的特点。赖特在他的设计作品中常常捕捉并实现这种有机特征，包括他设计的位于威斯康星州斯普灵格林的流水别墅(Falling Water)；位于威斯康星州斯普灵格林的东塔里埃森住宅(Taliesen East)；位于亚利桑那州斯格特达勒市(Scottsdale，Arizona)的西塔里埃森住宅(Taliesen West)；位于威斯康星州斯普灵格林市(Wisconsin，Spring Green)的约翰逊·沃克斯办公大楼(Johnson Wax Office Building)，还有他的“草原式”住宅设计成果等等。这些建筑物常常仿效或具有唤醒自然的特征。赖特坚持认为，最持久的设计形式应该是具备和谐和对称特征的有机设计，而和谐、对称在自然界中是很常见的，并随着世界的推移，在重复地发展。他认为有机设计的最高境界是：“自然是人类的好老师，而我是自然的孩子，是她生命体的一部分，离开她，我将无法呼吸。我不能像她一样表现完美，但是或许，至少我会努力寻找哪些看似美的东西……任何一栋建筑……应符合场地基本的自然特征，是其自然环境的补充和完善，与场地有极深的血缘关系”。[5]

赖特的作品强调吸收自然的外观和形式，特别是他在住宅设计中采用了自然要素，最突出的住宅设计例子有流水别墅、他的私人住宅——东塔里埃森住宅和西塔里埃森住宅，还包括一些草原式住宅。这些建筑作品展现了有机设计许多重要的元素和特征，并在某种程度上呈现了本土设计的特点。然而，他的作品中几乎没有考虑到低环境影响设计方面，这或许是伟大的赖特建筑的一个不足之处，当然，低环境影响设计在他那个时代并不常见。

然而，在探究赖特住宅建筑的结构时，我们发现了几个重要的有机设计的特点：首先，有机设计理念强调使用自然材料（特别是木头和石头）、自然采光、将自然环境延伸至建筑物的内部，能够更好地看到外面的风景等等。赖特常常将建筑物与周围景观融合在一起，使二者和谐统一，这在他的草原式住宅中尤其可见一斑，其住宅形式与当地热带草原的广阔开展及其相似，从而使建筑不是很突兀地站立在大地之上，而是成为其场景的一部分。其次，赖特还坚持他提出有机设计原则——简约设计，根据建造与其环境背景紧密相连的房子或人工制品的需要，他谈到：“没有比在一大片紊乱混杂的废墟去实现与自然有机联系并简练地合为一体更困难了，无论实现的程度如何，都意味着要在自然环境的支配下，经过极大的努力来建造这样一个完美的建筑，好像它本身就是与环境相生的一个有机体，就像一棵树和一朵花一样。”[6]

赖特还强调模拟自然中常见的动态特征或称之为“可塑性”，它们随着时间和空间的变化而改变形式，使自身适应这一变化。因此，他的设计作品可以根据光线和季节的变化而完全改变其外观。他常常采用大量的自然材料、充足的自然光线、吸引人的户外景致作为室内环境的一种补充手法来增强这一设计特点。赖特的建筑作品反映了一种对自然吸引力的直观理解。赖特住宅建筑中表现的高度的自然亲和力特征如下，这些主要是通过对其格兰特·希尔德布兰德分析总结得出：

- 高高的顶棚，在主要生活空间给人一种宽阔的感觉。
- 充足的自然采光并吸纳大量的室外景致。
- 居住空间高出地面，使景观视线得以外延。
- 对透过明净且有装饰效果玻璃的自然光线的趣味性处理。

- 火炉处的天花板较低矮，形成一种室内空间围合的安全感。
- 巨大且悬挑的屋檐产生按建筑与场地景致的联系。
- 显著的叠台创造更多远观景致的可能，并让人产生兴奋感和探索性。
- 风道和入口隐藏，给人一种安全感和私密性。
- 通过采用长的水平面使建筑与环境相和谐。
- 内部房间之间相互连通，大多数可以看到外面的景致，很少有围合性的内部空间(或者被赖特称作“破坏这个盒子”的空间)。[7]

流水别墅，作为赖特最有争议也最有成就的作品，尤其展现了许多有机设计的特征。这栋建筑与其周围的山体特别是与其邻近的瀑布景观和森林景观(插图 22)完美地结合。最具戏剧性的是，这座建筑横跨在一条溪流之上，差不多就位于流水之上，并极艰难地平衡于瀑布之侧，建筑极好地协调了挑台、水体、岩石、苔藓和森林之间的联系。挑台突出于空间之中，着重强调了住宅极为临近流水；居住空间有数量众多的窗户，可纳入更多的自然光线；使用了自然材料，以及布置了壁炉，所有这些处理都极大满足了舒适感，虽然建筑在考虑保护其周围环境方面有所欠缺。

尽管流水别墅位于宾夕法尼亚州(Pennsylvania)偏远的山区，但每年还是吸引成千上万的人来此参观、人们认真欣赏并往往被其有机设计的特征所吸引。大多数参观者想看的是这座建筑与自然环境之间戏剧性的连接，特别是将流水和附近的环境纳入建筑之中。然而，赖特的设计作品中没有考虑到恢复环境设计中的许多方面，特别是关于低环境影响设计的特征和本土设计的特征。虽然其建筑物部分采用了有地域特色的材料，但其与本土文化或本地生态环境并没有太大关联，不能让人形成一种地域性建筑的感觉。的确，赖特所做的大多数建筑很少展现出低环境影响设计或本土设计的特点，更为重要的是，这些建筑还展现了一种浪费观，同时缺乏对能源和其他资源的关注，并且还体现了一种艺术高于自然的人生观。同时，流水别墅是名副其实最具有戏剧性的建筑，因为其选址时就将建筑位于水流的附近，甚至悬于瀑布上端，而这些夸张的选址、设计手法在今天是不会被允许的，很难得到大家的认可和赞同，因为它极严重地破坏了溪边的环境。

然而，赖特作品展示在大众面前的形象依然吸引了无数人，人们欣赏这种成功地将有机元素用入到设计中，使建筑与景观产生了依恋和热爱。[8] 有机设计元素在许

插图 22 弗兰克·劳埃德·赖特著名的住宅设计——流水别墅，此建筑与四周的山体、附近的小溪极为完美地融为一体，它几乎就位于瀑布的上方。

多传统建筑上也有所体现，在这些传统建筑中，一些最值得赞赏同时保存时间也最长的建筑都很明显展示了有机设计的特点；与之相对的是，当代建筑却不具有这些有机特征，当代建筑更多地依赖于人工材料、人工照明、人为的气候控制、直线几何形、单一的形式、单调的景观、夸张的尺度感、合成的材料，以及忽视当地生态和文化环境的不同而做的设计。

作家大卫·皮尔森(David Pearson)把有机建筑描述为“植根于生命、自然和自然形态的情感……因其生态特征的形式和过程而充满了自然的生命力”，他总结了有机设计，包括几个常见的特征：

- 因自然触发而感。
- 未曾包裹的有机体，含苞待放。
- 通过“连续地表现”而存在。
- 遵从(自然)的变化，灵活且易适应。
- 满足社会的、物质的和精神上的需求。
- 是场地的延伸。
- 倡导趣味性和惊奇感[9]。

他指出有机建筑的属性取决于自然光线、自然材料、风、空气、土壤、地貌、水和自然环境的其他特征。尽管上述对有机建筑属性的描述是极为有用的，但在另一方面这一属性本身还是模糊不清的，让人难以把握的。因此，后面将用更为简单的分类来阐述有机设计的各种属性和特征，即从直接自然体验、间接自然体验和象征自然体验三个方面来讨论有机设计。讨论之前，我们得先看一个近几年来现代建筑中有机设计的建筑实例。

荷兰国际联合银行(the International Netherlands Group Bank)位于阿姆斯特丹(Amsterdam)，外围包含有办公用地、商业用地和居住用地的开发区。其最早构思于20世纪70年代末，但是直到1987年才竣工(插图23)，其设计者是建筑师安东·艾伯特斯(Anton Alberts)，他深受哲学家兼设计师鲁道夫·斯坦纳(Rudolf Steiner)的影响。安东·艾伯特斯设计的这个项目建筑面积有50万平方英尺，是一座相互连接的建筑群。开发者最初设想的是建立一个社区，同时也是作为银行的总部。将建筑、工作、商业和居住融为一体，成为一个囊括众多功能要素的联合体，最后这一

插图 23 由安东·艾伯特斯设计的荷兰国际联合银行是一栋较早运用恢复环境设计理论的实例，现在仍有指导价值。此建筑位于荷兰阿姆斯特丹，是一栋集办公、商业和住宅为一体的建筑。

目标得以部分地实现，尽管这座联合体中的绝大部分居民与典型的银行职员相比来自不同的经济阶层、拥有不同文化背景，其从事职业也有很大的差别。

荷兰国际联合银行大楼采用了有机设计的元素，但同时，在某种次要的程度上，它还吸收了低环境影响设计的要素。一个最醒目的有机特征就是它的建筑外形不再采用规整的直线几何形，而钟情于自由曲线形。直线几何形是现代办公建筑中常用的形式，而自由曲线则更多地出现在自然界的万物之中。同时，其照明装置、家具、墙体装饰、圆柱和艺术品等都有意识地设法模仿自然事物的外形。设计时经常将水体设计成景，甚至偶尔在室内也有水景，比如说，在楼梯间设计水景，当你上楼时会沿着水声，目光会不经意间被水景吸引过去。同时建筑物的高度适宜，形成一种更为人性化的尺度，给人一种人性化的感觉，并且其花园也紧邻建筑。另一方面，整个建筑可以利用自然采光，并可以自然通风，并采用了自然材料，而仅仅自然采光就极大地减少了能源的消耗。建筑其他低环境影响设计的要素有：将废热作为一种能源资源进行再利用；采用本地的、可持续的、可再生的产品和材料同时最有效的保护水体。

就像上面所讲的那样，荷兰国际联合银行是受德国建筑师兼哲学家鲁道夫·斯坦纳(Rudolf Steiner)的影响和启发设计出来的。建筑评论家(Gunther Feuerstein)这样来描述斯坦纳的设计手法：

> 鲁道夫·斯坦纳倡导一种“有机建筑形式”，他用一系列的比喻将植物和动物的生物现象来说明这种“有机建筑形式”……建筑接近于表现主义和有机建筑的风格特征……斯坦纳经常将他的建筑与人类的身体像比较，似由心生，在某种程度上他的建筑就可以理解为身体的一部分。[10]

荷兰国际联合银行项目完成过程中为实现最初的设计目标，其决策程序有很大的改变。其中有：进行一个长远规划；建筑师、工程师、执行管理者和员工之间进行紧密的洽谈，在各方共同满意之后决定最后的设计；并且，有机设计和低环境影响设计思想贯穿其始终，从项目的构思，到设计、到最后的开发和建设，而这种各学科之间的交流、规划被认为是此项目成功的关键。落矶山研究中心(Rocky Mountain Institute)出版的书——《绿色开发》(Green Development)中有关于跨学科的交流与合作：“这个过程……首先，设想一下将要建造的事物……紧接着……进行规划和设计，以便最后完成的目标是超前的……包括四个交互交叉的联系过程”：整体系统性思考、超前意识的设计、费用最少的考虑和跨学科的团队合作。[11]

尽管荷兰国际联合银行项目只部分成功地尝试了恢复环境设计理论，但其应用前景是会令人鼓舞的。尽管这个项目成功地提高了员工的舒适感、工作效率并增强了他们的工作热情和职业道德，但是许多有机设计的要素仍然没有实现，或只完成了其中的一部分。此项目的低环境影响设计的要素也受到其范围和场地现状的限制，尽管使用了当地的材料，并试图去营造一种社区感，但还是没有很好地溶入本土设计理论的要素。荷兰国际联合银行大楼似乎是强调于当地环境之中，但其开发背景与生态背景还是有点格格不入，让人感到别扭。无论如何，这个项目仍只是有革命性的，它实现大量的有机设计要素。

直接自然体验设计(Direct Experience of Nature)

直接有机设计的特点是能由建筑和景观产生相对及时的自然感受。自然采光和自然通风是直接有机设计最常见的表现形式(插图 24)，因为只要在设计时充分考虑这一方面，就可以尽可能的实现自然采光和自然通风。如可以采用很大的可操纵窗户；或者用技术革新来解决这些问题，如安置高烟囱、光栅栏以及将建筑朝向太阳和主导风向等等。自然采光和通风是自然环境中最基本的特征和属性，尽管实现自然采光和通风效果好坏在很大程度上取决于各方面的因素影响，诸如植物的数量和种类，建筑物内部与外部的关系处理，排气口和道路的设置等等，其对使用者的健康还是产生极深远的影响，包括其健康、兴趣、道德、身心健康、满足以及其他方面。

另一类可引入建筑和建成景观的自然要素有植物、土壤、水、地形，甚至火或动物。这些环境要素可以在建筑内部采用，也可以应用于外部环境设计中，它们可以促进人类相当程度的身心健康，同时也对其产生巨大的影响。由于设计手法的不同，它们的影响效果和程度也不尽相同。仅仅接触一种具有异域特色的植物没有什么效果，而费尽心思和精力才能接触到自然对人类也不会产生很大的帮助。举例说来，一株“囚中物”的树木其意义不大，给人类带来的价值也不高，而更多的是作为一种装饰物而存在，成为一种肤浅的体会(插图 25)。相反，设计一处由不同植物、不同土壤、水景甚至动物的有机组织的的有效自然系统，其将更能激发人类的感官意识、情感、智力和心灵，从而产生极丰富的审美感、自然体验以及其他热爱自然

插图 24　自然采光和绿化：由霍普金斯建筑事务所设计的伦敦新国会大楼提供了大量的自然光线，是一栋值得称赞的有机建筑。

插图 25　“囚中物”：某门厅中被硬质铺装包围的棕榈树，说明在很多实践中，更多的是把植物当作装饰品。

本性的满足感。在人工环境中任何一个直接接触自然的实践活动往往都受到费用、机会和技术等实际因素的限制，然而，经过努力和想像，在建筑和景观中实现直接的自然感受，会给人类带来无尽的益处。

直接有机设计也可以借用外部环境的景色，如高技术的现代玻璃建筑，尽管它们往往对生态环境带来许多的不利，透过玻璃可以看到外面远处的景色，在许多自然特征明显的城市，如拥有宽宽的江面、河流和高高的山脉，这种玻璃建筑则是极宝贵的，它会让自然环境完整的展现在我们面前。然而，若建筑的高度较大的超越了人性化尺度以后，这种优美的自然景致所带来愉悦感会有所削弱，这些庞大的、高耸的建筑常使人焦虑和恐吓。然而，视线的穿透是有机设计中一个极为重要的特征，观看外部环境可以让人得到极大的满足感。

在人工环境中接近水体甚至在建筑内部营造水景也同样可带来直接的自然体验。水的声音、外观，甚至味道也常常产生积极的心理效应，特别当水景很显眼时，动态的、流动着，周围生长着植物或动物时(插图 26)。地理学家兼环境心理学家罗杰·乌尔里奇(Roger Ulrich)通过对许多不同文化背景中的人对水景的兴趣调查研究发现：“有水景的地方尤其会形成对场地的喜爱或偏爱”。[12] 与之类似的，评论家和设计师约翰·罗斯金(John Ruskin)很久以前就注意到：“当我回忆时，毫无例外地，任何一处认为优美的荷马时代的景观都由喷泉、草坪和浓密的树丛组成。”[13]

在人工环境中营造水景将面临着技术上的挑战，那些设计不当的水景常常会带来干扰。格兰特·希尔德布兰德(Grant Hildebrand)讲到：“建筑物内和园林景观中的水体不只是日常生活中带来快乐的源泉……在某种程度下暗示了危险的存在。”[14] 然而当合理处理其他要素与自然水体的联系时，建筑内部和景观可以变得让人更为满意。在有些恢复环境设计目标和实例中，可以成功地将水体与建筑的某些功能联系起来，如灌溉、冲洗马桶和废水处理、雨水收集与回收以及隔离空间等等。建筑师查尔斯·摩尔(Charles Moore)在他关于水体与建筑这一经典研究中，对水体的常规设计有较详细精妙的讲述。然而，摩尔也指出，在现代建筑中对很少涉及到水景的设置，同时，对水体的错误表达都反映出人类在不断地远离我们的自然世界。他讲到：

> 水是自然界的一部分，而且……尽管受地球引力和自然法则的控制，但都能经过巧妙地处理后重塑它的形态和外观。我们可以达到与自然的和谐，我们

插图 26 （上图和下图）水景的视觉、听觉和嗅觉感：从人工湖和一个更为规则的喷泉池一侧看到的建筑景观，极好地反映了水在人工环境中的作用。

> 也可以忽略自然，或许我们还能通过掌控它做自然的主人。或许通过对水的掌握，在20世纪末这个混杂，人们有可能一石三鸟。而之前，我们已经被理想中的大自然所抛弃了……我们正在冒险，不断失去与水的亲密接触……水，因其变化无穷，回味深远，形态各异，而展现了一个简单常见的自然起源。总之，它那内在的、永恒不变的特性是时间改变不了的。[15]

然而，建筑物的管理也必须控制好一些直接的自然要素，并采取相应措施把这些危险的自然要素排除在建筑内部之外。举例说来，火是严格控制好的，因为它潜在的威胁太大。由于火可以为建筑里的人供热、做饭、舒适感和保护，极为常见，是生活中不可或缺的资源，而且一直以来，人们把对火的控制使用作为文明的标志。火极有抽象价值，而且在家里感受火的存在尤其可以带来高度的满足感和舒适感，是有机设计希望解决的一个方面。存放火这一基本自然要素的地方可以成为建筑的中心，并且产生色彩感、满足感和移动感，尽管，为了达到更大的满足，火这一要素必须以其绝对的主导地位的方式展现在人们面前。

设计时在人工环境中引入动物也会面对极大的挑战，技术、费用以及美学方面的问题常常将动物拒于建筑内部之外。现代的健康和安全因素特别强调一个清洁无细菌的环境，然而，在设计时，当中庭、大厅和生态的公共空间乃至极有创意的引入蝴蝶、鱼，甚至更高等的脊椎动物(如鸟类)都可以营造令人兴奋的、舒适的自然体验、感受。一定程度地生物设计可以引起情感、智力和认识上的注意，并带来身体上的康复和精神上的治疗，同时形成一种与自然界相关联的感觉。

有时建筑物本身的立面也可以引入自然要素，常见的做法是让常春藤和其他攀援植物爬满建筑物的外墙(插图27)。近几年一个不常见的做法是形成绿色屋顶花园，即利用植物来实现热爱自然本性设计思想以及低环境影响的设计思想(插图28)。低环境影响设计的目标有：增强隔离，减缓暴雨的冲刷，减轻供热制冷的压力，缓解热岛效应以及减少噪声污染和空气污染；另外，绿色屋顶可以为植物和动物提供生存的空间和环境，同时有助于人类的放松，增强人类的想像力、智力、创造力和生产力，特别是在缺乏植物和开放空间的城市环境中。

这一外显的景观形式为直接体验自然提供了最大的可能性，它可以在人工的景观中得以实现。种植本土植物，饲养本地动物，同时为一些野生物种如鱼类、鸟类

插图 27　爬满常春藤的墙壁：密歇根大学法律学院建筑爬满了常春藤，并与绿化景观取得了完美的统一，从而取得了很好的有机设计效应。

插图 28 屋顶花园(绿色屋顶)：屋顶花园可以实现低环境影响设计的目标——减缓雨水冲刷，增强隔离，缓解热岛效应，同时提供绿色环境，为人类和野生动物带来益处。

和哺乳动物提供食物和避难所，一些极有创意的设计可以为野生动物营造生境，让他们在此繁衍生息，并方便它们到达，这包括湿地、绿道和自给自足的森林。尽管在建筑和景观中进行有直接自然感受设计受到资源、知识和技术等方面的限制和妨碍，但最大的阻碍并不是上述因素，而是缺乏一种想像力和意向，缺乏一种在人工环境中寻求更为合适的自然感受的追求。如果解决了这个最大的障碍，一栋充满体验的、给人美感的和深深满足感的建筑就可以展现在我们眼前，它把我们带进一个从视觉、触觉和其他感官意识上都触摸自然、感受自然的世界中去。

间接自然体验设计(Indirect Experience of Nature)

建筑和景观中的自然要素因其自然形态的完全改变而不得不依靠人类持续的管理和干预才得以建成、持续下去。这种需要维护、管理的自然环境要素的实例有装饰建筑内部大厅的植物、水缸中鱼，或者是规则式的喷泉。这些要素与它们的自然状态有极大的不同，需要人类持续的管理和控制而得以保存下来。但是一旦成功地设计这些间接的自然特征要素，它们会带来极大的满足感和益处(插图 29)。进行间接自然体验设计常常涉及到对一些环境要素的把握和控制，如植物、动物、光线、空气和材料(如石头、木头、棉花、兽皮、羊毛和皮革)，甚至自然演变过程，如老化、风化和气候等。将所有这些归类于间接自然体验更多的是从判断上来考虑的，而并不是根据绝对的事实状态而决定的。

插图 29 间接自然体验：一处间接自然体验的实例，某大学的庭院很好的反映了许多热爱自然本性的设计要素，尽管其单一的玻璃窗和规则式喷泉需要管理和维护。

其中一个将间接自然体验引用到建筑内部空间的设计实例是德国的法兰克福的商业银行(Commerzbank in Frankfurt, Germany)，它是由诺曼·福斯特建筑公司(Norman Foster and Associates)设计完成的(插图30)。这座现代办公建筑最独特的创新的有机设计要素是它的五个“冬季花园”，这五个花园每隔13层设置一个，并跨越三层楼高，而这座建筑物共65层。这些花园基本上是室内公园，根据不同的方位栽种不同的植物种类；同时，这些花园的设计还同这栋建筑的自然通风和自然采光的实际结合起来，据说它们还有助于提高能源的使用效力，节约资源。

这些花园为员工在一个高高地、垂直性的建筑中营造了一个别具一格的间接自然体验的环境，它是一件重要的、具有革新的成功作品，因为几乎人类所有自然环境的接触都在水平方向内，位于地平面上。这些三层高的花园戏剧性地并历史性地改变了传统的感受方式，据说还增强了员工的信念和并提高了他们的生产力。同时这些花园还显著减少高层办公塔楼的等级感以及区别对待的状态。这些常常是在类似公园环境中才具有的特征促进了人与人之间更为平等的关系。然而，德意志商业银行的有机设计的浅尝辄止，只考虑了花园以及通过大面积玻璃来引入室外景致。

插图 30　室内花园：商业大楼(左图)，位于德国法兰克福的一栋办公大楼，由诺曼·福斯特联合公司设计。此建筑通过采用自然朝向、自然采光和双层墙等手法，极好地解决了能源的效力问题。其创新之处是表现了热爱自然的要素——五个“冬季花园”(右图)，每隔 13 层设置一个花园。

同时，其极具现代主义风格的样式以及采用外来植物的一种做法，使其与周围的文化和生态环境之间没有太多的联系。尽管德意志商业银行是一件打破常规、令人印象深刻的作品，但是它仍然没有完成恢复环境设计理论完美的理想目标。

间接自然体验设计常常涉及到掌控管理自然材料等问题。人类对自然材料的极度喜爱和亲和力是根深蒂固的，人工替代品(如模仿它的塑料)，无论模仿得多么惟妙惟肖和令人惊叹，它依然不能带来更多愉悦感。人工材料缺乏让人产生强烈感情、引起回忆的力量，因此常常给人伪造的感觉；而且他们很难具备自然材料的精细美，如材料的纹理、石头的风化或一生中只遇见一次的感观体验(如皮革的气味或牛奶的润滑感)，更很难有很好的模拟自然材料，因为自然材料是复杂的、变化的、动态的，其自然形式一定是经过长久的、种种的自然环境的影响而形成的，它们在适应过程中，不断地同生存，应对和进化。自然材料中的逻辑性是模仿品难以复制和模拟的，尽管人类如此聪明、机灵和有技术(插图 31)。

插图 31 （上图和下图）自然材料、外形和形式：这些内部空间和外部空间的设计极好地反映了运用自然材料的同时还模仿自然的外形和形式。

间接自然体验也反映了一种对自然过程的回应，尤其是对那些独特的物质或有机物的回应。有些建筑物、景观，以及家具、陈设等对人类影响至深，是因为他们显示了风化和历史变迁的过程，表现了一种可称作“时间的烙印”的特点。[16] 从古老的墙体、长满苔藓的屋顶或受腐蚀的石头中看出时间的流逝，事物的变化，所有这一切都是时间流逝的结果。某些材料、石头、木头、瓦片、拉毛灰泥——受到人们的喜爱，是因为他们在时间流逝和适应过程中呈现了外观和形式的质感，有时甚至还附带其他的生命形体，如苔藓、青苔和藤蔓。

哪些因素可以在建筑物和其他形式中创造一种令人满意的、间接的自然体验呢？地理学家杰伊·阿普尔顿(Jay Appleton)和格兰特·希尔德布兰德(Grant Hildebrand)都致力于这一研究工作，他们强调说：六个成对的效应元素，反应了人类天生对自然的热爱本性，常常在极富有引起回忆的建筑设计中涉及到。[17] 希尔德布兰德将这些作为补充作用的特性定义为前景和隐蔽、诱惑和冒险、秩序和错综。前景反映的是对未来事物的洞察力，一种由进化形成的人性趋向，我们找到食物、水的安全和平安的能力。对未来的展望允许我们探测遥远的运动事物及其形式，探索远方的事物和资源，同时洞悉潜在的威胁。在建筑物和园林景观中，前景意识常通过突出的景观、宽阔感以及光线和明亮度来支撑完成。与之相对的是，隐蔽反映了人类渴望着庇佑和保护的一面。建筑物和景观设计常通过设计舒适的内部房间、壁炉或是一处僻静的花园(常引发安全感)等手法来营造一种安全感、舒适感、温暖感和亲切感。希尔德布兰德认为：“隐蔽就是空间上隐闭、黑暗和有限的视野；前景则是空间上开放、明亮和扩大的视野(插图 32)”。[18]

诱惑，第二对中的第一个属性特征，反映的是人类探索、发现和扩展某人的知识的渴望，是人类适应和发展过程中至关重要的一个特征。建筑和景观通过提供实践想像力和创造力的机会而大大提高我们的探险心。比如说，面对自然的方方面面和多样性而激发求知欲，并沉浸其中或激发对之进行分析描述。而另一方面，冒险则反映了对神秘事物、有挑战甚至冒险的事物的渴望，它们在吸引人的同时，还会带来不愉快，如悬挑的阳台、抬高的过道、偏僻的小径等常常激发我们的兴趣，而且也暗藏着危险性。在高处既可以令人兴奋、具有挑战性，但同时也让我们心神不定。这些设计特点常常鼓励和激发探险、发现，但同时也需要审慎和注意(插图 33)。

插图 32　前景和遮蔽：目光从远处透过拱形门，可以体验遮蔽空间和前景，给人一种舒适感，如耶鲁大学这一处景观。

插图 33　蒙特圣迈克尔城堡其复杂的秩序感给参观者一种极大的诱惑，使人想去探知和发现，因其独特的场地给人一种不确定的、冒险的和刺激的感觉。

在最后一组特征中，复杂反映了人类对细节、变化和神秘的渴求，而这一直贯穿在人类的进化过程中，从而使得我们在应对自然界时很难作出选择，并且不太容易获得资源(插图 34)。秩序则相应地反映的是人类对形式、结构和组织的基本需求。成功的建筑物和景观常常既包括了复杂性，也含有秩序性，是二者彼此有机的结合。然而，只强调复杂性或只关注秩序性的设计常常是失败的、令人失望的。具体来说，缺乏秩序感的复杂设计常常引起混乱，而过度秩序化又缺乏复杂性的设计常常会使人产生厌倦感。希尔德布兰德分析了这两个相辅相成因素之间的价值关系："秩序和复杂性是……必要的，是相互关联的。只有秩序而没有复杂性则会显得单调，只是死板的重复，如美国 1940 年末因投机而做的住房……然而，复杂事物离开了秩序，也不会更让人满意。景致……很难组织和诠释，不仅不会产生偏爱，更可能产生厌恶感和引发不愉快……美国的商业带就是实例。"[19]

心理学家雷切尔·卡普兰和斯蒂芬·卡普兰(Rachel and Stephen Kaplan)的研究工作也继续发展杰伊·阿普尔顿(Jay Appleton)的观点，他们也考虑怎样将建筑和景观设计溶入间接自然体验的特征。[20] 卡普兰和雷切尔认为采用连贯性、复杂性、易读性和神秘性的环境常常引发它们的遐想、想像和发现。同时，他们特别强调成功的设计应溶入连贯性和易读性，从而避免混乱而嘈杂感，同时也形成一种秩序感和意义感。

把自然要素间接地用于建筑和景观设计之中，从而能够形成令人满意的和成功的作品。心理学家朱迪斯·赫尔瓦根(Judith Heerwagen)和生态学家戈登·(Gordon Orians)调查研究发现，那些经过深思熟虑并耗资巨大的建筑物体现了许多间接自然要素。[21] 举例来说，他们对建筑物和景观特征进行了随机调查，最后得出了明确的偏爱特征要素，包括自然美景、大量的庇护空间以及便捷的行走路线和准确的方位感。这些方面以及设计的其他属性反映了人类对自然的热爱，因为自然界可以激发人类的想像力，在安全的环境中解决问题，并提供对人类进化和发展有帮助的条件和状态。

象征自然体验设计(Symbolic Experience of Nature)

人工环境中的自然体验常以象征性的或抽象性的形式出现，特别是建筑物内部和空间处理以及建筑的立面处理。常常通过典故、暗示和隐语的形式来展现建筑和景观设计的自然要素和自然体验。而且，这些体验要素出现得很频繁，而且会对人

插图 34　秩序和复杂双重表现：建筑中采用了变化多样的外形和平面布局，但因其许多有机要素以一定的秩序呈现，因此，整体上仍给人一种愉快感。

类的反应产生重大的影响，并通过它们从工作环境中获得的安全感，虽然说人们一般没有意识到这一点。通过各种各样外观的象征性手法来反映自然的特点，如装饰化、修饰化和图案化，而且建筑的外形和形式也模仿大自然，建筑物各部分也展现一种广泛的多样性，如墙体、入口、圆柱、贴面地基、壁炉、家具、地毯、纺织物、艺术品，有时甚至是整个建筑立面(插图 35)。

人工环境中的象征自然体验要素以显著的方式展示在众人面前，但却又是极为微妙、晦涩难懂的，很难意识到它们就是对自然世界的反映和体现。其中一个实例就是我工作地所在的一个礼堂，其房间采取了多种自然模仿，用花形的、叶形的和蕨类的样子编织成砖艺、木艺和铁艺，并采用直接的自然材料，如木材和石头等。而且进一步观察发现，这些模仿是虽然错综复杂的，但它们的外形通常在自然中都可以见到。如拱形的顶棚以及支撑顶棚垂直圆柱上的装饰性支架以及井然有序的复杂的装饰性砖和高耸的三角形房间中所形成巨大空间。尽管这个礼堂缺少适应性和现代感，但它却极受欢迎和尊敬，特别是那些毕业生，他们很担心这个礼堂的未来，怕学校为了建造新的设施而废弃它。这栋建筑的设计很成功地反映了人类对自然的热爱，甚至当这些自然要素以一种间接和抽象的形式展现时，它们常常会激发人类强有力的情感和想像力。

人工环境中有许多很容易辨别的抽象的自然特征，如用花卉式样装饰的卧榻、地毯、窗帘和编织物；把动物图像刻在墙上和壁炉上；沿着门口和屋檐被侵蚀的有机形式；柱头和圆柱物雕刻成蕨类的样子和贝壳的样子；人性化设计的格子窗、墙和篱笆；蜂窝状和鸡蛋形的拱顶、圆屋顶和顶棚，印有自然景致的玻璃及刻有自然风景的石头；而且，偶尔地，甚至喷泉喷水的声音或植物花朵散发的香味也是(插图 36)。相比历史上而言，这些象征性的自然要素在现代社会或城市当中也许要少许多，但这种人类普遍存在的环境模仿，反映了在建筑内空间和场地景观塑造时人们的喜好。欧文·琼斯(Owen Jones)在他的经典著作《装饰法则》(*The Grammar of Ornament*)中写道，装饰存在这样一种趋势，我们不仅仅是把自然当作模子，而且，“无论何时任何一种形式的装饰都需要得到普遍的欣赏……发现与自然法则相一致、相吻合”。[22]

建筑历史学家乔治·赫希(George Hersey)也讲到了建筑和景观抽象自然的表现。他将人工环境中抽象自然的各种表现作了辨别，包括几乎所有生命形式的外形和类型，其中还包含了细胞和用显微镜才能观察到的有机物；无脊椎动物类别，包括鱼、

插图 35 自然的表现：自然界中的景观经常展现在建筑的立面中，如芝加哥华盛顿的哈罗德·华盛顿图书馆，其设计者是建筑师哈蒙德、碧比和巴布卡，屋顶装饰设计者为肯特·布卢默。

插图 36 （上图和侧面图）自然界的象征：自然界的象征经常出现在建筑环境中，常以花卉式样、动物图像和其他有机外形展现在建筑的立面上。

家禽和一些哺乳动物；甚至人类剖析的要素，也不是常规的模拟或真正意义上的繁殖体。赫希因这些大量而广泛存在的自然特征而产生了许多对自然要素的看法，以下一段话是他对自然界中植物的认识：

> 我们无法用一章或一本书来讨论清楚建筑装饰当中的一种普遍存在……例如，花朵和叶子的螺旋形从中心向周边发散的重重排斥的形式表现，这种排列形式和其他类似的分布形式一次又一次地出现在建筑装饰中……所有西方建筑中应用植物物种最多的建筑可能是科林斯柱式(Corinthian)(见插图 37)。[23]

在建筑设计中，经常是直觉地或有时甚至是无意识的、不经意之间采用了抽象自然要素和自然过程。如耶鲁大学(Yale University)的曲棍球冰球馆极似一个有机体，以至于这儿的学生形象的称它为“怀孕的鲸鱼”(插图 38)。从上图可以看出，这座建筑更像蕨类植物的外形。乔治·赫希研究了此建筑的设计者——著名建筑师埃罗·沙里宁的设计意图，认为萨里南也许既没有照搬蕨类的外形，也没有参照鲸鱼的外形来进行设计，他是无意识不自觉地，因为热爱自然本性而设计成了有机物的外观。赫希写道：“沙里宁没有……在叶子面前观看他的手指，但是，他却拿着笔和纸……模仿自然界中的结构”。[24] 这种直觉的模仿在萨里南的另一个著名设计方案中也可以找到影子，即位于纽约肯尼迪机场(New York's Kennedy Airport)最早的美国环球航空公司集散站(Trans World Airlines Terminal)中令人吃惊的鸟的外观，这或许可以帮助说明机场独特的一面。

19 世纪评论家和设计师约翰·罗斯金(John Ruskin)赞赏在建筑中，尤其是那些类似哥特式建筑设计中采用了抽象性自然要素。[25] 他比较欣赏在哥特式建筑的拱顶、圆柱、窗框、入口、大门、屋顶、圆顶、顶棚和建筑立面的设计中大量地模仿自然要素。那些模仿自然要素设计而成的扇形柱状物以及雕塑样的圆柱常让人想起了远古的森林；极为精细地运用花朵、叶子和蕨类的样式进行令人惊奇的排列装饰；模仿自然有机物形式的大幅度增加，更加增强了对自然界中的光线和外观的把握和应用(插图 39)。罗斯金谈到：

> 各类别之间极为细微的差别，极丰富的精致设计和未受干扰的组织形式，这些特征是哥特式设计风格的一些基本特征，它的历史是……充满思考的一生，

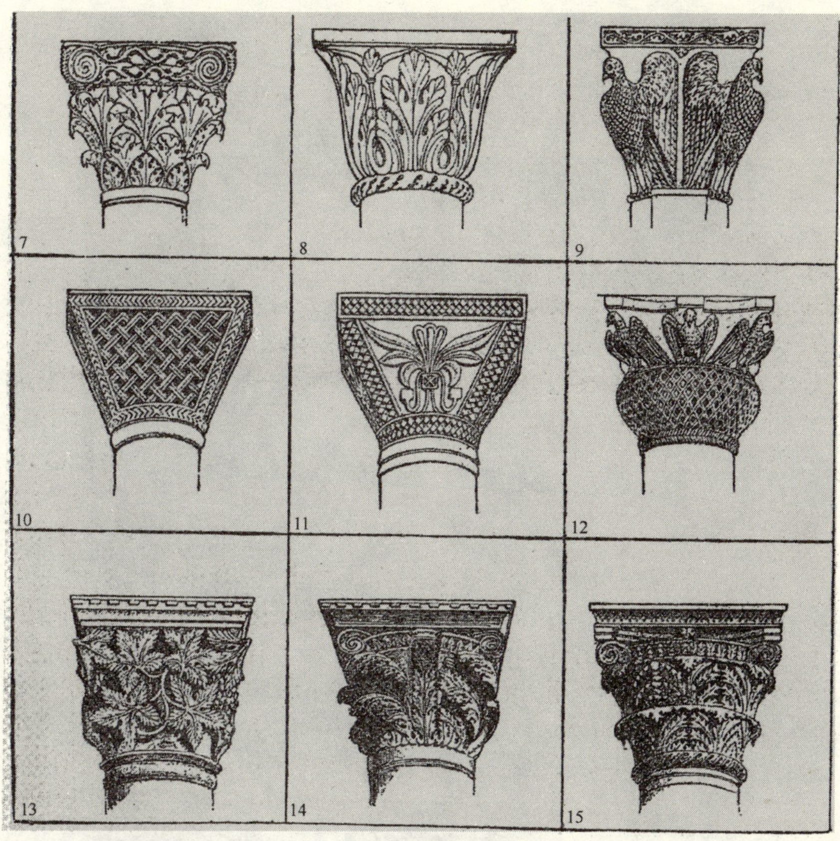

插图 37 植物装饰的柱式：从约翰·罗斯金在他对哥特式建筑的经典描述中可以看出，圆柱的柱头周围常以植物、动物和有机物的外形进行装饰。

插图 38 有机外形：康涅狄格州纽黑文市耶鲁大学曲棍球冰球馆，设计者——埃罗·沙里宁，其极为鲜明的有机外形以至于被形象描述为一只怀孕的鲸鱼或一种蕨类植物。

插图 39 哥特式建筑：哥特式建筑中常包含了从自然中吸取的有机形式。凯撒·皮利设计的罗纳德·里根机场，它极好的重新阐释了哥特式建筑的特点，其高耸的拱形屋顶让人想起了森林的林冠。

平常的留心和精细的探知而积累、沉淀；日常生活中抚摸粗沙与其周围的花瓣或树枝时形成的不同感受和细微差别，对未来的整个自然科学具体化发展有预示性……建筑中无论什么精美或美丽的形式和造型都是模仿自然的形式……一座高雅的建筑一定是模仿最为壮观的自然要素。[26]

上述哥特式建筑的各种自然特征可以在全世界的教堂、宫殿和公共建筑中找到（插图 40）。一个知名的研究装饰理论和实践的权威人士——肯特·布卢默研究发现，

插图 40 康涅狄格州纽黑文市耶鲁大学哈克尼斯大楼——其设计者詹姆斯·加姆博尔·罗杰斯——极为优美，反映了哥特式建筑的许多有机特征。

建筑装饰频繁采用自然形式和自然过程，或与环境发展相关的轮回。他认为，大多数哥特式建筑和其他风格建筑的装饰是有机元素与非有机元素的隐喻性对话交流，从中看出人类的设计技巧和建造水平。布卢默这样评价罗斯金对于哥特式建筑中有机形式的称赞：

> 罗斯金关于装饰的美感、力量和搭配的理论是……他深深地相信，自然的表现以一种神圣的秩序来展现，这可为建筑设计提供更为重要的设计原则……罗斯金明确地认为运用雕饰性装饰代表了所有的象征树木和其他的有机元素这一设计原则……一个设计师若要运用这些设计原则，则应学会总结出哥特式建筑语言中的设计语言以及从自然世界的所有生命体来积累印象。[27]

建筑和景观设计中的抽象自然表达往往是隐性的。对自然界的隐喻性表达取决于人类对自然本性的热爱，同时也取决于对环境形式的清晰描绘(插图 41)。建筑形式的这些要素激发了我们对自然界中存在的形式、运动状态、光线、外形和空间内在的情感等采取相应的反应。人们更偏爱自然界中常见事物的质感、动感、可塑性

插图 41 (上图和侧面图)自然界的隐喻性再现：一栋有亲和力的建筑通常以伪装的、隐喻的形式展现出来，采用与自然密切相关的拱形、人头墙、叶形装饰和其他自然形式。

和曲线形、圆形和球形表面等等，而不是人工制造物的设计形式和材料，它们太过刚硬、直线形、抽象和极度的对称。甚至一处人工建设的景象或事物，如城市的天际线产生的效果主要是其变化、竖直的外形让人回想起了森林，而不是因为任何一种特别的工业奇迹或技术。特别是当此天际线中远远看过去有显著的自然要素，我们可以部分地解释纽约城市天际线为何如此吸引人的缘故，天际线的背景就是哈德逊河或东河(Hudson or East River)。以及为什么当2001年9月11日令人毛骨悚然的灾难发生后我们会如此哀痛，世贸大厦的被毁破坏了整个曼哈顿的侧影，特别是世贸大厦其巨大的生命外形，直插云霄，它们是天际线的有机组成部分，尽管它只是一个简简单单的方形盒子(插图42)。

进一步调查得出，在以下令人顿生敬意的建筑如巴黎圣母院(Notre Dame Cathedral)、印度泰姬陵(the Taj Mahal)和纽约中央车站(New York City's Grand Central Station)中也存在相似的、不可抵挡的特点。这很好反映了这些建筑将自然界中的有机要素如光线、色彩、材料、质感、外形和形式抽象地借用过来，形成令人难忘的印象。甚至当感觉还处于模糊状态，人类在受自然启发的同时，他们运用人类的想像力，与自然环境取得微妙的联系。以美国中央车站(Grand Central Station)为例(插图43)。经过仔细细微的研究发现，它采用了大量的自然材料，如石头、大理石；并将有机的形状雕刻在精心制作的铁艺品上；其中心拱顶的巨大空间让人想起了外面宽阔的世界；太阳光通过大大的巨型窗透射进来；甚至在一处拱形的天花板上模仿了繁星点点的夜空。

与人类深入骨髓的遗传影响一样，这些抽象的形式巧妙地反映了人类对自然的热爱。我们把这些视为理所当然。只有当这些特征受到威胁或已被破坏时，人们才会意识到它们，并开始欣赏和重视它们。这种抽象性的表达是无限世界的“形式语言”的一个重要方面，并鼓励我们去创造。关于这一点，建筑师克里斯多弗·亚历山大(Christopher Alexander)在他早年研究相关工作时讲过。[28]格兰特·希尔德布兰德也探究了建筑的抽象特征如何频繁地唤醒人类热爱自然的本性。他以一个单一的教堂中央广场为例，“极为复杂的自然环境……事物数量丰富、资源多样，任何一个新的形象就是一部小说素材，也是我们先前看过的事物的发展，并与此紧密相连；看似重复的元素以及看似间断重复的要素的大量存在，正好说明了事物的变化，使得每一个重复又与其他不同、相同的每一个个体也仅仅是相似而已。”[29]

插图 42 上图：越过哈德逊河看过去，曼哈顿低矮的天际线让人想起了古老的森林。下图：世贸大厦的毁坏极大减弱了这种感觉，尽管它只是一个矩形的盒子。

插图 43　美国中央车站的拱顶给人一种热爱自然本性的感觉，不仅因其拱形的内部空间，还因其微妙的自然元素，包括广泛应用自然材料和有机外形。

正如希尔德布兰德指出的那样，许多成功的建筑设计都表现出一种“有组织的变化”，而这在自然界是广泛存在的，是很常见的。一个模仿自然特征要素的基本建筑特征或风格形成以后，然后以一种变化的方式来重复这一基本的特征要素或装饰形式，尽管其文化趋向是可以预料到的。若这些要素完全没有关联或者又是完全的一模一样的重复，那么这些形式常常让我们异常厌烦或单调无聊，但如果稍作变化而有一定规律和韵律来表现，那么这些形式看上去是一个连贯的、有组织的并且吸引人去感受他们的整体美。许多成功的建筑设计都表现出这些要素之间的不同关联和联系，当各要素之间以一种动态整体的关系存在时，建筑的复杂性则很少令人厌恶；相反，当建筑要素以一种有序的、可预见的重复和变化形式结合成完美的整体时，感受美则会提升，他们更加吸引人们的注意，更加受到人们高度的评价。这种在自然和人类设计中有序重复和变化的设计手法叫做“生物模拟”，这也是关于这方面研究的书的名称，《生物模拟》一书的作者是简妮·比尼斯(Janine Benyus)，不过这本书中研究还处于探索萌芽阶段。正如朱迪斯·赫尔瓦根所说：“世界上许多最受尊敬的建筑都表现了生物模拟的特征……此类建筑遵从自然形式这一设计原则。这些建筑的空间处理和建筑表面的材料都极为精致，且不规则。他们常常是在一些关键部位进行稍微的、随意的改变，而不是在形式、样式和空间上完全重复，毫无变化。”[30]

将自然界中的外观、形式抽象性的溶入到人工环境的设计中，此建筑被称作“生物形态”的建筑。哲学家燕尼克·乔伊（Yannick Joye）定义生物形态建筑其“外形与活生生的有机物常见形态相似”。具有生物形态的建筑应具备两个方面的特征：对活生生的有机物（如植物和动物）的“特定形式的模仿”，以及反映自然世界中常见的“结构属性”（如贝类和叶子的重复式样和外观）更为细微的模仿。生物形态设计与人类对自然形态内在的亲和性有着千丝万缕的联系，一旦在设计中成功地表现了生物形态的特征，这类具有生物形态特征的建筑则有助于提高人类的身心健康。[31]

蕴含有抽象自然要素的建筑设计常常会产生极大的吸引力，并使之成为一个活跃的感受空间，吸引更多的人来分享，从而有益于增强人类对自然界内在的情感和智力倾向。我最近见到的一栋大型建筑的会议室可以更好的说明这一观点。这个房间极为壮观，当我想寻找这一效果的缘由时，我注意到了高高的顶棚上受风化而斑驳的花、叶式样的装饰，以及其支柱上雕制成蕨类和树叶的形状。当我的目光转向脚下时，发现地板是用打磨过的木头铺就而成，而让地板带来灵性的是其东方饰花形状的地毯。皮质的座椅环绕着极大的留有树瘤的木桌，躺椅的四周以及窗帘边缘都缀上了花形的装饰织物。太阳光透过其宽大的窗，照亮了整个房间。透过此窗向外望去，看到的是令人愉悦、心情舒畅的景色，那儿长满大树和灌木丛等，而有些窗外则只是坚硬冷冰冰的墙体，这种透过窗户看到的景致则让人产生不满和反感。这个房间中的所有要素构成的特征是许多抽象自然建筑的一个实例，我们对其内部空间和外部空间、设施中的有机成分注入了极大的热情和关注，这些有机要素深深地吸引了人们的注意，从而使得这一空间、场所具有独特的力量和价值。

一座建筑要成功地表现抽象自然的特征，则必须避免仅仅是从装饰本身去完成。其装饰形式还必须与建筑设计构成一个整体，渗透到周围的环境和结构形式中去，天衣无缝地从人类社会移向自然世界，接着又从自然世界移回到人类社会中。在充分理解、领会抽象设计复杂性的基础上，我们还需要更为广泛和深层的了解和领会。因此，通过再度利用前面讨论过的热爱自然本性的九种价值观，并关注有效的有机设计将怎样提升和增强这些价值观，以及强调“热爱自然本性的建筑设计”目标的一致性等方式来总结象征设计的特点。[32]

建筑与景观设计常常反映了自然界的实用价值观。通过掌控空气、水和其他自然资源以满足物质和人身安全的需求，这种实用的价值观在一些传统的建筑中有完美的体现，这些传统的建筑有保护人类免遭外界威胁的能力，或者也可以通过更为先进的技术手段，如废水处理系统，通过模拟自然净化水的过程来对污水进行清洁处理，有时甚至还会用在生产粮食。然而，在人工环境中实现自然的功能时一定要把握好度的问题，保证平衡，既不能过度体现其功能性，也不能太薄弱以至于让人感觉到此环境易受影响和未受保护。实现自然的实用价值观也不应该削弱或压制其他八个同等重要的热爱自然本性的价值观。

人工环境中的自然消极价值观和主导价值观强调了遮蔽、隐藏和保护空间的需求，使人类免受风、水和地质因素的危害，然而，若这些价值观太过偏颇，则具这些要素特征的设计则会存在功能上的障碍，将人类同自然环境隔离开来，这种强制性的建筑物往往使人类对自然情感和智力的寻求缺乏动力。有意义的建筑和景观设计必须对自然界的威胁因素而产生敬畏感和好奇感，通过将自然的审美价值观、人性价值观和象征价值观应用于人工环境中，可以创造相对完美的建筑和景观，让人产生一种联系感，同时激发我们的兴趣、好奇和创造力。而且，在建筑和景观设计中融入自然的人性价值观、科学价值观和道德价值观也会培养我们的探索精神和发现精神。当我们将那些刚硬的几何形材料转换成可以永远持久下去的材料形式时，我们将感受到自然世界与人类社会的和谐，并融入到一个更为广阔的空间中去。

乡土设计(Vernacular Design)

恢复环境设计一个最为关键的方面就是建筑物及景观的建造应与当地的环境相联系，也就是前面提及的乡土设计。在本书中我们这样定义乡土设计：建造一个与人类生活、工作所在地独特的自然环境和文化背景相一致的人工环境。此定义是根据字典中对“乡土”一词常见的解释来定义的，“乡土的……一个特别的国家或地区……风土人情的……一个特别的区域，文化或一段时期建筑的式样和装饰特点等等”。[33] 这一定义强调乡土设计怎样将自然和一个独特的文化环境及生态环境联系起来。

正如本书前面描述的那样，低环境影响设计和有机设计是可持续性的基本元素，需要相当多的知识、独创性和能源资源、时间考验和技术手段。然而，如若一栋建筑或一处人工景观缺乏与本地的文化和生态的相关性，那么该建筑和景观则不可能长久的持续下去。如果没有深深的责任感和对工作的热爱，我们一般不会投入身体、情感和智力因素，而这些又是长久维系这些建筑所必需的，需要人类热爱和珍视。

正如第二章中讲的那样，成功的优秀的乡土设计作品正如景观设计师弗雷德里克·劳·奥姆斯特德(Frederick Law Olmsted)和诺贝尔获奖者雷内·迪博(Rene Dubos)所说的“场所精神”。[34] 当人们对他们所生活的地方的社会习俗和自然环境越来越熟悉，并越来越溶入到这个环境之中的时候，他们就会对这儿的风俗、传统以及建筑和景观也越来越依恋，觉得离不开这个熟悉的、具有地域韵味的地方。“精神”一词暗示了一旦人与当地文化、环境和建筑风格的联系更为紧密时，我们生活的地方就成为一个鲜活的空间，是我们所有感知的一部分，而我们自身的存在价值也因场地而得到了证实。坚持场所精神原则而设计的建筑和景观会增强我们对场地的社会责任感和奉献心。

优秀的乡土设计是通过文化环境和生态环境以一种独特的生物地理学的背景而达到和谐、融洽。[35] 而这种文化环境和生态环境的完美结合反映了人和自然之间相互适应而沉淀出来的一种大智慧。成功的乡土设计作品反映出人类在自然环境和社会环境的压力之下所做出的相应回应，是人类因环境一代代进化的结果。当设计中乡土特征要素得以充分展现时，当地的文化环境和自然环境也会有所改善，甚至因为互动而更为丰富和活跃。普遍认为，乡土设计理论应具有的四个关键要素，这四个主要要素也包括了对设计的需求，每一个要素将在下面的章节中作详细的介绍。这些设计时应考虑的要素如下：

- 与场地的生态环境相联系。
- 与场地的文化传统和社会传统相联系。
- 文化与生态结合，创建一个体现生物地理和历史背景特征的作品。
- 避免具有独特的文化特色和生态环境的“场所精神的缺失”。

与场地的生态环境相联系的设计(Designing in Relation to the Ecology of Place)

有着优秀乡土设计思想的建筑和景观要与其所在的场地、生态系统和流域要素取得和谐共存。但要达到建筑物与环境和谐共存需要许多生物物理学特点的知识，并对这些特点有一定的敏感性。相关的生物物理学要素有水文、土壤、植物、动物、大气和景观要素(如湿地和其他独具特色的生态系统)。景观设计界的先驱伊恩·麦克哈格(Ian McHarg)用“设计结合自然”一词来描述一个地理区域内的自然特性、生物特性和生态特性相一致的设计手法和开发模式[36]。而自然界其中最重要的一个生境就是陆地系统和水系统相交叉的地带，也就是常说的湿地。

设计结合自然需要了解相关的自然特性，如水量和水流，地表及地下的地质学，土壤化学和水化学，同时也需要对生物的各个方面有广泛的了解，如物种组成、丰富度、分布、数量变化、食物链和能量流、被食者与捕食者的关系，以及稀有物种和濒危物种、本地物种和外来物种、关键种和生态重要种等。而且乡土设计需要进一步对建造物及景观的生态背景有充足的了解和认识，尤其对此地的生态系统功能、结构和动态过程，从建筑物以及相关详细清单中可以了解到相关信息。

运用景观生态学的原则可以帮助我们从空间和时间尺度上了解和领悟相关知识。同时，景观生态学的知识可以更进一步地维护和修复受损害生态系统的功能整合性，其主要方法是通过敏感性设计和开发减少对景观和滨水区的干扰，使其破碎化减到最小。这一方法仍在试验之中，正在不断地证实、完善和补充。通过敏感性设计可以防止生态系统中植物种和动物种的消失，还可以重新挽回一些重要的植物种类和动物种类。敏感性设计还可以维护极为关键的水文特征和土壤特征，或者维系生物物理因子，同时维持生态功能和生态系统的必要过程。景观生态学家文奇·德拉姆斯泰德(Wenche Dramstad)和理查德·福尔曼(Richard Forman)以及景观设计师詹姆斯·奥尔逊(James Olson)已经研究出了几条有用的保证生态完整性的设计导则，他们力求避免下面列出的建筑设计和开发中导致的不利于生态和景观维度的影响：

- “破碎”。将大块完整的未被破坏的生境变成小而分散的斑块
- “切开”。将一个完整的生境劈开为两块或更多小块
- “打洞”。在必要的完整的生境中形成“空洞”
- “收缩”。极为明显地减小一个或更多生境的面积
- “消耗”。一个或更多生境的消失[37]

通过避免上面五个破坏性的生态影响，可以维护景观的完整性和景观的功能，使对土地、水体和生物的破坏减到最小，而这些正是许多现代建设和开发过程中不可避免的。他们同时还提出，景观设计的基本目标是“显著的减少我们周围的景观破碎化和环境恶化”。[38]这就需要在土地利用和建设实践时，避免本地生境和生态系统最基本的营养流、能量流以及物质流的破坏，或使其受到的影响减到最小。成功

的乡土设计必须把各种景观视为一个整体，这里包含着维护可持续状态的生态系统形式和过程的要求。可以说所有的目标就是为了找到“解决办法……在景观的各个尺度……与更大的形式相配，了解它是如何运行和实现的，以及通过自然系统的结构进行和谐的设计”。这些问题的解决需要保护景观的主要特征要素，具体如下：

- 生态斑块。包括重要的生境、物种活动范围和生态系统。
- 生态斑块内部及外部的周边、边缘或形状，它们维持和形成了生态丰富性和生产力。
- 斑块与生境之间的连接，廊道的连接(如滨水廊道)，它们保证了能量、营养物质和生物在各景观之间的流动[39]

成功的乡土设计也应该尽力恢复或丰富生态系统的功能和提高生态系统的生产力。人类可以增强自然系统的稳定性，同时也可以破坏自然系统，比如通过“关键种”：热带草原中的大象，水洞中生活的美洲鳄鱼，珊瑚礁上珊瑚虫或海藻丛中的海獭……人类会改变自然系统的结构、多样性和生产力。而且，通过其他的一些关键种，人类可以降低也可以增强这些关键种在生态系统中的价值。人类不是某种“种子”物种，一定要破坏或干扰自然环境的健康发展，相反，成功地乡土设计可以帮助维持、恢复甚至加强与之相联系的生态系统的生产力和生命力。

与场地的文化及历史相联系的设计(Designing in Relation to Culture and history)

成功的乡土设计应思考建筑物及其场地的文化特征和历史特征。文学作品出现的地方一定有深厚的文化底蕴(本段内内容在第二章中有一些简短的介绍)。[40]当对一个场地进行设计时，通过考虑当地的社会因素和历史因素，场地的独特性会增强：比如一些重要的、经常反复出现的事件；熟悉而又意义的环境；人工物品和设计的要素；独特的叙述和讲传统的故事；可预见的习惯和形式；以及社区感和分享感。景观历史学家约翰·布林克霍夫(John Brinckerhoff)肯定了上述所讲的文化特性和历史特性。他写道：“我认为场地感应具备以下几点：对熟悉的环境有鲜活的感受；仪式般的再现；同时有在分享体验基础上的伙伴感。它正是由所谓的事件的再现而增强的生境和习惯感。”[41]

场地丰富的文化特性和历史特性可以让人对他生活的地方产生情感上的依恋和

智力上的依托。一些具备场地感和认知感的建筑和景观都可让人对之产生依恋感，它加强了人们对此场地的联系感。“根”这一词恰好反映了人与场地的心理、情感上的联系。短语“深深的根”暗示了一块充满历史和良好生态环境的土地的延续性和稳定性。有根的感觉的重要性，特别是根对人类健康的影响，一直以来都被过分低估了。作家西蒙·威尔(Simone Weil)讲道：

> 有根的感觉在人类心灵深处占有最重要的地位，也是最少有人问津的地方，大多数人没有意识到“根”对心灵的作用。当然，根也是最不容易进行定义和界定的，一个人由于在他的一生中真实的接触自然、参与自然才能获得“根”的感觉，这保证了生活方式的外在表现，特别是保护对未来的期望。这种参与感是一种自然而然的过程，让人感觉到出生、职业以及社会环境都是自然而然发生的。每个人需要多种“根”，对一个人而言，从环境中形成道德、智慧、精神几乎都是必要的，这样，人也正好成为环境中的一个组成部分。[42]

文化状况、历史条件、自然条件和生物状况都极为重要地影响着场所精神。通过乡土设计可以实现这些要素，因乡土设计鼓励传统发展和分享模式，它反映出对一个场地的依恋，一种属于此场地的感觉。场地精神通过本地独特的建筑和景观形式来体现，如新英格兰(New England)殖民地建筑、中东(the Middle East)和美国西南部(the American Southwest)的毛坯墙建筑，地中海(Mediterranean)白色的石头建筑和南太平洋(South Pacific)的茅草屋等。这些独特的建筑成为当地的标志和象征。也是把当地的居民紧密联系在一起的、极为关键的线。

赋予了场地感的建筑和景观设计会引起人类的文化价值上的共鸣。这些产生文化价值上共鸣的场地则是人类的“情感空间”，尽管还是由那些没有生命的材料——木头、石头、玻璃、砖块或灰泥——来建造，但一旦有文化价值共鸣时，这些单调的没有生命的建筑则立刻有了生机，带有本地独特的个性，成为一个区域重要的标志。实际上这些组成要素是心理的重要载体，使场地奇特的甚至精神上的特点具体化了。正如建筑师汤姆·本德(Tom Bender)所说：“一栋建筑就好像是一个人，有自己的心灵……也可能成为一个社会生命的一部分。它可以深深植根于当地的文化和传统之中，并又传达出此地的文化特征和传统；它还可以帮助我们对周围的环境再度产生神圣的敬畏之心和光荣感；同时，一栋建筑可以表现出一种维系人类一生的情感世界，使人类的精神得到充实。”[43]

与文化环境和生态环境相联系的设计(Designing in Relation to Culture and Ecology)

试图通过乡土设计来增强一个场地的场所感，不仅仅是通过运用文化特征或是生态环境特征就可以达到的，还需要将二者结合在一起。在以人占主导地位的自然系统中，其健康和整体性取决于文化和自然的积极结合。同样地，一个长期繁荣的文化也需要自然和人类社会相应的联合。自然和文化相互协调都会极大地改变自身的特性，它们完美地结合在一起，就可以达到哲学家马克·萨哥夫(Mark Sagoff)所说的和谐场所。他写到：“一个场地的概念将与我们息息相关的自然价值以及与自然相关联的实用性结合，从而形成一个和谐的、友好的、亲切的理想环境”。[44]

某场地的乡土特征从不只是受文化或自然因素的影响，而是受二者共同的作用。自然力量和人类力量的集中就形成了一个独特的本地传统。这种人类环境与自然环境的对话、交流形成了对场地的依恋。同时，这种依恋又变成了当地居民的价值源泉，当地居民会用自己真挚的爱来使得这有意义的传统得以永存。他们将成为这块土地的大管家，其文化特征展现在建筑和景观之中，同时，这种互动形成了一个独特的空间，常常又营建一个更为健康的文化环境和生态环境。雷内·迪博(Rene Dubos)将这种成功的结果称之为场地“精神”。他写到：“某地的特征由当地的自然要素、生物资源、社会力量和历史背景组成，而这几种力量会聚在一起使每一块场地或区域具备了自己的特点，成为独一无二的场所。人们总是为自然界增加些什么，然后又完全改变它。然而人类的这种干涉只有在延续了对本地精神的尊重基础上才可以成功。”[45]

因此，乡土设计是一种自然发生的过程，它不需要人们太多的生物学上的考虑，也不需要创造文化上的特征。正好相反，人类对场地的认同和设计是在不断地学习和延续这两方面作用下而自然发展的结果。然而，为了使文化与生态环境交流顺畅，人类必须生活在一个他熟悉的地方，同时在其内有安全感。成功的乡土设计使得文化和自然互动、相互适应和交流过程在一个独特的区域内变得更为便捷。

但令人遗憾的是，大多数现代建筑设计和建造过程却忽略了文化、自然与场地的相互依赖、相互作用。相反，许多现代建筑物是快速大尺度开发下的产物，他们导致了自然环境和文化环境的不协调发展。许多现代建筑不具备文化和自然交融的特点，而好的乡土设计则应该正好能体现文化和自然的结合。恰恰相反，现代化所追求的是强加的抽象思维和技术手法，最后导致了大规模的改变人类社会和自然景观。不过，在现代大尺度开发的背景和短期建设结合下还是可以实现乡土设计，但这一过程需要更为细微的敏感、充足的知识和远见，这寻找现有生活状况与当地生态系统的健康和整体性之间的联系具有重大的意义。

避免场地感缺失的设计(Designing to Avoid Placelessness)

特别令人遗憾和痛心的是，现代建筑和土地利用常常贬低文化和生态的重要性，并且破坏了当地的传统。这一现象有时也称作场地感缺失：场地失去了独特的本地或区域的特点，而常常被千篇一律和毫无特征的要素取而代之。地理学家爱德华·里尔夫(Edward Relph)这样描述场地感的缺失：

> 如果场地是世界上某一种存在的基本需要，如果场地是个体和社会安全之源和保证，那么对那些重要的还未失去个性的场地采取相应的措施来体验、建设和维护是很重要的。然而，这种手段却正在不断地消逝，场地感正在遗失，场地独特性和多样性削弱是主要的推动因素。这种场地感缺失的趋势使地球上与场地紧密关联的事物急剧地失去，变得飘浮不定，让人产生没有根的感觉。[46]

现代社会发展的各种趋势已使人们对工作和生活的地方感到陌生，人与场地的联系、从属关系和依恋性也越来越松散。现代社会发展的这些趋势包括有邻里感和社区感的减弱；社会流动性和地理形态的变化加速；城市和郊区的蔓延；开放空间的减少和环境的恶化以及经济的全球化和心理不联系性的增强，而马克·萨哥夫则把这种隔离称为“成为我们自己土地上的陌生人。”他讲道：

> 我们对人类破坏自然的痛惜并担心环境的破坏和恶化与场地感的缺失有很大关系，在这里有发自内心的爱意，沉淀了许多共同的回忆和故事，这些都与安全感的失去有关……当一个人对他熟知的场地和社区的各个方面都产生依恋，而这种熟悉不再时，最令我们担忧的是未来也许我们成为这片土地上的陌生来客。[47]

场地感消失常常与大尺度的开发、短时间快速的建造过程，以及大量改变地球外观的技术的发展密切相关，这些实践活动若不是鄙弃的话，往往也忽略了本地独特的形态和个性特征，并认为这些特征毫不重要，也不去关心这些特征。而抱有这种想法的设计，往往也会忽略与人工环境相联系的文化、自然和历史背景。相反，办公大楼、商场以及住宅区的设计极为抽象化，千篇一律，失去了与当地文化传统和生态背景的联系。这些建筑毫无个性可言，放在任何地方都行。它可以建在纽约(New York)、洛杉矶(Los Angeles)、布鲁塞尔(Brussels)、北京(Beijing)、布宜诺斯艾利斯(Buenos Aires)或延巴克图(Timbuktu)。这些建筑不能体现某个区域独特性和文化认知性，它们千篇一律，如同一次可怕的经历，它们只能贴上一般建筑的标签，而不能称为当代建筑(插图 44)。失去场地感的设计都是形式化的、孤立的。设计师只表达自己的偏好和兴趣，而没有考虑住户的喜好，也没有关注场地中应受珍视的文化和生态背景。

许多当代建筑都与场地的历史和周围的环境割断了联系，这些建筑只满足了暂时的审美标准和流行式样或高技术展现。当这种现代主义时尚变得乏味或过时之际，毫无疑问，这些构筑物只有被抛弃的命运。这些建筑毫无场地感，而且没有让大多数人产生一种喜爱之情，也没有可能多年以后人们会去重新修葺、修复它们。具有讽刺意味的是，这种短暂存在的设计形式与其再三吹捧的经济效力和技术效力形成对比。甚至当这类设计手段追寻本地元素时，也常常只是表面上的，是一种“乡愁”的表象，只是些许表面的模仿那些先前神圣的传统。

然而，乡土设计中仔细考虑场地感是怎样的重要呢？乡土设计是可恢复环境设计的一个重要方面吗？或者它只是对过去一种浪漫的设想？或者人们对许多现代设计中对环境和社会过度破坏的一个主要的消极应对策略？如果当代建筑师使这种不利影响降到最小，并使人与自然之间形成一种乐观积极的联系，那么乡土设计的缺陷会变成边缘问题而不受重视，甚至认为微不足道吗？我想，上述种种假设均不可能。可持续性发展需要长期地维护、再生和恢复原有建筑和景观。而引发人类维护、恢复的动机和力量源泉取决于人类对其生活和工作的地方的文化联系和生态感知。

恢复环境设计包含的内容不只是建造和开发新的建筑。不管当地的人工环境与自然环境之间怎样积极乐观、和谐，乡土设计反映出人类对知识的深层次需求以及对其历史传统和生态环境的尊重之情，它们会尽力去保护和维持当地的建筑与环境的整体性。当缺乏这种情感的联系，人们将无所顾忌地开发和建设，也不会细心呵护其周围的文化和自然环境，而只是去寻找满足他们无止境渴望的新事物，在破坏它们的同时产生大量的废弃物。总之，热爱之情和责任感是一个地方得以持续发展的奠基石。

插图 44　（上面和右侧图片）可怕的景观：现代办公大楼、公共住宅、大型商店和居住区频繁采用相同的建筑形式，给人一种单独、乏味、压抑的景观。

GAMES
Quiznos Sub

低环境影响设计和有机设计对达到恢复环境设计的目标是必要的，当还不充分，若不能协调好文化、历史与生态等方面的要求，那么设计和开发不可避免地只是短暂的存在，也不可能持续的保存下去。只有当一个人对他生活的环境怀有深深的感情和责任感时，他的行为才会非常的温和、小心谨慎，不会对当地的自然环境或人工环境造成更为严重的破坏，而会采取更好的措施一步一步地缓解其对环境的破坏。他们的行为正如诗人加里·斯恩德(Gary Snyder)说的那样，一种“本职工作意味着……在这个星球上找到属于你的位置，承担责任，进行挖掘”的感觉。[48] 如300多年前的一间杀猪店则变成了今日的电脑商场，因此乡土设计反映对一个有300多年历史的古建筑的重新散发魅力的承诺和责任。建筑的形式一代代相传下来，这是可持续发展的一部分，也是对最新的废物技术最小化或能源效力系统的投资。

人类目光短浅的认为建筑师、开发商、策划者和政治家们不能承担起保护人类环境和自然环境的重任，或者能使建筑同当地的文化传统和生态环境有意义的联系起来。这种态度只会带来失败。社区居民和领导阶层面对乡土设计的挑战而无动于衷，这种做法只会阻碍社区的健康和长久的繁荣。

结论(Conclusion)

这一章主要是提出了可恢复环境设计理论，此理论试图通过解释低环境影响设计、有机设计和乡土设计三个设计理论原则的基础上寻找自然与人工环境的和谐。无独有偶，这三个设计原则正好反映了第二章中讲述的三个概念：生态系统服务，热爱自然的本性和场所精神。并正好解释了人类是怎样从自然系统中获得营养物质，从而增强人类的身心健康。图11中暗示了维持生态系统服务功能产生了低环境影响设计理论；热爱自然本性价值观的成熟和发展则导致了有机设计理论；而形成场所精神则成为乡土设计理论的目标。

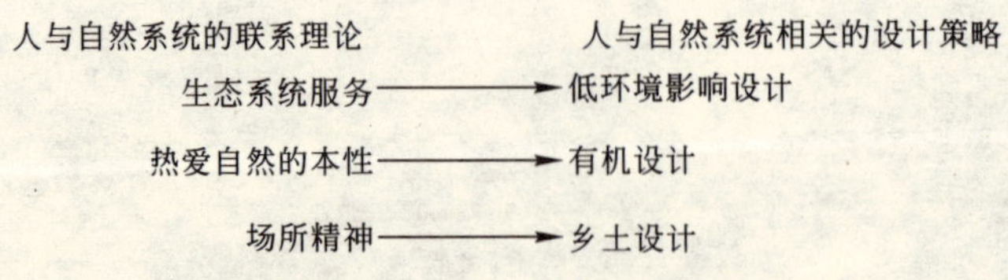

图11 恢复环境设计理论中的人与自然系统理论原则

可恢复环境设计理论试图在一个环境越来越贫乏、社会越来越疏远以及人们内心越来越生疏的世界里寻找一种挽救自然和人类的途径。这一目标不是很容易就可以实现，不过也不是完全没有办法实现。要实现恢复环境设计理论的目标，需要相当丰富的知识、相当充沛的激情和相当发达的技术手段。低环境影响设计为实现这一目标带来了曙光和希望，但是，低环境影响设计以当代可持续发展为主要目标，这一目标本身不足以恢复人与自然之间的断裂。若只是从功能上讲，通过低环境影响设计理论设计出来的建筑可以长久的维持下去，但是常常被认为是毫无生气的、没有吸引力的，同时也不值得去保护和维护。将来我们还需要一个设计方法可以让人与自然之间形成一种更为积极乐观的联系，同时可以更加肯定我们对所在场地的文化和生态环境紧密联系的渴望。

一件我亲身经历的轶事可以说明可恢复环境设计和低环境影响设计之间的差别。几年前，我参观了位于工业国——德国——西北部的几栋可持续性建筑。其中一栋联合大楼采用了最新的低环境影响技术手段，而且也因其带来了当地的经济和社会的复兴而受到广泛的赞誉。这个工程的确令人印象深刻，但其整体的效应是杂乱的、令人不满意的。尽管取得了相当可观的成就，如能源的有效利用、使用更少的有毒材料以及减少废弃物的产生等，但这栋大楼让人感觉很疏远，无法亲近。即使它的中庭引入了水景和植物要素，但它们看上去更像是装饰品，而不是让人感觉到舒适和满足。

在一个附近的城市里，我看到了一个非常特别的项目。这个项目也设法实现了许多低环境影响设计的特点，如能源的有效利用，采用更少有毒的产品和材料。但是，它还激发了对当地自然环境和当地乡土文化的热爱。其内部空间采用自然采光和自然通风，不规则式种植的本地植物，起到了间接联系室内外空间的作用，而且其家具和装饰形式都采用了间接自然体验和抽象自然体验的手法。建筑周围有一个人工湖和恢复的湿地，此湿地与建筑的雨水系统和灌溉系统连接起来，同时为员工和附近的居民带来视觉上的审美和精神上的愉悦，还散发着人性的光芒。这座大楼与当地社区取得较好的联系，因其与当地的文化、历史和生态各方面的特征以及附近的江河有很好的和谐，与当地的文化、历史和生态环境达成了共鸣。

也许听起来比较天真，但是大多数难题因爱而迎刃而解，其他人在我之前也强调过这一点。而在这里，“LOVE”是指低环境影响的(Low Impact)、有机的(Organic)乡土的环境设计(Vernacular Environment Design)。这种只取首字母的缩写词让我们想起了热爱自然的本性(Biophilia)在拉丁语中的字面意思是“热爱生命”(Love of Life)。热爱自然本性的价值观的体现与恢复环境设计原则的意义一样，需要我们寻找自然和人性的和谐，我们将有一个公正的、安全的、可持续的、充实的、充满爱的未来。

LOVE原则需要采用新的思维方式来探讨建筑和景观设计，同时需要相应变化的设计过程，其内容至少如下：

- 在建筑、景观和土地利用设计及开发中考虑所有的热爱生命的价值观
- 将建筑和景观的所有能源流和物质流连接起来，以获得长期的、更大的生物地理尺度
- 在人工环境的规划和设计中溶入各种学科的知识，特别是环境学科、建筑学科和工程学科方面的知识
- 将人工环境与不同的土地利用、运输和开放空间类型及过程联系起来
- 保证长远的发展规划；在开放之前进行分析评价，然后制定相关的、可持续的执行标准，以便解释设计中自然环境和人类之间的影响
- 增强人类对恢复环境设计理论的认识和意识，欣赏以及了解它所带来的好处
- 提高建筑和景观的体验承载量，以适应将来可持续环境设计理论新的知识理论和技术手段。[49]

上述元素代表了达到恢复环境设计目标所需要的一些基本的程序变化。很显然，要成功地解决现代环境危机，则必须采用LOVE原则和可持续伦理观。第六章将要进一步探索可持续伦理观的特征。

第六章

可持续伦理观

我坚信在我们的生活经历、体验过程和思考的时候会形成道德伦理密码。自从人类出现的那一天起……在前人类时代，人类有意识和有目的地去改变人类进程，并有目的的去使用自身已经学会控制的智慧。但是进化过程仍在持续．而且幸运的是，人类没有被淘汰。在人类的周围，多种形式的美学价值观，影响了人类的判断，形成了相应的人生观和哲学观……同时人类道德伦理本性和责任感得以发展。然而，人类却忽视了慷慨大度的自然，因为感觉自然是人类的邻居而没有认真对待，其实人是自然的一部分。

——奥劳斯·穆里，“野生动物管理伦理”，《野生动物管理杂志》18：3(1954 年 7 月：291 页)

人类同自然系统的接触极大地影响了人类的身心健康，同时人与自然积极乐观的接触、交流、体验可以维护和恢复日益恶化的自然环境。但令人遗憾的是，人类对自然这一角色的欣赏所产生的满足感和充实感，在这个现代社会却不断地减弱甚至消退。这种人对自然的满足感和充实感的减弱甚至在一些自然环境保护论者的观点中可以看出。他们狭隘的把可持续性发展同自然和材料的作用，或者说只是提高能源效力、减轻污染或保护生境等同起来。退化的自然系统引起人类安全感的减弱和材料的受损，这无疑将是一个关键性的因素，应着重加以关注，因为它会影响我们未来的可持续发展。然而，单单从这一角度来看可持续发展太过于狭隘，因为从这一角度所理解的可持续性其本身也很难涉及到很多对于现代环境危机也同样重要的领域。更为重要的是，狭隘的可持续管理忽略了许多人类与多样化的自然系统在长期接触过程中所得到的益处，包括必要的身体上的益处、情感上的成熟、智力上的发展和心灵上的慰藉。

这些细微的差别就引发了一个中心问题。当一方面我们希望避免对人类的健康产生危害，也不希望影响长期的物质的积累和经济的繁荣；而另一方面我们还得保护和维持自然环境时，哪些方面需要维持下去？但是这些目标就构成了人类现在存在的意义，而不是目标。人类或许可以保证经济的繁荣，但不能保证或提高自身情感、智力和道德的满足。同时，人类生活的质量还得取决于人类与健康的自然系统之间积极的接触、体验和感受，而这一点则必定是可持续的基本目标。

人的身体、心理和精神的逐渐成熟伴随着同自然界复杂而多方面的交流和对话。直到今天，这种交流一直影响着我们的思维能力、适应能力、探索能力、同情之心、关爱之心，以及判断是非的能力。在现代城市和社会中，因循守旧的设计手法和开发模式不仅大大地降低了自然系统的生产力，同时也割断了我们与自然之间的联系，使人们不能积极地同自然界接触。众所周知，人与自然的积极接触是人类身体素质和心灵依托不可替代的力量源泉，只有通过调整自然与人类的人工环境之间的关系并使二者达到和谐时，人们方能抑制和改变这种不利的变化趋势，并为健康着想恢复基础的生物环境。

最近可持续发展关注的焦点就是解决人与自然的协调和谐发展这一目标，但是这一目标过重和狭隘地强调了物质性。现在来看看各种关于可持续的定义中，其中得到最广泛认同的是布伦特兰委员会(Brundtland Commission)提出的定义："可满足现实需求而又不牺牲未来世代满足其自身需求能力的发展方式"。而最近《科学》(Science)杂志给出的定义："可持续能力的本质能维系地球生存支持系统去满足人类基本需求的能力"。[1] 而本书根据我们关注的重点给出的定义是由美国建筑协会(American Institute of Architecture)给出的："未来社会不断持续的能力，而不至于消耗过多系统所需的主要资源，超出其承载能力"。根据这一定义，大量关于可持续性设计的书籍、论文暗示可持续性就是寻找"远离消耗资源和用完后即可丢弃的系统，因为这类系统能源密集、资源低效，是一个危险的闭合循环系统"。[2]

所有这些对可持续发展和可持续设计的定义当然是值得应用和称赞的。但是，它们几乎都强调了人类自身的需求都取决并来源于自然系统的作用。按照这些可持续的定义，可持续最主要的目标是实现经济和资源的效力和健康，并减轻污染。但与之相对的是，可持续的这些观点很少或根本没有考虑到体验自然还可同时也可以带来人类情感、智力、道德和精神上的承受能力和健康。一个可持续发展的社会必须具备清新的空气、可饮用的水、丰富的资源以及基本的生态系统服务功能的实现。然而，一个更为有意义、令人满意的生活还得取决于人跟自然积极密切的接触，并把这种接触带来的感受作为日常生活的一部分。狭隘的可持续发展观只注重了实体利益和物质利益，而没有强调在一个不断城市化的世界里，正义感和充实感也取决于同自然长期的探索性联系，人必须通过感受自然与自然进行长期的对话。

可持续发展基本上由一系列价值观组成，也可以说是最基本的是伦理观(或道德观)。它强调的中心内容是在同自然界的联系中我们想得到什么，而在人与自然的这种联系中哪些是正确的，哪些是有利的。杰出的科学家唐纳德·肯尼迪(Donald Kennedy)，斯坦福大学(Stanford university)的前任校长曾在《科学》杂志上发表了相关评论。他写道：

> 我们以各种方式从我们的环境中获得价值观：我们可以从环境中获得木材；我们也可以在自然中打猎；我们也可以因其实用价值因素而享受其带来的乐趣，如观鸟；或许我们还可以仅仅因为知道自然存在于那儿就感到快乐……可持续性(要求)考虑到后代人的基本利益，涉及到了所有这些价值观的总和，跟这代人一样高或者更高……一旦我们找到能共同接受的可持续发展的真正内涵，这也许正是科学(和技术)要做的事情。[3]

人类对自然环境的持续依赖有物质方面和身心方面，比如资源的有效利用、污染的控制和生态系统服务的保护。但是，正如肯尼迪所说的那样，也必须尊重从自然中获得的所有价值和利益，不仅仅是狭隘的物质方面的依赖和经济支撑，而应扩展到更为广泛的人类自身利益的意识之上。我们必须意识到我们从对自然的依赖中获得最广范围的价值，既包括了情感的依托、智力的提升、审美的感受、合理的伦理界限，同时还有一个有着长久意义和关联的世界。

自然价值的实质是最基本的伦理方面的问题，它涉及的就是哪些是好的、正义的和值得的，反映了人类的自然价值是怎样产生并维持其健康的，也反映了人类是怎样与自然溶为一体的。只从狭隘的、实用主义角度强调从自然环境中获得的物质利益和身体健康的伦理观是不充足的、有缺陷的，而且最终将事与愿违的。从另一方面来看，环境伦理只提倡自然本身的权利，而不考虑人类的利益和健康，这种观点也将证明是错误的，甚至是更糟糕的、不切实际的。我们所需要的东西以及这本书中已提及的方方面面都是一种环境伦理，人类天生对自然的亲和力范围宽广，包括身体需求、情感需求、智力需求和精神需求，所有这些都是人类的生物特性决定的，因此，即使是经过学习、文化熏陶和体验后而受到极大的影响，它还是利己主义的。[4]

这种生态文化的环境伦理观也是实用主义的，但其视角要比传统的观点看得更远、更广。实用主义伦理观提出判断行为的好坏或对错是根据其是否对当代和后代人带来最大利益。[5] 从这一角度来看，一个物种、一个生态系统或环境过程不是一种道德的终点，而是一种人类价值终点的方式，如快乐感、正义感或充实感。实用主义环境理论被用来防止自然界受到破坏，防止损害或减小人类物质安全感消失、维持人类身心健康和保证人类正义的行为，从这一角度来看，物种的灭绝、污染或资源的耗尽应受到道德上的谴责，因为物种的灭绝、污染或资源耗尽等破坏了现代人和后代人的使用，从而使得其他生物形式或他们的健康会受影响，这种影响的后果常常是人类最敏感的群体遭受打击，如儿童和穷人。

这种伦理观与狭隘的实用主义观相比要好得多，因为实用主义伦理观对物质的强调和关注缺乏对自然其他价值的欣赏，与人类的物质利益对立、不相容，不包括如人们对自然的热爱之心，或欣赏自然美，或受到自然精神深处的启发等等。同时，这些已被证明的狭隘实用主义环境伦理观促使了某种因素而导致人们以权利为基础的或“生物中心的”伦理观来保护自然，尤其是自然中的生命形式。只保证自身达到道德的极限，拥有生存的权利，无论它们能否促进人类的健康。[6] 从生物中心论的观点来看，自然界是珍贵的，它促进了我们喜爱、欣赏、同情和虔诚的产生和形成，它与自然界物质的统一性是相互独立的、没有关联的。

而本书提出的环境伦理观认为狭隘的实用主义伦理观或以权利为基础的伦理观都存在着缺陷和不充分的地方，不足以形成可持续设计和发展的伦理观。狭隘的实用伦理观是正确的，但却存在着缺陷。其原因如下：首先，自然界的许多事物不能给人类带来物质利益，而且大多数污染形式（全球气候变化除外）影响到人数相对较少，而且通过技术手段的补救和调整即可得以改善，而不需要采取伦理方式。其次，一个同样狭隘的实用主义伦理因对物质灭绝或一些形式的污染的争论而得以发展，因为经过争论之后会为最多的人带来最大的利益，不只是当代人，还有可预见的未来人。第三，破坏的种子散布于伦理观的方方面面，导致了自然界的破碎，同时暗示了剩下的资源消耗不得不取决于社会状况和经济状况。第四，也是最重要的一个原因，就是狭隘的实用主义伦理观对以人类在接触自然的过程中带来多少身体上、精神上和心灵上的利益的理解是片面的、不充分的。

而以生物为中心的伦理观的问题是，它尽管考虑自然世界所有生物的伦理利益，但却忽略了人的利益，因而不能提供太多的实际参考价值，也不能让太多的人信服。当面临着同样危险的物种，或者面临着人类的利益和自然的健康时，人类又该何去何从，并最终选择谁。以生物为中心的伦理观往往在道德最需要的情形下(不是选择好与坏，而是两个竞争事物之间，它们都是最好的产品和存在)缺乏指导性。而且，以权利为基础的伦理观导致人类之间的需要和利益毫无差别，因此，不会有太多的人接受它。同时，这种以生物为中心的伦理观在政治立场上也是站不住脚的。最后，以权利为基础的环境伦理观是非常没有必要的，因为本书提到的生物文化伦理观就包括了以权利为基础的伦理观的其他很多论题，如因自然之美、情感上的吸引和令人尊敬的特征而维护自然的健康发展。从热爱自然本性观的角度看，这些元素以及更多的其他要素将有助于人类身心健康发展。

最后又回到这本书所要讲的可持续伦理观，它是在非常宽广的尺度之上，是在理解和评价人类自身利益的基础上形成的观点。本书所讲的可持续伦理观是介于狭隘伦理观和囊括一切的生物中心的伦理观之间的一种伦理观，同时它还涵盖了以权利为基础的伦理观的许多有用方面。这种可持续设计和开发的伦埋观是非实用主义的，但它也包含了对人类健康的理解和重视，意识到自然界不只是保护人类躯体的物质资源，而且也是提高人类心灵和情感的必要资源。这种伦理观将物质利益和自然利益联系到了一起，使二者相互作用，对于人类从自然界获得利益也同等重要，这些利益包括自然的审美价值、情感价值、智力价值、道德价值和精神价值。生物学家爱德华·O·威尔逊提倡采用这一形式的环境伦理观来防止生物多样性的遗失，但可持续发展伦理观同样也可应用于生物多样性的保护。威尔逊讲道：

人性现在所做的事情是将要在未来时间内使我们的后代变得贫乏。然而，对这一问题的批评家们的反映是“那又怎么样?”。人们讨论中最大的争论是关于危险中的物质财富，这个争论的确是正确的，但是也隐藏着危险要素，即若

> 从潜在价值来判断，物种可能标上价格，与其他的资源财富进行交换，而且一旦价格就是权利时，它就会被抛弃……对权利的争论……就像单独对物质主义的争论一样，是危险的……只是对权利进行讨论，因其直接性和力量，那么这种讨论则是凭直觉的，是推测的，缺乏客观证据……自然的权利的一个简单的要求……可以由人类权利的简单需求来回答……最后，关于保护生物多样性的决定则根据我们的价值观和合理的道德方式而定。一种正确的伦理观……显然会考虑眼前的物种应用实践，但是它一定会走得更远，并加入对人类存在意义的思考……相反，一个精力充沛的、丰富的、以人类为中心的伦理观可以在物种遗传基础上形成，因为在审美、情感和精神等基础上体现出生命的多样性。[7]

正如威尔逊所说的那样，这里讲到的可持续生物文化伦理观将人类的物质、情感、智力和精神同人类生物学以及人类在规划这个世界的选择能力和自由意愿联系起来了。热爱自然本性的价值观可以来源于人类的遗传，但是它们极为脆弱，只是一种生物上的趋向，这些价值观的真正形成还得极大的依靠学习、体验和感受。热爱自然本性的价值观反映了极多的依靠自然获得舒适感和安全感的需求，因此，形成一张相互依赖的网络是如此重要，这有助于维持自然发展的伦理观，同时思考对自身利益更深刻的意义。热爱自然本性的价值观是依靠自然从古至今的遗传作用，并且人类经常通过学习和文化熏陶而对其进行选择，从而给热爱自然本性的价值观以定型，其最后的结果是要么适应要么不适应。每一类价值观是形成可持续性伦理观至高无上的基础，也是各种价值观的纽带。人类所看到的各种价值观与自然界不同的联系是维持自然环境整合性的基本道德原理。雷内·迪博(Rene Dubos)提出了一个类似的可持续设计和开发的伦理观：

> 保护自然应以人类价值系统为基础，这些价值系统是保护精神健康所必备的，而不应该是一个奢侈品，可望而不可及。进行保护不只是因为经济上的原因，甚至更是因为审美和道德方面的原因。我们因生活的地球而定型，我们利用周围环境的特征来控制我们的身心健康和生活质量，或许只是因为人类自身利益的原因，人类必须保护自然界的多样性和和谐性。[8]

热爱自然本性的价值观是人类健康、美丽并与自然界相和谐的一件华丽外套，在人类的人工环境设计和开发中，我们面临的最主要挑战是怎样维持积极地同自然系统的接触而形成人类的满意感，并使之成为人类身心健康和道德成熟不可或缺的基础。现代社会不再像以前的社会那样，内在的破坏或不适宜生活与健康的环境毫不相关，现在环境破坏的程度很大程度上是由设计不当所造成的，而不是现代生活不可避免的缺点。经过细致的考虑、理解和施加一个正确的道德压力，我们甚至可以在人口更多的城市避免对环境的破坏，同时为人们提供有意义的同自然接触的机会。

当我们心理上或精神上出现健康问题时，我们会不可避免地表现出自毁的行为方式，正如我们缺乏物质安全感时，我们也会那样做。暴力和破坏正是道德贫乏和安全缺失的产物，无论从身体上还是精神上，我们都受到人与自然联系好坏的影响和控制。一个广义的以人为中心的维护自然界的伦理观更坚定了我们对一种伦理观出现的期待，通过它人类可以建立一种共性，人们可以获得情感上的、智力上的和精神上的食粮和方向。生态学家奥尔多·利奥波德(Aldo Leopold)几乎在半个世纪以前就提出了这一可持续的伦理观：

> 在保护的背后一定存在着某种力量，更多的是影响全体而不能带来利益，更少的协调而无法掌控，更为短暂而不能亲身感受，某种渗透所有地方和时间的东西……某种将所有事物相提并论的东西，从江河到水滴，从鲸鱼到蜂鸟，从土地到窗户……我只看到一种力量：将土地视为有机的一体来尊重……对此巨大的生物群表现更多的爱和责任……然而，我们现在面临的问题是我们的态度和行为。一台蒸汽式挖土机就完全可以改变阿尔汉布拉(Alhambra)宫殿的原来面貌，而这正是我们引以为豪的发明。将来我们几乎不可能丢弃挖土机，它毕竟有许多优点，但是，为了更成功地开发这块土地，我们必须更加温和，采用更多的客观评价标准。[9]

除非人类改变对待自然的基本伦理观，不然可持续发展很难实现。在可持续理论和持续性设计不断完善的过程中，有很多重要的、不断前进的改变。但是，现在盛行的可持续发展目标是有限的、狭隘的，而最基本的问题是它不够充分。仅仅依靠经济物质主义逻辑、技术和调整是不足以解决我们所面临的环境难题的，或者也不可能实现可持续发展。只有改变我们最基本的价值观和伦理观，才有可能缓解现代环境危机的范围。[10]而当我们不仅是认识到需要有效地、谨慎地使用自然资源，同时我们也意识到我们的现代生活怎样持续地依靠对自然联系的质量，并且这种联系与人类的身体素质、心理健康和道德健全是一个整体。人类只有实现了上述两个目标，才有可能缓解现代的环境危机。

故　事

全书中已经讨论了甚至在现代社会里，人类是怎样继续地依赖于同健康的自然系统的积极接触而产生身体、精神和心理上的健康。我们也探讨了在现代建设和实践过程中如何使不利环境影响减到最小，以及尤其是在现代城市里如何恢复自然与人类的良好关系。但是我们仍没有完全理解，如何在一个不断人工化的世界里进行科学的、实用的设计，使得人与自然得以共存，甚至和谐共处。

在这本书的导言中，我们提出直觉和想像力也许可以填补这些知识的空白，同时也有益于作一些探索开发，这种更为主观的手段、方式就是采用讲故事的形式。因此，在这本书的结尾部分将采用传统的叙述手法，分为五个系列小故事。其中前四个故事分别讲述主人公的童年、青年、成年以及中年时期所发生的故事。而第五个故事则是透过他的一个孩子以及其后代的眼睛来简单地评价主人公的一生。

这些故事中涉及的主题都是前面章节中讨论过的。前面几章，更多的是从经验主义的角度出发来看待这些问题。问题包括：在人类的成熟和成长过程中自然所起的作用，社区感和场地感的重要性，现代社会中环境的恶化，以及一个新的设计理论怎样在一个现代城市里恢复人与自然共存的关系。而这五个故事，很显然是想像出来的，但是这五个故事可以作为前面章节的补充，帮助我们理解在人口急增和快速发展的社会里怎样取得人与自然和谐发展。

故事一

森林和大海——1955年，童年时代中期

我记得那个时候的世界是翻天覆地的，对于一个六岁的孩子来说，他不会太多地去关注精确的地理知识，这时的自然更多是感性的，而非物质的存在。我所了解的自然世界是从通向外面世界的一条沥青路开始，越过幽深的小径，便是外面的公路。小径跨过公路，其两侧长满了海滩玫瑰(Beach rose)和有毒的常春藤(Poisonivy)，而小径的尽头则是长满了尖尖青草的草地，那儿有成千上万的扁虱潜藏其中，时刻蠢蠢欲动，伺机向你猛扑过来，你几乎就位于海边，尽管到达海滩之前还得翻越许多石头。少许多刺的植物生长在沙砾之中，水面之上，潮起潮落；春天来时，遍地是黄色的、粉色的和蓝色的花朵，点缀成色彩鲜艳的地毯；除了奇石、怪异的植物以外，还有海滩，极为细腻柔软，绵延不绝。在那儿，我仿佛觉得时间变慢了脚步，几乎定格，甚至希望时间回转。

常常和妈妈、哥哥、姐姐一起去海边，偶尔与亲戚、朋友、朋友的父母和一些邻居共同在海边游玩。而在海边遇见一个你从没有见过的人也是常事，但你们几乎会马上成为朋友。即使是一个人待在海边，你也不会感觉到孤单，你没有时间来感受孤单，你有许多事情可做，沙子中、沙子的下面、水中、空中，几乎到处都有丰富的生物。海边有无数的螃蟹、甲鱼、燕鸥、鲸鱼、鱼儿和鸬鹚，还有打鱼人。尽管有时我所获不多，但我从不会厌倦，而总是带有极大的兴致去寻找它们。这个沙滩提供了无限的冒险和探索的机会，尽管冒险和探索的目标或目的不是非常特别。

仅仅是一大堆沙子，它沿着不会改变的地平线延绵不绝，装饰着灰色的大海，尽管如此，它还是迷住了我们，给我们带来欢笑和快乐。在那，时间在不知不觉中流逝。不过偶尔我们也会去感受一下海水的冰冷和令人不舒服的温度，或者是去消耗过多的能量。我们在沙滩上堆堡垒、要塞、城堡，挖深渠和护城河，追赶慢吞吞的螃蟹，常常做一些很小、无关紧要的事情。我们因一些初步的创造力而逐渐形成了对事物的想法，同时我们也稍稍改变了周围的世界，但是决不会从本质上改变它或破坏它。我们只是稍微简单地重新组织一下“海滩”，扩大它的活动内容、外观和边界。

海滩是邻里关系中一个独特的组成部分，我们的村庄于20世纪50年代中叶只是位于海边一个小村庄。那时我已获知城市中人口众多，而且像蝴蝶一样紧凑地生活在一起，但是城市中的大多数人仍然倍感孤独、隔离和寂寞。而在我的家乡，人们都几乎相互认识，就好像他们生活的这片土地。不过不要弄错了，我并不是说每一个人都喜欢另一个人，而且我家乡当然并不是品德极其高尚的群体。他们之间也有太多的竞争、妒忌、为小事而争吵或者更糟。但大多数人都相互扶持、相互帮助，对全村的事物都极为尊重，都有一种强烈的责任感。特别是年轻人的成长问题，不论我们喜欢与否，每个人都知道另一个人的存在。

我们也很了解我们周围的自然世界，尤其是孩子们，还常常以此为骄傲，这甚至是这个村庄的标志，我们以一种独特的方式与自然相处。这儿的房屋多用西洋杉木材做房屋的顶板，但几乎不会上漆，而是保持自然本色，灰色屋顶的色调几乎与远处的土地融合在了一起，同时还柔和了大海的颜色。因一些未知的原因，大多数农户不会去砍伐其周围的松树林和橡树林，以及长在松树、橡树下的杨梅和越橘，或把它们变成草地和装饰性的绿篱。不过每家每户门前还是都有一块可爱的镶花草坪和花园，它们增加了空气中的湿度，但只是一个不起眼的补充，很快就消失在森林之中。森林自身的结构是简单的，几乎只由两种树种组成，北美脂松(Pitch Pine)和胭脂栎(Scrub oak)。这片区域在历史上以松树不开花不结实而闻名，因为很少有树木和植物在这块几乎沙质的、贫瘠的土壤中幸存下来。但是这里的人们几乎都很喜欢这些简单的松树林、橡树林，就好像它们确定什么是邻里关系中正常的存在和期望。村民们不愿意砍掉这些树木，或许是被春天里在此鸣唱的草原之莺和北美鹨的歌声深深吸引了吧，或者是夏日里在此吟唱的鸣角鸮(Screech owls)和鸣蝉，或者为这些树木抵制住了深秋及冬日里刺骨的寒风的摧残而感动吧。我猜想这里的大人也会跟小孩一样来感受和回应森林和大海，而且也许跟孩子一样，他们依然沉浸其中。

对于孩子们来说，森林和大海是邻居，是无止尽的探索、冒险和发现之所，也许还可能是对美的认识的起源和对创造力的敬重之意的起源。我们在灌木丛和荆棘中打开探索之门，而树屋和游戏、挑战及竞争形成了我们的好奇心和创造力。我们很喜欢离开大人们的视线，尽管他们几乎总是在附近，虽有一定的距离，但感觉自己是安全的。我们进行各种各样的探索，但是还离不开家庭和后院的舒适和遮蔽。伤害是时有发生的——臭鼬、有毒的常春藤、扁虱或从高空中掉下，探索新路时常常迷路，离波浪起伏的海水太近，打湿了全身。跟所有的孩子一样，我们探试这个世界的边界，尽情的探索和满足我们的好奇心和发现精神。大多数大人都接受我们对探险的渴求，但很少会非常认可和赞成，相反会警告我们其危险性。

当然，世界带来亲切的同时也会伴随着一些阴森可怕的事情，甚至是令人恐惧的事情，有些事情至今回忆起来仍然感到全身发冷，让人害怕。而我记得最恐惧的事情莫过于我父亲的死，以及不久以后我差点也丢掉性命。对于那些过早的失去了父母——无论是意外、疾病或谋杀的男孩和女孩，我不希望他们像我一样放纵自己，仍然要学会面对生活。然而，父亲的死在我六岁的心里产生了一种无法言明的神秘，使我胆战心惊，我感觉我的背后是一个深深的黑洞，而我则继续在这个黑洞里飘荡，我时刻感觉到会有灾难降临。

我知道爸爸病了，但这在我小小的脑海中几乎不能代表什么，不会想到生病可以结束一个生命，而且是我最爱的人。没有人向我解释爸爸的病会有什么样的后果，或许成年人这样做是为了保护年轻人，避免这一现实的伤痛和不可避免的事实带来伤害。在一天晚上，爸爸病重了，并被迅速地送到了医院，我并没有想过我将永远不会再见到他了，而当一切成为事实时，这一消息的激烈令我混乱不已，我否认它，去寻找一些其他更合情合理的解释。

现在回想起来，我坚信让我忍受这一失去带来的伤痛的只有一样东西，那就是森林。最重要的是我再次走进森林时，一只鹪鹩始终跟随着我。我去森林是觉得那儿是独自静静呆着的绝妙之处。我还怯怯地希望我到处闲荡有可能再一次找到爸爸。有一次当我在树林中静坐的时候，我回避失去爸爸的现实，甚至形成这样一个幻想，我想像自己在一个很远的地方，也许是一个地球的另一端，那儿全是深深的陨石坑和裂开的大地，极为罕见的深紫色和深蓝色的天空。我沿着一条弯弯曲曲的道路向前走去，走了一会儿就被一个远处的缥缈的声音唤了回来。这个声音变得越来越大，而且越来越强硬，而最后这声音是不能被忘记的。

当我的幻觉消失时，透过朦胧的薄暮我看见了一只小小的鹪鹩，这只小小的鸟儿停在矮枝上，这根浓密的、短小的树枝离我的鼻子仅有一英尺。它那双明亮的眼睛热切专注地看着我，它小小的头上都是弯曲的条纹，而它棕色的身上都是白色的斑点。这个生物奇异的小，而它的叫声却非常紧凑，它的眼睛似乎带有怒意。小鸟的歌声引起了我的注意，迫使我从悲伤中回过神来。它的声音如此之大，旋律如此激进，具有催进和强迫作用。它如此之小，只有我的手掌心那么大，却能发出如此热情奔放的叫声。

现在回想起来惟一最值得乐观高兴的事就是这只鸟只为我歌唱，给我带来了安慰，缓解我内心的悲伤。在我六岁年龄的脑海里，说实在的，即便是现在我仍坚信它是为我而唱，想抚慰我的伤痛。那时我毫不怀疑这只鸟是在同我交流，而且事实上，它认出了我。鹪鹩是我当时生活中经常看到的一种鸟，是在松树和橡树林边缘地带繁衍生息的一种常见的野生动物。每天清晨大声的歌唱宣布它们的存在，随着大地上第一缕阳光洒向森林而开始它们长长的、充满感情的吟唱，成为树林的主人，就好像它们拥有整个森林。当你看到它如此微小的身躯竟然发出如此响亮的叫声，你总是会惊叹不已。

更重要的是，鹪鹩曾经占据我家一个特定的空间，而且就在不久以前，其中一只鹪鹩真正地成为我家一个非正式的组成部分，成为我家特别的一员。这件事发生在去年的春天，我们全家都在外地度假，洗衣房的窗户正好微开着，一只母鹪鹩飞进了我家的洗衣房，并在柳条编成的篮子中筑巢。然后她就蹲在未孵化的鸟蛋上孵育小鸟，在我们回家之前她一直呆在这里。大多数鸟类面对人类的突然出现会特别恐慌，并且立即弃巢而逃。但是这只母鹪鹩却非常大胆，毫无惧怕之态，它不会恐慌，更不会弃巢而逃。而且，大多数人看到野生动物跑到他家里肯定会把它们赶走。但是我的妈妈坦然接受了鹪鹩和小鹪鹩的存在，并没有把它们赶走。

因此，尽管鹪鹩在刚看到妈妈时有些不安，但慢慢地那只母鹪鹩就在此定居了下来，而且妈妈很快也认为野生生物在洗衣房的洗衣篓中筑巢是一件不常见的事。鹪鹩与妈妈以及我们全家都很快相互适应了，并和谐共处下去。那只母鹪鹩允许妈妈做她的清洁工作，以及我们小孩子看着她。然后随着时间的流逝，鸟蛋越来越暖，最后终于孵化成功，小鸟出生了。而母鹪鹩的配偶、幼鸟的爸爸匆匆赶来喂食，从不间断。那两只大鹪鹩飞出去又飞进来，给幼鸟带回了昆虫和其他食物，而且慢慢地，幼鸟也慢慢地学着跳向窗台，最后飞出窗外。不久之后，它们都消失在后面的森林之中。

当我斜靠在一棵树上，孤独地整天一动不动地盯着那只鹪鹩，我被它优美的歌声和强烈的生命力深深吸引了，与此同时，我在想，这只鹪鹩是否就是曾经在洗衣房中长大的其中一只呢，也许它飞回来帮助曾给了它生命，而没让它死去的人类。我还记得我也曾想过，是否只有人类才拥有怜悯之心。而且一个不可否认的事实就是当那只鹪鹩歌唱时，我全身心地持久地注视她时，她歌唱的时间最长。我坐在那儿，从后面注视着她，她离我的脸很近，鹪鹩长笛般的歌声变的更加响亮，但决不会让人感觉尖锐刺耳，慢慢达到一个渐强音，然后音调下降，其中一个音节从上面滑下来到另一个音节，然后又渐渐增强，如此反复。

当歌声让我无法忍受内心的悲痛，我就开始对她讲话。当我仍然继续全身心地注视它时，它并不是飞走，而是有点紧张地安静下来。因此我讲出了我的一切，或许更多的是出现在我的脑海里而不是说出声来。我告诉鸟儿我的伤痛，以及我想得到的一些解释和确认。这当然是徒劳，没有人意识到我的想法。然而，很平静地，我感觉自己轻松了许多，对生与死的微妙关系也慢慢地接受了，而且加强了同外界的联系，减弱了眼前可怕的孤独感，从一个更为广阔的世界中得到安慰，当然包括爸爸的世界和我自己的世界。一个六岁的小孩甚至会怀疑树枝、大树、土地和天空中的云彩、单一种的鸟类以及一个小孩是否就是一连串的存在和时间的世界呢。

当我呆在那里的时候，我感觉自己也变成了树林中的一员，与树林的所有细小事物及发生的事情协调共存。而由于那只鹪鹩，更为广阔的循环意识和联系也产生了，我会观察更多的东西：一只田鼠进入林中然后离开了，然后一只猫鹊，很快一只蜜蜂，一只青蛙、甲虫和蚂蚁，矮小的橡树和有毒的常春藤、风儿和天空，所有的一切都是活生生的，成为我整个世界的一部分。生命与非生命世界的边界溶解了、消除了。一条束带蛇突然出现在我眼前，我非常地害怕，我想飞快逃走。那只鹪鹩也发现了大毒蛇，很快也飞走了，只留下了我自己，我更加感觉到恐惧和担心。但是我坚持呆在原地，那条蛇在温暖的太阳底下晒太阳，这也只是他生活中的一部分而已。这是我第一次从爸爸死后感觉到自己的警觉和活力，我甚至变得更加喜爱与蛇相伴，而不愿自己一个人在黑黑的洞里独自孤独。

然后我意识到自己非常想跟家人在一起。然而，甚至在我回到人类经常耕作、生活的土地之后，我仍然继续参观林中那个独特的地方，那个我与鹪鹩进行特别交流的地方。那个地方成为我生命中创造力和体验丰富世界的中途旅站。通过鹪鹩我认识了一个更广阔的世界，尽管熟悉但却可以自己把握，尽管有很大的差别却会有种亲切感。

我不再细想我所失去的东西，尽管我应该总结一下未来将发生什么，特别是对死亡的认识。但直到今天，一旦遇到恐怖的事情我仍然感到全身发抖，具有讽刺性的是，这源于在当时对我帮助的一句话。在爸爸死后不久的一个满月的晚上，我和叔叔在月光下散步，我的叔叔指着月亮上一个很模糊的影像，而从前我从未注意过。

叔叔说，那是爸爸，他在上面看着我。我时刻在想着这个秘密——那就是爸爸，爸爸在月亮之上。而且第二天，我就极不耐烦地等待着天黑，再一次看月亮之中爸爸的脸，这样也许离爸爸更近些。

我早早地上了床，这让所有的人很惊讶。当夜幕完全降临时，我顺着窗户外的大树爬了出去，当满月慢慢从地平线上升起来时，我来到了海滩边。月亮是橘黄色的，并随着它从海平面升得越来越高，也变的越来越大。我长时间地注视着它，忘记了向前走，然后在码头下寻找到了一艘快艇。这些快艇是营救那些不顾危险到海中心冲浪的人们，而我那时却不容置疑地坚信，只要我能离月亮近一些，甚至我就可以跟爸爸讲话。

但是我们生活的地方正好位于两个构造带交接的地方，就是常说的断层，因而这里几乎总是波浪滚滚。的确，如果碰上涨潮和激流——这常在满月的时候容易发生，那么海浪就会形成裂口，甚至一只小船也避免不了。我的小船很快就遇到了裂口，而且急剧加速起来，尽管尽我最大的努力仍然是不可避免地转向了东北方向，水很快透过了我单薄的身体。船也很快不再受我的操控，而很快地，我被扔进了海中。我非常害怕、无助。我可以隐约看见这个绿色通道的浮标，其怪异的光线让我觉得是某种可怕的眼睛。那只小船开始注水，当海水不断猛烈地撞击船身，然后飞溅进来。小船在海上摇摆不定，并在那些让人丧命的海浪中上下跳个不停，令我极端恐惧。小船慢慢地注满了水，而且也无法平衡，当我尽力划桨，想离开旋涡时，它只在原地打转。

小船更快地翻转，然后突然四分五裂，而我掉进了水里，被急流围住，非常无助。很奇怪，这时我在想，是否我被淹没后，就可以和天上的爸爸相见了。尽管我感觉越来越疼痛，但我仍记得当时的感觉，觉得水是那么的温暖。我不断地呼救，但没有人听到，而且甚至在如此小时我就感觉喊救命根本就无济于事。当海浪不断猛烈地向我袭来时，我慢慢地、奇异地平静下来，不再恐惧。虽然那只是几秒钟的感觉，我却觉得是永远。

然后，当我很快地冲向浮标时，我把目光转向浮标上闪烁的亮光，我试图调节在海浪中的角度，希望排除更大的海浪。或许是身体内某种内在的机理起了作用，再经过无数次努力之后，似乎我可能会接近它。那个浮标突然比我想像中的还要近，还要大。坚硬的金属出现在黑暗之中，它上部有金属的梯子，这构筑物周围环绕着一圈铁轨和步行道。很快我被抛到这个金属物的表面，空气中的水浪打的我很疼痛，我恨不得钻到里面去。在漫无边际的恐惧中，我无论如何抓住了一根金属阶梯。尽管我紧紧地抓住它，我还是紧贴着它，急速的海水在我身边咆哮。我只寄一丝希望于退潮。我用尽仅存的一点力气，让自己慢慢地更靠近那个浮标。我感觉身体两侧喧嚣的水缓慢了一些。耗尽所有气力，在我想到采取那些自救措施，并缓慢地全身疼痛地爬上梯子，我已奄奄一息，不过直到我抓住这个环形的架子，我才感觉自己彻底崩溃了。

我躺在那儿，精疲力竭，不过心存感激，最后我慢慢昏迷并沉睡过去。不久之后我就被直升机的响声吵醒了，然后我看见了一艘船。妈妈在发现我失踪后就到处寻找，不久之后就发现了遗失的快艇。而剩下的15分钟对于我是尤其特别的，而且我的名声远扬，而随后是更为平常的成长过程。爸爸的死以及我与爸爸的贴近让我回味无穷，同时也带给了我智慧。如果没有别的，我对我周围的世界和我生活的地方更加感激。甚至当我还是一个小孩子时，它便带给了我一种宁静的从容。

故事二

从苹果园到大型购物中心——1972年，青少年时代晚期

我的世界、我的生活变得平淡无奇，没有太大的波澜，我周围的每一只鸟，每一丛灌木，每一个邻居以及每一个同窗密友都像是一个大家庭的一员。妈妈在爸爸死后并没有打算搬走，但是最后不得不承认现实的残酷。对于20世纪60年代一个居住在村庄的单身妇女来说，要养活三个孩子，还得提供其中一个孩子上大学的费用是非常困难的，特别是在农村，不太容易找到一个工作。还好这时我们位于海边的房子升值了，因此妈妈牺牲了自己的喜爱之物，她把房子卖了。不久之后，我们搬到了一个中等城市的郊区，爸爸妈妈都在那度过了他们的大学时代，那时妈妈学习护理，爸爸学习法律。

不可否认，离开生活多年的村庄让我很是悲伤和不舍，但是一个12岁的孩子有较强的恢复能力，对他而言，搬到城市里去似乎相当的兴奋。刚开始，我与新的小镇还是非常的陌生。尽管那儿有很多的房屋，但是周围的房子都缺乏个性，无法辨认，每一栋房子看起来几乎都是一个模样；那些平行的街道形成了错综复杂的网络，让一些小型啮齿动物很迷茫，不知何去何从。然而，这个社区还是有它迷人的地方，至少这儿有许多跟我一般大小的孩子，我们成天都在一起参加许多活动。当我在不远处发现一处比较野生的环境时，我也会很高兴，尽管我要穿过丛林般的建筑，每

栋房子都用木桩标出自己的界限范围，周围铺满了青草和柏油路面。

设法到达江边也是最有体验意义的，我们开始得翻过十多英尺长的岩石，趟过十多英尺长的浅滩。才能到达江边。这条小江也有一些深水区，可以在这儿游泳，而偶尔鲑鱼和鸭子成群聚集于此。也许因为这条江一直奔流不息，并呈现出不同的、多变的面孔，当这条江在日夜奔流不息之中汇成新的河流，带来了新的植物和所有的生物，对于一个孩子来说，这条江就是一个活生生的个体，它需要适应周围的环境，但同时几乎总是保留原来的模样。某一时刻波澜不惊，而下一时刻水面波光闪烁。有时候当它滑过光滑地段时你听不见水流过地面的声音，而另一些时候，当它遇到暗礁或遗弃的大坝(那些大坝曾经是人们利用江水巨大的动力来发电)时，则爆发出瀑布般的响声。然而，除了我们少数几个孩子之外，周围的邻居在日常生活中几乎没有意识到这条江的存在，尽管我猜想他们或许以一种不太明显的形式意识到江河的存在。毫无疑问这条江河的存在使这个社区有自己独特的个性，并是最引以为豪的地方。而且越是靠近河边的房子卖的也越快，价钱也越高。有一次，规划中一条主要道路将要穿越这条河流，这儿的居民们都团结起来反对，直到取消这一道路计划。

在这座尚未开发的小岛上，人们的世界里只有我们这个住宅区、几条大道和附近一家商场(横跨其中一条较宽大道)。这条路是这儿的主要经济带，其两边分布着数不清的便利店、小超市、快餐店、加油站和小贩等等，你在那可以找到任何东西，尽管并不是你真正想买的，而且那些员工好像从不认识你。就在那条主要大道的上面，一年前新修筑了一条州与州的连接通道。这条道路尺度如此之大，切断了周围景观之间的联系，好比一把刀切进了黄油中，无疑成为自然世界的最大障碍，而且更为重要的是使一座山体或一片湿地完全改变了原来的面貌。然而沿着这条州际道还未建设开发区，但很快就有传闻，紧挨着小镇的最后一片农场和小镇上最大的森林将要建设成为一个大的商场。州际道和农场离我那时就读的高中也很近。

那个时候，那所高中让我费尽思虑，不知什么原因我感觉它与周围的环境很不协调。红色的砖墙立面，大大的白色圆柱，以及大大的钟楼似乎这儿是远古时代的一座庙宇，是一个不利于青少年成长的地方。然而，似是而非，这栋建筑的里面是单调而沉闷的，它的大厅死气沉沉，而教室缺乏色彩，缺少光线，或者缺乏外面世界中任何一样东西。这的老师大多是极好的，非常有善心的，有些人也有远见的学识和雄辩的口才，但是与学生一样，他们似乎整天就知道数学，跟这个学校一样沉闷、麻木。这所有的一切，包括建筑还有教育方式都缺乏刺激和启发性。而对2000多个处于教育阶段的十几岁的孩子来说，只靠采用多种规章制度和强硬措施就想管住这有危险性的群体是不太可能的事情。

一个特别的日子，我极为愤怒，全身热血沸腾，最后我逃离出了学校。也许这根本不值一提，但是接着发生的事情可能影响了我的一生。从学校逃出之后，我飞快地向北面奔去，与我回家的方向相反。来到了一片树林，想躲在其中，不被老师发现，逃避可能会受到的惩罚。我在森林里漫无目的地闲逛，很快我迷路了，尽管我尽自己最大的努力沿着一条小鹿走过的痕迹向前走，希望自己只是在某条老路上迷失了方向，但最终我还是没有成功，变得非常绝望。

我从来没有想过会遇到另一个人，特别是碰到一个满脸凶光、怒目而视的老人和他的狗。那时我特别地紧张。我还没有缓过神来。起先我一直没有注意到他们，直到我抬起头，看到我前方不到100英尺的地方，有一个男人和他的狗恶狠狠地看着我，我被震住了。至今我仍然记得那个男人严肃的目光，和他身边的一动不动的牧羊犬，这只柯利牧羊犬的上唇还不停的张合，透出掠夺性的目光。他们的身体语言明确表明我的存在是不受欢迎的，也是不合法的。那个老人盯着局促不安的我，等了一会儿，他对我说我非法进入了他的私人土地，并想不通我为什么会来到这里。我战战兢兢说了一些不能信服的理由，并再三强调我再也不会来，并恳求他不要把我送往派出所。长时间沉默过后，他责备我说太不小心，他打猎时会打中我，然后又抱怨这个国家教育年轻人方式的失误。在说完所有的领域问题和社会问题之后，那个老农夫庆贺我逃离了那个枯燥无味的沉闷学习环境，投身于真实的自然世界，亲近田野和森林。让我感觉最不可思议的是，他邀请我加入他们的行列，跟他一起打猎。

带着深深的感激，我感觉自己从受刑架上被人救了过来，而且不可思议的是，还被邀请一起去做他最想做的事情。我们走了很长一段时间，老人不再愤怒不平。相反，饶有兴致地带我参观他的农场，以及农场上的动物、植物和周围的环境，并讲述农场的历史。他所了解的东西是极为特别的，与众不同。毋庸置疑，他是热爱这片土地的。他叫莫蒂默·里士满(Mortimer Richmond)，我总是管他叫里士满农夫，不管后来我们变得多么的亲近。那个时候他已有75岁，生于斯，长于斯，自从他的祖先于19世纪初在此定居后，已经相传了16代。他的关节炎让他走路时左右摇晃，但很快我就得知他从16岁时就是如此，真的很佩服他的毅力，当我们到达农屋时，我已经筋疲力尽，而他却没有丝毫的疲惫。

里士满农夫对这块土地的热爱之情是复杂的，是一种更深层、更为持久的情感。他更像是这块土地的一部分，或本身就属于这块土地，他了解这块土地上的秘密，知道这块土地上发生的一切。很明显，他也感受到自己对这方土地的热爱，他对这片土地怀有更为宽广的情感，包括对一些意外来客带有极大的敌意。他所掌握的农场知识极为丰富，这远远超越了实用的范围。他被这片土地的美、它的秘密，以及神秘感和挑战性而深深吸引着；他也深深地尊敬和惧怕这片土地的自然的力量。他对于这的生物，无论是大的还是小的，从不厌倦地去了解它们的秘密。他因自己的责任而自豪，但他更像是一个管理人员而非一个征服者。他只是参与其中而并不带走这儿的财富。里士满农夫把自己视作物质流动和营养流动的主要中介，这些物质流和营养流就像一座山一样是活生生的能量穿过这方土地。他拥有这方土地，但更多的是生来就具有的责任感、温柔心以及尊敬之情。

也许我想这样说莫蒂默·里士满，感觉他是现代社会的德鲁伊特僧侣，一个异教徒，他不加选择地热爱自然世界和人类世界。然而，这或许会导致误解，实际上，他深爱操控这块土地的一切，如屠杀某些动物——无论是野生的还是饲养的，尽管我从没有看到他肆意地、残忍地杀死它们，但他还是毫不犹豫。他绝对喜欢打猎，并以此为乐。这么多年，他几乎打过所有法律允许的、可食的任何一种动物，还包括一些可捕猎动物名单之外的生物。刚开始看到他打猎时，我胆颤心惊，然而，不久之后我就认识到这也正意味着他是这块土地上活生生的、亲密的参与者，而不是抛于土地之外。除非他要取食捕获的动物，他从不杀死它们，他有意识地让生物成为他生命的一部分。而且几乎不可思议的，除了他遇到有原因的失败时，他从不打猎。而且捕猎行动时的态度总是很严肃的，充满着技术性，而不是当作娱乐或一项运动。并且每次都是有节制的进行，而从不肆意扑杀。我真的相信对于莫蒂默·里士满来说，打猎是神圣的，是另一种将他自己与这块土地和土地上的生物联系起来的方式。

与莫蒂默·里士满心灵相通的不只有麋鹿和鸭子，还包括一些饲养的动物、栽培的植物，甚至是无生命的土壤和水体。他很少会犹豫不决，是该采用管理，还是吃掉它们，他管理这方土地以使其提高生产力。但是，除了要取得安全感和丰富性的目标外，他追寻与这块土地以及土地上所有的生命一种共同分享的、关爱的联系。他把他自己视作它们的同事，跟它们是平等的，而不是它们的主人，他追求一种他称为“土地社区”的深层的、全方位的伙伴关系。最主要的是，他追求的是一个比他刚继承这块土地时更为繁荣的、多样的和富有活力的世界。

我认为我长久的对于自然世界的兴趣、知识和情感依恋主要是受莫蒂默·里士满的启发和影响。那个时候，我还意识不到他教给我的知识会对我产生意想不到的影响。我的生物本能增强了，特别是利用耳朵和其他感觉器官，而不只是依赖眼睛来观察和感受周围的一切。里士满农夫教会了我辨别风景中最细微的差别，教会我认识环境中的各种可见的变化。所有这一切，他帮我感受到了更多的兴趣和快乐，而不是以前我曾经经历的那样。我深深陶醉其中，渴望了解、探知更多未知的宝藏，想尽可能多地体验和感受，因我担心有一天它们会消失在这样一个脆弱的世界里。想想年轻的我知识浅薄，加上里士满倔强的脾气和粗暴的办事方式，我有时也怀疑为什么我和他会变成忠实的朋友，为什么他会在他生命最困难的时候以及我最难过的时候保护我。也许从我这个十几岁的小孩身上看到了自己从前的影子，以及我跟他同样热爱自然的精神共性，即使这方面我还需要锻炼和培养。

他一定对我无限的敬佩之情感到高兴和欣慰，而这他从他的两个孩子那无法得到，他的两个孩子越来越反对他的做法和态度。他有一个32岁的儿子和一个30岁的女儿。他的两个孩子更受到经济的诱惑而对这块贫乏的家族的未来犹豫不决。一个大型商场中心开发商想买下这块农场。里士满农夫已经直接拒绝了高于这块土地产值3倍的价钱。因此，尽管在我的心目中，里士满是知识和智慧的化身，全身都是源源不断的知识财富，而莫蒂默·里士满的孩子们却认为他是一个老顽固，挡住了他们致富的道路。他们以前谁也不知道或这样想过，但是现在他们孤注一掷，想试一试，把这块土地卖掉会给他们带来财富。

这片农场最开始时有350英亩，但是我遇到里士满农夫时，只剩下不到200英亩。他不得不卖掉一些土地给那些想生活在乡村风景中的人们。但是当他们一搬到这里，就受不了夏天里牛粪散发出刺鼻的气味，春天里灌木丛燃烧的烟雾和秋天里的枪声。卖掉一些土地可以缓解经济负担，但是这个农场仍然举步维艰，带来的经济收入不见增加了多少。里士满农夫饲养奶牛，但是一些制度以及新型大型工业农场的出台，以及对当地农业的信任不断下降使得他的奶牛事业处于崩溃的边缘。他也种植了更受欢迎的农作物，如苹果树，还在苹果园旁修了一条路，但是，苹果也只是季节性地出售，而且苹果业也更趋向于工厂化的农业生产，那些消费者更喜欢又亮又红外观较好的苹果。而不断成熟的农业综合体与大型商场连锁也起不到什么作用。也许他最严重的经济失误是他拒绝对他的土地、他的动物们施用大量的化学肥料、农药和生长激素和抗生素等类似的产品。他反对新农业的花言巧语，因此，特别是他的孩子们，认为他是被现代社会淘汰的人。

因此，莫蒂默·里士满成为富裕的障碍，也是孩子们丢掉受人轻视的“美国佬”标志的妨碍。我相信他们是爱父亲的，也是很敬佩他的，并知道他的远见卓识和智慧。但是他们痛恨他的固执，宁愿做一个贫困兮兮的农夫。他们的母亲是这个家庭的调节剂，而他们的父亲很少出现在生活之中，他几乎永远都是在田野里、森林中。因此，当他们的母亲死去之后，这个家庭分裂了，不再是一个完整意义上的家。他的孩子们上了大学，并搬到了城市里，这个家庭中第一代有大学文凭的后代都离开了那片土地。他们成为城市的职业人员，儿子是一名会计师，女儿是一名药剂师。他们都以自己的教育水平而自豪，而且他们不再需要用双手辛苦的劳作。它们暗自高兴比作为农夫的父亲赚得更多，当他们偶尔回到农场时，他们再也找不到丝毫吸引他们的地方，再也体会不到辛苦劳动带来的快乐，以及那些不确定经济的吸引力。对他们而言，农场意味着倒退和压抑，而现在则成为他们难以想像的财富和安全感的障碍。

而所有的一切在一个星期天的早晨，当我到达农场时变成现实。之前里士满先生让我早点过来，他好教我辨认响尾蛇的洞穴，而在森林中这些洞穴的存在简直是奇迹，令人难以相信，尽管这个地方不断地开发和人口的聚集。他之前从未告诉过任何人这个秘密，并要我发誓不要说出这个秘密。他害怕一旦人们知道了响尾蛇的洞穴，人们就会消灭这些蛇。

当我到达房子时，我听见了房子里面有争吵的声音。我按捺不住好奇心，坐在台阶上安静地听着。里士满农夫的儿子大声痛斥说，这座农场的价值比他一辈子赚的还要多，而且他可以用卖掉后的一部分资金再去买一个更大更好的农庄。他的女儿责备他只想过一种浪漫的、理想的、与世隔绝的世外生活，而妨碍了他们的幸福生活，说这是不公平的。她说这个世界已经发生了改变，现在是搬走的时候，享受他们家族以前从未有的富裕生活。里士满农夫很生气地回应他们，而且经过一段时间的激烈争吵，他生气地让他们离开，永远不要回来，直到他们接受他对这块土地未来的决定和安排。现在回想起来，我还猜测这一个特别令人伤感的时刻还不至于激励他的孩子们采用法律手段来处理，我想是他们和开发商、政府工作人员共同阴谋来解决这个争端。最后我获知他的孩子们得到了土地的拥有权——他们的父母在几年前曾经改过了土地拥有者的姓名，而具有讽刺意味的是，当时这样做是为了避免关税，而现在则成了逼迫他卖掉农场的凭据。

所有这些拜占庭人家族的经济纠纷对那时的我来说毫不相关。我只是希望自己尽情和里士满农夫在林中嬉戏、玩乐并在农场上帮忙。因此，当他的孩子们离开后，我极高兴地跟他出发去寻找响尾蛇的洞穴，跟以前一样，他知道每一座山，每个山谷，每条溪流和每块湿地，从不需要用地图或者指南针。相反，他凭借特别的树木、石墙、岩石和其他的暗示就可以在丛林中找到做过标记的毒蛇的洞穴。其实当我看到这一生物时我特别的兴奋，还有一种庄严的神圣感，因为这个郊区的小领土上没有其他人知道有这种蛇存在。而且我也有些紧张，尽管我对所有的野生生物都很着迷。

洞穴的入口位于一块很大的岩石的底部，藏在凹地之后，常人根本看不见。那个洞穴极小，于是我们离开了，去找另一个洞穴，因为里士满农夫保证这个一定要大的多。当我们向黑洞中徒步前进时我几乎动不了，要不是里士满告诉我许多年前他第一次发现这个洞穴时他也很害怕，但是最后还是咬紧牙，鼓励自己进去看看，我或许早已逃走了。

这个岩洞的确比我们曾经遇见的要大很多。然后，我们沿着窄窄的边缘向前走，在那儿我们可以偷窥下面的生物。由于光线不足，起先我们只能很模糊地看到它们都盘曲在那里。因为现在还是早春，这种冷血动物现在仍是一动不动。然而，当我的眼睛适应了洞里的光线时，我开始数它的数量，最少有十条，刚开始它们显然没有注意到我们的存在，但是很快我们的移动引起了它们的警惕。我也猜想肯定是我们心脏脉动的声音，而非我们弄出来的响声引起了它们的注意。我曾经读过一个相关的知识，就是响尾蛇可以感受到六英尺远的温度并发现一只老鼠，甚至当被蒙住双眼和没有其他的气味。

我们挤到上面浅滩处的角落，盯着下面警觉的、移动的响尾蛇。几分钟后，显然它们没有觉得有太多的真实的危险。当我们继续聚精会神，全身心地盯着那些蛇的时候，我感到了极大的自信并且毫无畏惧。几十年后回想起来，我意识到那时候是我一生中最紧张的时刻，完全被吸引住了，还混有一种难以置信的亲近感。在那一时刻，我觉得时间和空间都定住了，整个世界都定格了。许多年后，我依然清楚地记得当时的情景，第一眼看到它们的情形，甚至当时周围的气味、它们的形状、光线的强弱和空气的味道都一一出现在我的脑海中。我永远也不会忘记我看到的一切和当时的感受。很少有其他的经历像这次与蛇和里士满农夫相伴的感受这样清晰，即使是参加和平、宗教活动。

在后来的几年里，我继续在丛林中闲逛，这些地方成为这个快速发展的郊区的边缘。我找到了一种新的平衡感，我把它当作我自己的宝藏。不管怎样，这次经历几乎重新调整了我对孤独、社会、文明和原始、野性和制服的认识。在那儿我找到了自己在小镇上的位置，而且现在看来，那已成为我生命中的一部分。

但是这一新的发现和平静很快被强有力的“暴风雨”打乱了。紧接着，藏于风景之后的经济和政治阴谋，那些反对莫蒂默·里士满的庞大力量终于得逞了。在一帮律师和官员的帮助下，他的孩子们得到这土地，并把它卖给了开发商。当我刚听到这个消息时，我跑出学校，跑到里士满农夫面前追问他这是不是真的。他认可了，这片土地已经卖掉了。奇怪的是，他看上去疲惫胜过悲愤，并且他决定离开。他的孩子们给了他相当可观的钱。然后他宣布了令我震惊的决定：他将迁移到纽约北部偏远地区，并在那购买一座新农场。那里现在仍以农业经济为主，而且买个农场的价格也较为合理。在令人沮丧的几个月后，莫蒂默·里士满离开了祖祖辈辈生活的小镇，感受到了一种漂泊感，身体和精神找不到依托，怅然若失。但是在谈到他的新家和新的生活时，他又有些兴奋。然而，对于自己孩子的背叛，他永远都不能原谅，而且从此以后，他再也没有同他的孩子们来往过。

对里十满农夫打击最大的是开发商的行为，仅在卖掉农场的第二天，开发商就动用了大量的推土机在这片农场上肆意的摧残，很快地，50 多英亩的森林、田野和苹果园瞬间化为乌有。不久之后，这些受损的土地变成了一系列毫无区别的方盒子建筑和庙宇般的商场，而其周围偶尔用圈起来的灌木或乔木作为装饰。这儿曾经的一切已不复存在：春天里灿烂的苹果花，夏日金黄色的草地，秋天里亮丽的树叶和冬天里令人流连的薰衣草都已不见踪影，取而代之的是压抑的几何形大楼，周围充斥着沥青和混凝土。所有的一切看上去都一样，毫无变化，令人窒息。通往商场的道路也毁坏了响尾蛇的洞穴。从此以后，我再也没有看到或听到过一只响尾蛇，尽管也许有一些生活在偏远山洞中的响尾蛇也有可能幸存下来。

从高中毕业后，我很快离开了这个小镇，去西海岸城市(West Coast)上大学。农场的破坏成为我生活的分水岭，从此关上了我独特的童年时代和家的记忆之门。但不管怎样，我的学校成绩优秀，加上身体健康，我被一所享有声望的大学录取了。我感觉到经济上的成功和独立。但绝对没有想到的是，我已成为我曾经讨厌人群中的一员。随着时间的流逝，最终还是一个失败的结局，但最后我还是真正回到了里士满农夫那个充满智慧和充实的生活方式中去，追寻这片美丽的土地。不过这将是另一个故事的内容了。

故事三

无处不在的土地规划——1985 年，成人时代早期

我的大学时代和毕业后的前几年是一段感觉最好的时光，也许是一生中第一次也是最后一次将自己沉浸在无节制的自我崇拜中。然而，它却没有让我对未来严峻的现实作好准备。在 20 世纪 80 年代中叶毕业后的第一份工作刚开始还是很令人满意的。我在洛杉矶一家大型投资公司做初级分析师，经济上的回报与任何我应该得到的东西极不相称，而我并没有采取任何改变措施，相反，我深深沉浸在我的好运气所带来的喜悦中。我买了一套宽敞、昂贵的公寓，位于公寓大楼的高层，可以透过城市的烟雾看到远处的大海，我还有能力买了一辆保时捷，以及拥有了其他各种各样的物质利益。我不时想起许多年前，妈妈作出牺牲来供我读书，我才可以混到今天的地位。我现在要做的就是回报她，让她生活的更加舒适和安全。

我没有时间停下来沉思一下生活中所做事情的意义、价值和道德伦理，也没有时间思考生活的方向和目标。像许多我这个阶级的人一样，雄心勃勃，但缺乏资历。我每天工作 15 个小时或者更多。我有没完没了的分析要完成，会议要参加，报告要写和交易要去洽谈。在这个对物质利益追求发狂的世界和年代里，长期的工作积累了许多病根。我也不管做这件事的目的是什么，尽管我的心对我的生活和我所做的一切感到很厌恶。刚开始的时候，我还相信自己有一天会对世界做一件永久有价值的事情；但是，现在我这一理想不翼而飞，我生活在一个满是谎言的世界里。

当我在生活中遇到疑问不解和拿不定主意的时候，我会把自己带到自然的世界中去，我在洛杉矶市内或周围的自然森林和大山中静养一段时间。城市疯狂地扩张使得城市中几乎找不到未被开发的场地。城市中剧增的人口把城市的空间都变成了人工景观和开发场地。洛杉矶盆地位于山脉中一个很壮观的盆地底部，被一条溪谷和曾经存在的湿地分隔成两岸，溪流流进远处的大海。这儿的气候极其宜人，让你总是舒畅。但是人类过度的期望和贪婪已经破坏了这种自然的美。现在这个曾经美丽的谷地到处充斥着水泥修筑的河道，空气中浓烟滚滚，开发区密布，而且开发区面积之大让人很难想像这就是仅仅 100 多年发展的成果。城市的扩张就像一群贪吃

的人渴望享受而最终切断了美好的生命动脉。这种对城市景观的切断和毁坏让我非常痛苦，就像取出了城市的内脏，只剩下口袋大小、相对未受干扰的生境。

引发这块盆地中大量的野生动物消失的原因让人极为忧虑。这块盆地在地质演化进程中曾经是一块岛屿，在地理位置上被崇山峻岭、沙漠、海洋和地质的变动而隔断，这次地质变迁使这儿形成一个新的、令人惊奇的生活环境。但是人类智慧和技术的胜利对这儿本土生物生境的掠夺是如此彻底，以至于很少有本土植物可以按它们的方式幸存下来。这儿的自然景致和本土生物变得极为稀少，剩下的只是以前的一部分，寥寥无几。

不过，还是可以找到少许袋状的原始生境，繁茂、充满幻想。当我有时间从工作中逃离出来，但又不足以让我到更远的自然森林中旅行时，我常常就会寻找这样的所在。

我会飞快地走进这个或另一个隐藏于这个巨大都市里的峡谷、高原湿地、沙漠的尽头或丛林。这种逃离城市的嘈杂而获得的喘息总能让我恢复体力，尽管还没有办法达到完全的放松。我会感觉到一种激动的宁静，极度兴奋之后却是奇异的平静。我深深陶醉其中，像一个漫游在沙漠中而突然发现了绿洲的旅行者。慢慢地，我会平静下来，让平日积累的所有紧张像树液一样流进一个柔软、宽广的土地中，感觉到无比的轻松。

我在这些难得的地方走走停停，它蕴藏了太多让我有兴趣的东西，超越了我能吸收的极限，让我目不暇接。常常是难以捉摸的或颇为神秘的。我发现探索得越多，而未揭密的东西也就越多，这样形成了一种无休止的探索过程，自己沉浸在探索之中时得到了极大的安慰。我沿着小径越过了满是岩石的山坡，披荆斩棘，在溪水中行走，迷恋山中明亮的色泽，听见鸟儿夸张地抬高嗓音尽情的歌唱，而不知名的昆虫也来凑热闹，它们的叫声在山中回荡，余音不绝，惊叹于炎热地带中急速增加的生命。而要感受的东西实在太多，有时候我会坐下来静静地聆听，有时候我会凝视烟雾弥漫的天空。而我平时的工作却从没有提供让我沉浸在这些兴趣之中的机会和可能，这不能不让人感到遗憾。

不过，我对其中一次短期的旅行记忆犹新。那时我特别的紧张、压抑，我已经夜以继日连续工作了将近五个星期。最后我决定清晨出去走走。那天早上我很早就醒来了，准备去位于这个城镇的另一侧的峡谷，也是我最钟爱的峡谷之一。在一次地震中，一道裂缝给大山切开了一个口子，就形成了我想去探索的峡谷。从附近一条街道很容易就来到了这个峡谷。

走进峡谷之后，我被清晨洒入峡谷中的光线和周围的美景深深迷住了。我沿着陡峭的小径一直向上走，大约30分钟后，附近不远处传来的一阵焦急的耳语声让我目瞪口呆，小径旁一块大岩石后面坐着一位年轻的女人，她焦急地让我保持安静，然后她轻轻地指向峡谷。刚开始我什么也没有看到，不过慢慢地，一只，然后是两只模糊不清的动物变得越来越清晰，我认出了它们，是狮子。真是让人难以置信，这只山狮躺在悬崖边一块狭窄的、突出的岩石上，正吃着一头麋鹿。美洲狮是加利福尼亚州其他地区的动物，由于特别多的宣传，一般很少受到慢跑者的袭击，但我从没有听说在人口密集的洛杉矶可以看到美洲狮，尽管后来我知道这只是偶尔的场景。

我们静静地呆在原地，盯着这让人难以置信的情景，一动不动，感觉几分钟好像有几个小时那么长。我们尽自己的可能把这一场景印入脑海，因为我们明白，也许再也不会看到这种情景了。稍后我们猜测一只如此大的生物怎样穿越巨大的都市，还不被发现和杀害，以及在这个海岸气候环境中是怎样捕食的。我们百思不得其解。当我们惊叹于这种稀有的、受特别保护的远古生物的同时，全身充满了焦虑、猜测和崇敬的复杂情感。这只猛狮最后慢慢地站了起来，同时发出了反抗性的咆哮，似乎以此证实它已意识到了我们的存在，极不情愿地舍弃了辛苦捕捉的食物，并偷偷地逃进了峡谷之中。我们很难确定，这只消失的动物，在听到了将要苏醒的城市嘈杂的声响之后将会有什么反应。

我们坐在那一动不动，也没有一句言语，好像任何话语都会打破此刻神秘的氛围。我们共同表达了对这一生物的敬佩之情，它竟能在一个现代城市中幸存下来。我们两个人共同经历这个难以置信的画面，就跟人们共同分享了独一无二的经历后一样，变成了好朋友，而彼此不再是那些因没有共同过去的陌生人。

这个女人叫尼科尔(Nicole)，她是一名建筑师。她也成长于美国东部而求学于美国西部，然后来到洛杉矶追求自己的名望和命运。她喜爱建筑学，而且对于防止环境遭受破坏和让人们更好地接触自然等方面有很好的原创理念和想法。她供职于一个公司，原以为在那儿可以实现新的环境理念，但是很快她发现市场的现实是追求其他的东西。她和她的公司常常被迫妥协，屈从于以利益为主的做法。公司的绝大多数项目都是设计费用极低的大型办公楼、商场和住宅区，这些设计艺术忽略了关于能源效力、资源使用的最小化、废弃物的避免，或者重塑人与自然的联系等问题的解决。现代盛行的设计态度是拒绝最多的环境方面的考虑，鼓吹人类与自然系统的自然过程隔离的前景。

尼科尔也很喜爱这些仅剩的、未被干扰的自然环境，它们在这个巨大都市盆地中幸存下来。于是我们成了好朋友，而且在接下来的几个月内，我们一起参观了人海茫茫中幸存的各种各样的野生区域，直到我获知我要被调到日本大阪的公司工作。

很快我来到了日本，而且很快地将自己投入到一个全新的工作环境和文化背景之中，并感受到了以前从不知道的孤独寂寞感。我在大学时曾学习过日语，但直到现在才发现我对这个复杂的社会知之甚少。我在那儿定居了下来，并且长时间地工作。在我短短的休假时间里，我参观了这个长长的可爱的群岛上各个自然区域和文化地。在跟加利福尼亚州大小相当的地方，日本全国大约竟然居住有1.3亿人。然而令人奇怪的是，这个国家地形、气候各异，社会状况及人口分布也大不相同。许多地方，人口相当较为稀少；在地理位置上，从北海道的北面森林到冲绳的亚热带，与从加拿大滨海诸省到加勒比海一样长。绝大部分日本人沿海而居，或离海很近；那儿最常见的是大米和鱼。这使得这个国家2/3的山区人口稀少，多个地方的文化常常不同。这个多山、多岛屿和多纬度变化的国家有特别丰富的植物资源和动物资源。

尽管我游遍了这个国家，但我还是感觉我与任何熟悉的东西没有任何联系，大多时间都在孤独中度过。整天都很消沉，疲倦，无精打采。我变成这样，一部分原因也是大阪(Osaka)这个城市造成的。这个城市毫无生气，没有什么吸引人的地方，并且与这个国家的传统文化或传统生态环境大相径庭，毫无联系。整个城市看上去都是水泥和钢筋，像大地上的毒瘤存在着，若与洛杉矶比较起来，洛杉矶则感觉要好得多。其经济中心的角色几乎毁掉了大阪所有的自然风景，让它们荡然无存。这儿的城市生活是令人压抑的，好像只信奉物质主义和现代性这个真理。这个城市的边缘即是大海，但它的滨水地带都变成了沥青和人工景观，几乎没有保留一处完好无损的湿地。这儿的建筑都是立体派艺术家恐怖的艺术品，是一些毫无个性特征的几何形盒子。如果建筑也能表达自己的想法，它们也许会大声地宣示：技术已经占据了人类的身体、心灵和情感。

而具有讽刺意味的是，传统日式建筑也是世界上最漂亮的建筑形式之一。看一看那些高雅的传统建筑，它们已越来越稀少了。值得庆幸的是，离大阪不远的一座城市依然保留了一些传统建筑的形式，极大的原因是这座城市巨大的旅游知名度，是一座旅游城市，它就是日本的京都——日本历史上的首都，这儿有大量的佛教建筑和历史宫殿。然而京都也加入到追求经济技术实效性的进程当中，不过在这个拥挤、污染严重的城市中依然可以遇见几处从遥远年代遗留下来的传统建筑和那时建造的园林，这些珍贵的遗产都位于江河边或群山优美的自然环境之中。

我第一次参观京都时去看了日本传统政权和宗教信仰的所在地，我沉浸在那个时代建成的优雅建筑和花园之中。优美的建筑和园林是在长时间累积的过程中形成的，而不是一次就完成了的，我渐渐感受所有的设计形式更多的是与背景相关，而不是体现其独特性、连接性和继承性。当第一天黄昏来临时，我深深地迷醉了：悠扬的钟声在空中回荡，枯山水中的涡流永流不止，鱼儿轻轻划过平静水塘形成的涟漪，各种颜色的杜鹃花在那儿怒放，以及那些深绿色、形状各异的苔藓，伴随着树林中画眉嘹亮的歌声和古老松树上挂的露珠。所有这一切都吸引着我，深深地沉醉在其光线、声响、感觉、思索和精神的世界中。我渐渐觉得人类可以与其周围的自然环境和谐的共处。虽然说按传统的固定风格来设计是理想化的，但是它却是那么的优美，那么的和谐，而无论它是怎样多地借鉴了自然。

我参观了京都许多次，很快知道了一些人相信日本的未来的取决于恢复这种传统的文化和自然环境，同时营造一个现代社会。我成为了一个社团的朋友，他们都是雄心勃勃的发展者。他们鼓吹"中间路线"的发展模式，即在城市环境中寻找一种将传统日式建筑同现代科技相结合的设计方式。他们计划在京都废弃地区建立一个大型住宅区和商业开发区，来检验他们将经济和美学相结合而带来的生机。他们计划创建一个全新的社区和邻里环境，既要在一个恢复的环境中施行日本传统的设计手法，又要利用现代社会的沟通设备和商业技术。他们已经形成了初步的计划，积聚了一半的资金，并买下了一块地，开始恢复已受污染的场地。那里曾经是一片工厂区，现已废弃，无人问津。很快我被他们的智慧和乐观的态度感染了，尽管我还是怀疑这个项目长远的经济可行性。尽管如此，我甚至帮助他们制定商业计划，并且帮他们介绍我在投资银行工作中认识的资本家，让这些资本家对此项目产生兴趣和关注。

我继续参与这个项目，然而，打算继续留在日本的决定突然被两个同时发生的事情改变了。首先，我收到尼科尔的来信，她告诉我她准备离开那家公司，献身于可持续设计原则和环境恢复设计原则。更让人不可相信的是，她问我是否愿意加入他们并成为公司的财务主管。

而与此同时，我更奴隶般地献身于传统的财富追求之路，并且成功地登上了一个经济全球化的多国合作公司的领导阶层。我不准备放弃这已在眼前的经济利益，尽管我会偶尔清醒，我怀疑我的生活方式和生活中更远大的目标。但是不久之后，毫无预见性的，我需要帮助，或者更确切的说，我需要作出一个决定。那时，由于大量的外借资金、疯狂的投机生意和集体贪污腐败而导致的投资信誉的瓦解，从而引发了极严重的东亚经济危机，出现了经济恐慌，许多投资商不愿意偿还巨大的贷款而面临破产。我所在的公司，也曾经为膨胀做出了巨大的“贡献”，而陷于了最艰难的时期。在尼科尔来信后的两个月，那时我仍然没有作出决定，我被我的老板叫进了他的办公室。他说按照我的资历我有两种选择：可以选择暂时的离开，仍然留在日本；或者我可以回到美国，重新做我以前的低收入的工作。令人吃惊的是，我很快说出这是我离开公司的最佳机会，说我正在决定要不要离开公司开始另一个新的工作。

在四个星期之后，就好像做梦般的，我搭上回美国的飞机。我离开那帮我喜爱的日本朋友，他们平衡费用支出，并完成了项目的第一步。我无暇顾及我浅薄的技能，同时极端冒险地将自己的命运同一个在非常规环境中认识的、只有简单了解的女人联系在了一起。然而，当我登上飞机，我有一种难以置信的轻松感，对自己没有把握的未来充满了兴奋和焦虑。我以自己想追求一种更有希望、更有持久性价值的生活来激励自己，或许我想做一个真正的自我，而且奇怪的是，我想最糟糕的未来大不了就是失败。

故事四

邻里关系的印记——2004年，成人时代中期

直到2004年，我才意识到我的生活没有偏离我曾经梦想的方式，我没有必要感觉自己是个失败者，我看明白了我那些梦幻般的成功从开始都是远离现实的。

我已适应那种生活，并对我过去所取得的成就、我的生活极为满意，尽管生活中还存在许多的不足和失望。20年前，我放弃了国际金融业一个有前途的事业，我还曾想我会就此变成一个富人。我仔细考虑过自己对未来的选择，但是最终却突然选择了一个冒险性的探险。直到我过上了一种醉人的生活，我才相信了自己的选择，这次冒险预定为未来的成功播下了种子。但是我刚开始时的挫折却是一个严峻的现实。

在我离开日本返回美国之后，我加入到我的合伙人——尼科尔和她的同事们的行列，共同创建一个可持续设计和开发的公司。尼科尔拥有丰富的建筑学的技能，我们的合作者都是工程方面的专家，而我则奉献我的经济学知识。尼科尔是一个有才华的设计师。她的作品极有个性，既可以使建筑对环境的影响减到最小，又可以捕捉到完美的美学特征。我同以前在商业世界中的资本家进行经济洽谈，刚开始获得几个重要的投资，我们用这个投资开发了几个大型的开发区。

然而，许多因素导致我们最后不得不将这些开发区转让。我们的经济策略是天真的，相信一个极好的概念加上一个理想的实施方案可以毫无疑问地克服所有的困难。然而，我们的问题不只是革新的不确定性，因为，在我们的想法中有很多新的思维方式，因此会花费更多的资金，而且，更为明显的是，有许多不熟悉和冒险的成分。而更为实质的是，同我们合作的一些大开发商只能看到眼前的短期利益，他们希望马上得到经济成效，希望在开发区建成后马上都卖出去。能源和资源效力的长远回报，或提高员工的生产力等削弱了短期利益的底线，被认为是想像的“蓝色的天空”，若不完全是愚蠢的做法的话。而且，大多数开发商只投资很小一部分自己的资源，主要依靠从大银行和外来资金进行商业投资，而银行资本和外来资本期望的是最快可以回收成本，得到商业利益，而对不对自然环境或当地社会做贡献这一点要么被忽视了，要么认为与他们毫不相关。

我们也面临着一些政府法规条例，它们反对我们的计划，认为违反了传统的废弃物处理程序，使用禁止的材料或者消耗太多能源等。这些法规最初的目的是为民造福利，保护公共资源，但是，随着时间推移，则变成实实在在严格的条条框框，其横亘不变的官僚主义作风，更喜欢标准化的实施过程，而不是用新的思维和革新方式来处理事情。

不过归根到底，我们的失败很大一部分是因为自身而造成的，我们太过于理想化和脱俗。我们辛辛苦苦共同维持了五年后，公司解散了。然后我和尼科尔各奔前程，我重新回到了以往平常的商业世界，发现自己的能力下降了不少，不再如从前得心应手。我突然离开大型的投资公司，紧接着商业投资又失败，这让我的名望大减。最后，我好不容易在一个很小的海边城市——马索丘(Massochu)市的地方银行找到了一份工作，作为一名分区管理员，那时我最先想到的是我可能只是短期里被舍弃抛弃，但我没想到我竟然做了20年。但是我很幸运的是，遇到了一个极好的女人，她最后成了我的妻子，我们后来有了两个活泼可爱的孩子。

因此我很少有怨言和遗憾，我把自己隐藏在这个职业中。作为一个中年男人，我发现自己是这个小城市的经济精英，尽管这个小城，只是它先前的经济和社会的残余部分。我在银行的工作是循规蹈矩的，不过仍然有些乐趣，其中最主要的原因，是受到同事和这个城市市民的尊敬，因为我尽力分配好资源，这样无形中会给自己带来了一些实惠和经济利润。

然而，大多数时间我成了一个自动的控制器，常规地生活，而不是创造生活。我感受自己未来的生活是有保障的、可预见的，大部分都是重复的。甚至当我帮助别人而最终成功时，我的喜悦和满足感大多数是瞬时的，更关注带给别人利益的成就感。然而，我还是相对满足的，幸福的。从我的家庭和生活的地方获得了快乐，我的妻子对我关爱备至，而我的两个儿子是快乐的源泉。我们住在一个重新改造过的房子里，那儿有一处令人可怕的水景，它属于好几个俱乐部，他们从海湾探索其无尽的美，这些是他们猜想和发现的源泉。然而我常常被自己的内心所困扰，我感觉这不是真正的我。

我继续在自然世界中寻找解脱，释放情感，得到一种独特的满足。我的朋友和合伙人似乎很少能意识到有许多自然资本已经消失了，而且形成这样一种错误的逻辑：认为一个城市的经济复苏必须以牺牲环境为代价。尽管我对这种不知不觉的破坏气愤不已，而我更多地保持沉默，甚至有些时候正是我的各种贷款而使得这种破坏更快的进行，而我对此却没有采取任何行动来制止。偶尔我也会作一些无为的反对，表面上表示对本地土地信任的支持态度，有的时候我也劝说别人不要那样做，但这从来都是徒劳的，毫无作用的。

我在银行的职位使我对这块区域的环境破坏清清楚楚，它正因受外在的压力和经济利益的刺激而牺牲环境。现在大多数的开发主要在郊区，如大型的购物中心、公共公园和综合住宅区等。这些也是多国银行和市政当局的主要工作。这些建筑物永远都是毫无吸引力的、易碎的，在消耗过多资源的同时产生了大量的废弃物和污染物，破坏了自然环境。这些开发区也完全依赖于超荷载动力交通，几乎没有舒适的步行道。

同时，我跟许多其他人一样，对现实感到很失望，古老的城市中心区和滨水地带在不断的减少，残留无几，那儿剩下的主要是废弃的工厂、受损的沙洲、古老破旧的博物馆，废旧的工厂、斑驳的桥墩，以及工业遗留下来的废物，其化学物质慢慢溶解于水中而流进了海港。尽管老城区和滨水区一片荒凉，但也相当的迷人，同时也有巨大的经济潜力。那些海港仍让人想起了这里古老的历史，并猜测那些曾经生活在这里的生物库。也许你可在浅水区和沿着港湾平平的、深深的水道中发现丰富的软体动物和甲壳类动物，还可以发现一个养鱼场，这个海港出产大量的鱼，而这些湿地也吸引了野生动物在此定居、迁移、过冬，而更让人不可思议的是，这几年的冬天，灰海豹竟然重返这里的(海湾)，自从它们在几个世纪前消失之后。我常常幻想一些精明的开发商怎样大胆地冒险和依靠他们丰富的想像力，通过恢复这个古老海港中心的商业环境和自然环境质量，在可以给他们带来财富的同时，为民造福利。而其恢复理念鼓励人类和自然、历史等多方面结合，并使双方互惠，有节奏地丰富文化和自然，直到二者合而为一，变成一件令人憧憬和优美的结合体，充满了能量和联系。

然而，对我这一幻想般的想法的回应是一个极为少有的机会来了，尽管刚开始我并没有意识到这一点。刚开始这只是一个相对平稳的提案，由鲸鱼博物馆向银行提出建议。这个绿色博物馆多年来一直致力于吸引更多的游客，一边能为其员工付出薪水，一边收集绿色艺术品，如过时的展览品，破旧不堪的建筑物，城市不确定的形象等等。而且，具有讽刺意味的是，现代社会中对鲸鱼的同情，认为捕鲸导致了这一生物历史性的死亡，而这类博物馆几乎没有幸存下来的。这个博物馆最近聘请了一位新的执行官，他来后总是倡导，唯有现代化和扩张才能拯救这个博物馆的命运，这样可以吸引更广泛的对于海洋食肉动物和海洋感兴趣的公众来此参观。因此，博物馆打算移走位于港口旁边的整修过的工厂建筑，并在我所在的银行寻求经济助款。他们最大的卖点是从塞拉斯·匹兹(Silas Pease)获得了所需费用(600 万美元)的 2/3(400 万美元)。塞拉斯·匹兹曾经是这个城市里制作了一部关于鲸鱼的电影的创办人。然而，尽管如此，银行还是拒绝向他们贷款。我支持银行向他们贷款，但是被认为有偏见和不现实而被驳回。

然而，这种可能性一直在我脑海中回荡，我总是禁不住地想起这个项目。我推测，只要有几个重大的聚焦，就可能会带来巨大的经济上、城市和环境上的成功，从而帮助这个城市和它的海港重焕生机。有一天晚上，我突然领悟过来，觉得这或许是我最后的、也是最好的实现某种最有意义、最充实理想的机会。我把自己的想法写在纸上，过几天又作了重大的改动。我认为最初的计划存在着根本上的缺陷，它只关注了一种经济来源，而与这个已受损的社区环境极大地疏远了。投资商也许会一直怀疑可持续开发的经济利益，在这个缺乏吸引力，经济萧条的地区胜算不大，无论对博物馆的新展品、餐馆或商店会有多大的兴趣。不过，这个项目必须要有更加大胆和更有雄心壮志和一定可以赢的决心。应该拓宽思路，不只是某一栋建筑和社会福利机构，而应从经济和生态环境上使整个城市中心区得以复苏，开发一系列的领域，包括市政设施、商业环境，甚至是居住空间。不过在这些不相关的元素空间也必须确定一个主题，那就真把博物馆的服务功能作为辐射中心，再一次将人们吸引到海边和博物馆内的水底世界。

在我的计划中，这个博物馆作为中心，主要承担教育、休闲的功能，再附带一些经济、生态和文化的功能。博物馆内的海景世界是其强调的重点，但由此扩展到海港、湿地、分水区、江河、海滩以及海洋。这将是一个集科学、技术、自然历史和环境知识为一体的综合博物馆，不过当然也会有一个戏剧院、一个艺术大厅和人类学展览馆，所有开发项目都主要聚焦于人类生命中最关心的一种元素——水。

博物馆可能是最初吸引点，但是这个项目成功或失败只决定于能否转型，即从单一的吸引点——博物馆辐射到其他相关领域，如商业领域、市政设施领域和房地产事业，并使它们形成各种圈，圈与圈之间相互联系，相互约束。这儿也要有快速便捷的交通设施，位于区域的外围，而不是位于这个项目区域的中心；一个可实施的居住区将更一步拓展此地区的使用功能，更加坚定这儿的水生环境。可以为海边生活的人们组织学校，抛掉以往各种传统的做法和规定。他们可以坐在教室中学习，也可以到海边环境中去体验，去感受，来补充课堂中的知识，理论与实践结合起来，抽象的事物同个体的实体联系起来。

这个项目将对一些现有的建筑进行改造，当然会建设一些新型建筑。这主要决定于是陆地环境还是水生环境，并且打算重新恢复这里健康、诱人的滨水景观作为最基本具备的特征。建筑物的造型激发人与大海的积极联系，建筑的形式将模糊建筑与自然环境的区别，使二者混为一体，使建筑物的外墙成为可透视的效果，这样就将外界的环境引入到室内。人们也许不仅是通过博物馆的展览和装饰性的展品回忆起水的世界，还可以通过亲眼看到日常生活中海港真实的运行，而联想起与水相关的记忆。商业大楼将面临着水面；办公楼、工厂和居住空间则利用重新改造过的建筑，同时沿着江和古老的运河修建一些新的建筑。沿着水道将会修建与之平行的线性公园，同时线性公园与步行道系统取得联系。室外休闲空间、修复后的湿地等最后都与城市的郊区连成片，或在不远的未来与乡村连成一片。

所有建筑的能源和资源消耗将达到最小，同时尽可能减小废弃物和污染物的产生，将利用所有的阳光、风和建筑要素来形成能源，这样可以减轻对机械供热和制冷系统的依赖。长远的发展目标是消耗多少能源就生产多少能源，让人们觉得废弃物是一个过旧的概念，让废弃物不再存在，所有的废弃物将作为有用的材料重新使用或安全的回到自然世界中去；建筑物相互连接起来，而建筑产生废热将成为另一些建筑的供热与制冷资源。所有的材料和产品都可以回收；收集来的雨水可以用来冲刷、制冷和灌溉。油漆、涂料、粘合剂、胶水、地砖、木材以及其他家具都不准含有有毒物质，而且任何物质都可用来生物降解和可持续生产资源。道路将尽量减少侵蚀和表面径流，街道多采用多孔性材料，这样雨水就可以透过孔隙又重新回到地面；景观中将栽种本土物种，从而提高当地生态系统的生产力。

接下来的日日夜夜则是如火如荼的推测、思考和行动。一个梦想在一个极冷淡的环境中常常被认为似乎是有可能的，若没有被钉上妄想的罪名的话。银行的保守派当然认为这些想法是异想天开的，也是困难重重的。因此，对于银行来说，接受这些妄想的任何一个想法就等同于职业自杀、自寻死路。不过，我自己被这想法支撑着，仍疯狂的设想和详细思考我的计划。我仍被当初的目标中某一个重要的信念鼓舞着，激励自己不放弃，认为实现这一目标是有可能。我的信念支撑就是这个城市古老的鲸鱼电影制作人——一个狂想家的支持，他愿意拿出 400 万美元来进行投资。然而，我也清楚他对银行拒绝投资博物馆极为愤怒，认为银行缺乏远见和想像力。他甚至寻求其他的经济援助，并准备将他的财富移到另一家银行。如果我的计划、目标可以引起他某种程度的关注，我猜想他仍然会对这个项目感兴趣，也许他会更加接受和支持我具体的设想，虽然这是一个耗资更大的计划。

因此，尽管狂热的幻想经常与冷酷的现实相冲撞，我仍充满热情，发挥着我的想像力，更为完善地在一个重新恢复生境和海港的地方实现大量的市政设施、商业区和居住区的综合网络，最后我终于完成了这一设想规划的文本。而且，在我想到更多之前或在我失去信心之前，我大胆地将这一计划送给了那个年老的创始人。一个多星期后，我没有收到任何消息，我每天担心最多的不仅是我的无礼会冒犯了他，同时害怕他告知我的银行，那样我将会马上被解雇。所以当他一个星期后打电话给我时，我真的很感动，也很震惊。更像是唱独角戏，而非交谈，他说他非常喜欢我的提议，很看好它的前景，并希望与我合作。他说我们应该尽快见个面，讨论下一步的计划。而且他许诺他将投资这个项目的预算总值的 1/3，即 2000 万美元。最后，由于这个项目工程巨大，他说他希望我立即辞去银行的职位，让我全身心地投入到这个项目之中。而且，我将有12个月的时间去筹够另外的4000万美元，而在这一年时间内，他的承诺都有效。

我清楚知道越是期望得到这数量巨大的经济支持，我的想法越容易成为一个失败者的梦想。我将所有的这一切或更多讲给了我的妻子和一些亲密的朋友。令我惊讶和高兴的是，他们都鼓励我把握好这个机会。因此，在紧接的那个星期，我向银行递交了辞呈。突然间，我对自己感到很害怕，但还不至于全身发抖。在刚开始几个星期我建立工作团队，重新细划事务分配，设计规划图纸，同顾问面谈，并且开始巨大的任务——筹措剩下的4000万美元的资本。一些极为优秀的建筑师、工程师和商人加入到了我的行列，我们一起共同将这计划变得更加可行和可信。

在后来的几个月内，我们取得了很大成功，当然也遇到了相当多的怀疑。接二连三地出现了一连串的反对呼声，反对意见如此之多，以至于我开始怀疑那个年老的创始人是想让我走向毁灭。然后，我们涉及的范围、内容越来越广，形成了更多的有支持力的文件。然而，九个月后，尽管已筹措了900万，却与我们的目标还相差甚远。

最后，在我们同许多潜在的合作者、投资商洽谈，以及遭受到同样多的反对拒绝后，我们得到了爱默生·贝茨(Emerson Bates)及时的帮助。爱默生·贝茨是一个风险投资基金会的主要负责人，这个基金会的一部分资金也是美国最大的教育基金。贝茨曾经是这整个基金会的主要负责人，但是与其最原始的梦想背道而驰后，他离开了这个按普通常规操作的职位，而关注更高风险的投资活动。这些在带来潜在的、极大的经济回报的同时，也带来极大的社会利益。贝茨尤其喜欢这个项目，他说这个项目应该今天开始而不是应该等到明天。

贝茨在分析总结我们此项目潜在的经济利益和社会利益后，他邀请我们同他和他的同事进行面谈，在紧接着进行的两次洽谈中，每次都提出了问题，并要求我们修订我们的计划，但主要的核心部分还是原封不动的保留了下来。然后接下来的七周内我们没有得到任何回音，已经快到了我们12个月的生死关键时期，我们已决定支付剩下所需的所有资金。而这以后的15个月，则是暴风雨的事情接踵而来：完成最后的规划方案，正常的程序过程，与当地政府进行洽谈，法律上的认可，而且，最光荣的事情——签订建设合同。

当所有该说的说了，该做的做了之后，这个项目最成功的地方不是新的博物馆或商业区，而是建立了一种公寓的邻里关系、土地所有权、连排别墅和独户型住宅。公众的想像力也被激发了，他们生活的地方有恢复重建的历史海港，一个河边公司，室外休闲娱乐场所，步行道系统，保留下来的野生动物。大多数家庭尤其喜欢让他们的孩子可以自由地在家附近玩耍的想法，而且每个人都沉醉于用于水上运输新的港湾，让人不由自主地将江河、海港、运河和港口等水上运输网络同水边的商业区和居住区联系在了一起，沿水边分布了新餐馆、休闲娱乐设施和商场等。

权威性的评论家和政治家都认为在一个重建的海港和历史区域内将公众和私人使用的方式结合起来的做法应值得称赞和推广。每个人都称赞这儿相对车辆和道路相比较而言，拥有更充足的开放空间，还包括现代和传统相结合的设计手法；大家都赞颂这儿有一种新的社区感。令人惊叹的是，许多已有住房的郊区居民还来此买房。这些新来的城市居民说他们尤其喜欢有更多的机会遇见邻居朋友，而不用开车带孩子到很远的地方才可以看到水，在这儿沿着家门不远处的滨水带就可以感受许多的宜人、愉快的文化氛围和环境空间。刚开始缺乏办公空间也带来了一些麻烦，但这儿有一个吸引人的健康环境，商业空间不像其他地方明显的与社区区别开来。

我的妻子还花费很多时间和精力在这个项目上，然而我既快乐也很平和。我觉得自己已经获得最珍贵的机会得以实现有价值的生活，做了一件有长远利益的好事。我想起了我曾经读过但丁诗中的智慧：

> "别停下来！没有时间让你疲倦！"
> 我的主人叫嚷道："那个假装沉睡的男人
> 将永远不会因名望而清醒，而且他的期望
>
> 和他的一生像一场梦一样轻轻划过，
> 他记忆的痕迹随着时间流逝而消退
> 就像空气中的气体或溪流中的波纹。
>
> 现在，因此，站起来。屏住呼吸，大声地呼喊
> 用尽心灵所有的力量，赢得每一场战争
> 除非它沉陷于粗野躯体的秋天。

这儿将不再有台阶让你攀登

这远远不够，若你

理解我

就好好珍惜你的时间吧。”[1]

故事五

童年时代和城市的美好回忆——后代，2030～2055年

在我的生活中偶尔会表现出中年人对待事情的沉着、冷静，而这似乎已经影响了我将要成为一个什么样的人。我想这可能是个人经历所造就的，特别是一个人年轻时的经历。因此我将讲述这样一个美好的回忆，一件极为重大的事情，我相信它影响了我的一生，成就了今天的我。

时间倒转到不思寻常的2030年，但仍离现在有很长一段时间，在城市内或城市附近去观看一只大型的有蹄动物，更不用说食肉动物了。直到现在，这一记忆仍留在我的脑海，想起它就让我心跳不已。我那时8岁，跟我的父母和姐姐一起住在丹佛(Denver)。我们家位于一个“城市乡村”的地方，这在那个年代是一个相对不同寻常的尝试，在城市中心重建一个有古老传统的邻里环境。这个“乡村”由许多独立式住宅、连排别墅和一些多层公寓楼组成。这些建筑、人行道、小型公园、游乐场、植物园、一个购物中心、一所高中和一所小学、大型的街道和停车场位于这个综合社区的边缘，这意味着人们若要到主要的生活区和购物区，则只要骑电动车、自行车或步行即可到达，你可以看到社区背后远处的岩石山脉，它就像是社区的安全屏障，尽管我的父母说在很多年以前它们消失在烟雾弥漫之中。

你也许会以为人口如此多的城市里一定没有供儿童们玩耍的地方。那么你错了，整个社区除了自家的后花园外，整个乡村还有众多的小型公园，甚至一些重要的由乡村通往城市的修建完善的绿色通道系统。这些绿色通道系统将城市的各部分以及与郊区最后同农村和遥远的野生区联系起来，构成了一个绿色网格。人们喜欢骑车、步行甚至骑马穿行其中。有时就在你家附近，而有时则在另一个连排别墅区内，接着来到一个购物中心，然后，一个国家森林公园。绿色通道如此受欢迎，以至于沿着城市绿色通道新建的房屋和重修的建筑是城市中价格最贵的地方。乡村内的孩子一般不期望到绿色通道中去探险，大多数时间我们已经很满意在自家后院附近的公园内玩耍。但是，偶尔我们会潜入绿色通道中，经常到一个特别的地方，如在一大

片棉花地里创造一个藏身之处或树屋。我们尽量使自己的城堡感觉起来更舒适，比我们的父母设想的要舒服得多，我们在那“重演”了无数场巨大的“战役”，并计划到远方去旅行。

我最大的快乐之一就是一星期一次跟爸爸一起在他的办公室内共进午餐，他的办公室离家只需步行15分钟，我很喜欢他的办公室。那建筑高高的，窄窄的，就像一根针一样竖在空中，上面逐渐变窄。从远处看，它像一个森林般密集的细长物体，因为其金字塔般的外形，三角形的窗，而树则都长在屋顶之上。玻璃面有成千上万个光电池，再加上建筑的燃料电池，可以提供这栋建筑的电力需求。屋顶上有大树、花园和一个水池；各种各样的休息空间、交流空间和两个餐馆，花园和水池也与建筑的加热和制冷系统相连接，水池中收集的雨水用于抽水马桶和六个室内花园的灌溉。

每隔十层，有一个三层楼高的室内花园，其中种满了植物，还有鸟笼和蝴蝶园，每一个花园代表了科罗拉多州不同的生境。这些花园在与建筑的供热系统和制冷系统相连接的同时，也提供了午餐的空间或只是休息的场所。此建筑物的上面有些楼层每一层的四面也有壁架——那儿成了猎鹰的家，巨大的鸟巢中还有许多的幼鹰，凶猛的猎鹰还在此捕食鸽子。我可以整天在这儿观看这些鸟儿，特别是观看鸟巢挤满了猎鹰的情景，或者当成年猎鹰以可怕的急速向鸽子猛冲下去的情形。鸟巢帮助曾经处境极危险的鸟类，它们听到猎鹰可怕的叫声而返回，否则这只鸣鸟早已撞在了建筑的玻璃面上。

我们经常在这个办公大楼上吃午饭，但有时我们也到附近的湿地去探险。根据季节的不同，我们可以看到不同的生物，如头是黄色而全身乌黑的鸟，颈为黑色的长脚鹬、反嘴鹊、海龟、青蛙、鱼、蜻蜓、香蒲、百合以及更多。我记忆特别深刻的是有一次深冬，我们挤在标示牌的后面，为补充热量，正吃着带来的三明治。突然，我们被眼前的一声巨响惊呆了。我们躲在一个较隐蔽的位置，因此这只生物并没有注意我们的存在。但当我们抬头向上看时，我们只看到一只光溜溜的灰色动物大致的外形，它的身体正慢慢滑进水里，在其整个身体消失在水下之前，它的身体在水面上弯曲的伸长。我的第一反应认为它是我最先想到的是尼斯湖水怪(Loch Mess monster)，但是爸爸过了好久才缓过神来惊叹道：“真没有想到，这是水獭。”在这只动物完全消失在水中之前，我们盯着它看了很久，它看上去特别地灵巧，脸上挂满了胡须，嘴里正衔着一只小鱼从两侧塞进嘴里。

在那时，水獭存在于城市中在实践上是不太可能的，因为水獭不应该在桥下游泳，或者游进不是很干净的水中。但是这儿的湿地和小溪的恢复工作已有一些时日，水质环境的改善使得水獭的数量不断增多，同时使许多年轻的水獭有机会去大城市中去探险。我们对这个发现感到极大的骄傲和自豪，尽管我们得知在这个城市的其他地方也发现了水獭。而且不久之后，随着水獭数量的长期增加，它已经成为了丹佛一种独特的自然景观。刚开始时人们都极为兴奋，但很快开始抱怨水獭吃掉了太多的鱼，导致鱼的数量下降。人们在学会与这些水獭和谐相处，同时仍然保护人类自身的财产这个问题上花费了很多时间。

但是我觉得自己所有体验过程中最棒的时刻都发生于绿色通道。对于我来说，我觉得绿色通道最好的部分是：在非常寒冷的冬日，大角鹿雷鸣般地冲出崇山峻岭，就像活生生的大雪崩。在形成绿色通道以前，这些大角鹿因为人类的篱笆、受损的生境和历史性过度捕杀正进行他们常规的冬季大迁移。然而，到 21 世纪早期，由于经营牧场数量的减少，对野生动物保护力度加强和生态旅游概念的提出，大角鹿的数量有显著的增加。若没有绿色通道的形成，即使有这些措施也不可能让大角鹿返回城市，并在城市中生活下来。绿色通道将山体和平原连接起来，形成了动物迁移廊道。实际上，绿色通道起到了某种关键连接点的作用，把所有的开放空间串联在了一起。

然而绿色通道网络的完善之初，只有数量有限的大角鹿利用它作为迁移廊道，但是似乎当大角鹿的数量达到某个临界值时，或一个严冬过后，大角鹿的数量渐渐增加，就如刚打开阀门的水龙头，大角鹿的数量成千上万了。刚开始一段时间时，你或许只看到一只或一小群，但是很快你会发现成片成片的大角鹿，几乎要遍布整个城市。当这一时刻来临时，人们只有目瞪口呆。一些大角鹿开始鸣叫、骚动，尽管社会动用了警察、火力，野生动物部门尽力使它们安静下来，并让它们稍微远离市区。偶尔一只大角鹿甚至会导致人们受伤，但更多的动物常常像没有什么事一样通过市区，就像在孩子眼前整齐的队伍，等待孩子的检阅。而大人们则欣赏不已，电视节目不停的报道，商人也寻找商机，科学家开始研究。很快这成为了所有人津津乐道的事情，也促进了一年一度的庆祝活动，更重要的是这个城市的骄傲。

但我将永远都记得其中一件事情。一年冬天，爸爸获知大角鹿极有可能穿越城市，并且爸爸得到相关部门的允许，我们家的所有人可以躲在城市边一个黑暗的松树林中，来观看这一景象的全过程。我们都平静地在严冷的冬日里等候，期望看到大角鹿出现在眼前，但是四天过去了，我们毫无所获，什么都没有发生。接着，在第五天一个薄雾笼罩的清晨，我们突然听到树枝劈里啪啦的响声，好像一只大型动物来了。很快地，几乎很难辨认的大角鹿穿越冰冷的晨雾，出现在了我们面前，它们的数量不断增加，感觉大地都快要震动了。它们中有茶褐色的，也有灰白色的，有些头部光秃秃的，而有些则是耀眼的光头，它们整个给人很笨重的感觉，而有些硕大的鹿角留给我们的只有敬畏。在朦胧之中，它们似幽灵一般，其古老的面孔出现、聚集，然后消失在视线之中，它们就这样神秘地穿越人类景观占主体的城市。

然后，一些永远不可能的事情发生了。我们一直观察大约一个小时，大多成年的雄鹿已经走过，而雄鹿它们新生小鹿还紧跟其后。突然，在我们相反方向的松树林中传来了惊吓声，刚开始让人以为是一只野鸟以全速在草原上飞奔。大角鹿发出雷鸣般的吼声，鹿群朝各个方向飞散，但一只一两岁的小鹿则呆在原地一动不动。这个情况持续了几秒钟，但似乎是因其缓慢的动作而过了很久。这些在森林中奔跑的大角鹿，虽其速度很快，但动作却不太优雅，或者可以说极为难看、笨拙，第一眼看过去还以为它们是马群，但却缺少马的文雅和优美。而且，马不会感到疲惫，也不会突然袭击鹿。甚至在我未成熟的心里，我感觉自己身处某种奇特而又令人可怕的场景之中。最大的陆地性食肉性动物，其他所有的食肉生物对它敬而远之，也不会成为自然中的主宰者。

“噢，天啊，”爸爸喊出声“大灰熊，太不可思议了！”

众所周知，除了一些生物学家，大多数人几乎认为在附近几乎不可能出现大灰熊，而只有少数大灰熊出没在这个西南角的圣胡安山脉(San Juan Mountains)中，它们的数量有所增加。偶尔有报道说在岩石山国家公园(Rocky Mountain National Park)出现大灰熊的踪迹。虽然说离丹佛不远，但这只是报道，不很确定。然而，它可不是幽灵，它极有可能是一只幼熊。它好像刚从沉睡中醒来，穿过冰冷的大山，根据大角鹿的味道一直尾随其后。一只年轻的大灰熊尽量地保持安静，为了不引起自古以来的主要敌人——人类的注意。或许为了减少对这种致命动物的威胁，人类已形成了新的保护野生动物的盟约，特别对这种传说中的大山之王。

这只幼熊听到爸爸的叫声后用后面两条腿立住了，朝我们的方向看过来，它大约有6英尺高，圆圆的，很像人类的脸。它恶狠狠地盯着我们，而我们却害怕极了，想尽快地逃走。大灰熊与我们之间对抗的情绪如同一段电流，让我感觉是非常难以消化的：害怕、幻想，也许是感激，或者只是彼此之间的尊重。我们当然没有想到大灰熊会伤到我们，倒是爸爸采取了一种攻击性的姿势，呼喊我们到熊的后面去，他的第一本能反应是保护他的孩子。那只大灰熊不停地呼吸、咆哮，它的鼻子不停地搐动，感觉马上就要爆发。但是很快它往后退，并尽力去追赶森林中的猎物，很快地消失了。爸爸和我感觉刚刚经历了一次幻觉，如在梦中。很快，我们将这边所见所闻向有关当局报道，但他们刚开始却很怀疑，但随着仔细地调查和别的目击者，很快得出一小群大灰熊已经在岩石山国家公园及其周边邻近的野生区域中繁殖、发育。

我那颗年幼的心被这一奇迹惊呆了，它超越了我的想像范围，这次经历影响了我的一生。如果一个8岁的孩子可以经历一次难忘的时刻，那么这次经历将终身难忘。而我却无比幸运，从此改变了我的一生，当我身处危机之境时，我就会想起遭遇大灰熊的场面，从中我力量倍增。我想像自己可以推动这大灰熊，就好像我可以从天空中摘下星星，它一直影响着我，不管是多么焦急或不确定我都可以战胜。

甚至到现在，20多年后，我已人到中年，却没有一天不回想起那天的情景，并常给我带来无穷的想像和快乐。就在今天，我被工作和生活的压力弄得无法入睡，我每天还要为目睹一些残忍的、毫无必要的破坏以及人类的冷漠和贪婪而带来的破坏让人伤痛不已。人类一种普通的孤独感和自我轻视有时似乎是置各种生物于险境的毒药。就像此刻，我就记住了大灰熊，若我到附近的山中散步就得带着我的猎狗。

当我沿着一条两旁长满了垂柳的小径向上走时，城市很快地消失在我的身后。小径将沿着一条干涸的小溪而向山中延伸。风中传来了鹧鸪的叫声和猛禽的声音。我加快步伐，想迅速到达目的地，直到我焦躁不安慢慢平静走过。猎狗帮了我的忙，它们不断地表现出好奇，把嗅到的事物围住叫个不停。被各种各样的植物、岩石和生命现象吸引着，我开始向自然中万物敞开心扉。我开始辨认不同种类的鸟、花和其他的东西。我边数边分类，随着对周围环境熟悉和似乎能控制这一环境，我越来越高兴，兴致浓浓。但很快我又陷入了猜测和探索之中，一只大花蝶停在附近的岩石上，我惊叹于它那橘黄色和黑色的花纹与自然是如此的和谐，不只是说明进化过程的适应；我惊叹于这一生物潜藏的力量，它看上去如此脆弱似乎没有重量，但它竟可以飞行数千里。我对这种设定好的指导它们飞行的机理非常敬畏，无论天空多么险恶、地势多么变化无测，它们都可以自由自在的飞行。

我终于爬上了山顶，放眼望去，城市就在我的脚下，我更惊叹于远处草原的浩瀚和创造力。我抬头看看天上的云彩，幻想这也许就是我的童年的大灰熊。我随着天上的云彩不断的奔跑，风把我和更广阔的世界连接起来。这只大灰熊从没有离开过我，它永远深藏在我记忆深处，它是我庄严生活的同伴。然后，我陷入自我吸引和自怜之中，惊叹于大灰熊的魅力。

我重新焕发活力，我深深地被大灰熊和蝴蝶吸引了，惊叹于它们的成就。我自己也变成了一只灰熊，用后面两腿站立起来，发出震吼，不安地看着人类，同时也割断不了与人的联系，同样感到焦虑、烦躁，同时又有某种敬畏和奉献之情。

注　　释

第一章　导言

1. See, for example, L. White Jr., "The historical roots of our ecological crisis," *Science* 155 (March 10, 1967): 1203–7; R. Nash, *The Rights of Nature: A History of Environmental Ethics* (Madison: University of Wisconsin Press, 1989); J. Passmore, *Man's Responsibility for Nature: Ecological Problems and Western Traditions* (New York: Scribner's, 1974); H. Watanabe, "The conception of nature in Japanese culture," *Science* 183 (1973).
2. See, for example, United Nations Department of Economic and Social Affairs, Population Division, *Concise History of World Population* (London: Oxford-Blackwell, 1997).
3. See, for example, C. Kibert, "The promises and limits of sustainability," in C. Kibert, ed., *Reshaping the Built Environment: Ecology, Ethics, and Environment*, 9–38 (Washington, DC: Island Press, 1999); BuildingGreen, *Environmental Building News: The Leading Newsletter on Environmentally Responsible Design and Construction* (Brattleboro, VT; http://www.BuildingGreen.com).
4. S. Kellert, *The Value of Life: Biological Diversity and Human Society* (Washington, DC: Island Press, 1996); S. Kellert, *Kinship to Mastery: Biophilia in Human Evolution and Development* (Washington, DC: Island Press, 1997).
5. Various studies indicate considerable public support for environmental conservation and protection. See, for example, W. Kempton, J. Boster, and J. Hartley, *Environmental Values in American Culture* (Washington, DC: Island Press, 1996); R. Dunlap and R. Scarce, "The polls—poll trends: Environmental problems and protection," *Public Opinion Quarterly* 55 (1991): 713–34; R. Mitchell and R. Carson, *Using Surveys to Value Public Goods: The Contingent Valuation Method* (Washington,

DC: Resources for the Future, 1989); R. Inglehart, "Public support for environmental protection: Objective problems and subjective values in forty-three societies," *PS: Political Science and Politics* 28 (1995): 57–72; E. Ladd and K. Bowman, *Attitudes toward the Environment: Twenty-five Years after Earth Day* (Washington, DC: AEI Press, 1995).

6. These trends have been documented in various publications. See, for example, publications of the World Resources Institute, United Nations Environmental Programme, and Worldwatch Institute as well as the recently published J. Speth, *Red Sky Morning: America and the Crisis of the Global Environment* (New Haven, CT: Yale University Press, 2004).
7. E. O. Wilson, *Biophilia: The Human Bond with Other Species* (Cambridge, MA: Harvard University Press, 1984); S. Kellert and E. O. Wilson, eds., *The Biophilia Hypothesis* (Washington, DC: Island Press, 1993); Kellert, *The Value of Life*; Kellert, *Kinship to Mastery.*
8. See, for example, S. Kellert, "Experiencing nature: Affective, cognitive, and evaluative development in children," in P. Kahn Jr. and S. Kellert, eds., *Children and Nature: Psychological, Sociocultural and Evolutionary Investigations,* 117–52 (Cambridge, MA: MIT Press, 2002); P. Kahn Jr., *The Human Relationship with Nature: Development and Culture* (Cambridge, MA: MIT Press, 1999).
9. See, for example, R. Pyle, "Eden in a vacant lot: Special places, species, and kids in the neighborhood of life," in Kahn and Kellert, eds., *Children and Nature,* 305–28.
10. Dubos, *Wooing of the Earth,* 68.

第二章 联系人与自然系统的科学和理论

1. See, for example, R. Ulrich, "Biophilia, biophobia, and natural landscapes," in S. Kellert and E. O. Wilson, eds., *The Biophilia Hypothesis* (Washington, DC: Island Press, 1993); S. Kellert, *Kinship to Mastery: Biophilia in Human Evolution and Development* (Washington, DC: Island Press, 1997).
2. *American Heritage College Dictionary* (Boston: Houghton Mifflin, 1993), 1274.
3. J. F. Wohlwill, "The concept of nature: A psychologist's view," in I. Altman and J. Wohlwill, eds., *Behavior and the Natural Environment* (New York: Plenum, 1983), 7. Also see for contrasting definitions and conceptions of nature: J. D. Proctor, "Resolving multiple visions of nature, science, and religion," *Zygon* 39 (2004): 637–53.
4. E. O. Wilson, "Biophilia and the conservation ethic," in Kellert and Wilson, eds., *The Biophilia Hypothesis.*
5. C. Cooper-Marcus and M. Barnes, eds., *Healing Gardens: Therapeutic Landscapes in Healthcare Facilities* (New York: Wiley, 1999); P. J. Schmidt, *Back to Nature: The Arcadian Myth in Urban America* (Baltimore: Johns Hopkins University Press, 1990); C. J. Glacken, *Traces on the Rhodian Shore: Nature and Culture in Western Thought from Ancient Times to the End of the 18th Century* (Berkeley: University of California Press, 1967); K. Thomas, *Man and the Natural World* (New York: Pantheon, 1983); Y. Hongxun, *The Classical Gardens of China* (New York: Van Nostrand Reinhold, 1982); S. Kaplan and R. Kaplan, *The Experience of Nature* (New York: Cambridge University Press, 1989); P. Shepard, *Man in the Landscape: A Historic View of the Esthetics of Nature* (New York: Knopf, 1967); S. M. Warner, "The periodic rediscoveries of restorative gardens: 1100 to the present," in M. Francis, P. Lindsey, and J. Stone, eds., *The Healing Dimensions of People-plant Relations: Proceedings of a Research Symposium* (Davis: Center for Design Research, University of California, Davis, 1994).
6. See, for example, D. Relf, ed., *The Role of Horticulture in Human Well-being and Social Development*

(Portland, OR: Timber Press, 1992); Cooper-Marcus and Barnes, eds., *Healing Gardens;* T. Hartig et al., "Restorative effects of the natural environment," *Environment and Behavior* 23 (1991): 3–26; T. Hartig, "Nature experience in transactional perspective," *Landscape and Urban Planning* 25 (1993): 17–36; Ulrich, "Biophilia, biophobia, and natural landscapes"; R. Ulrich, "Effects of gardens on health outcomes: Theory and research," in Cooper-Marcus and Barnes, eds., *Healing Gardens;* Kaplan and Kaplan, *The Experience of Nature;* C. Francis and R. Hester, eds., *The Meaning of Gardens* (Cambridge, MA: MIT Press, 1993); C. Francis and C. Cooper-Marcus, "Restorative places: Environment and emotional well being," in *Proceedings of the 23rd Annual Conference of the Environmental Design Research Association* (Oklahoma City, OK: Environmental Design Research Association, 1992); C. Marcus and C. Francis, eds., *People Places: Design Guidelines for Urban Open Space* (New York: Van Nostrand Reinhold, 1990); R. Young and R. Crandall, "Wilderness use and self-actualization," *Journal of Leisure Research* 16 (1984): 149–60.

7. See, for example, M. Gadgil, "Of life and artifacts," in Kellert and Wilson, eds., *The Biophilia Hypothesis,* 365–77; M. Gadgil and F. Berkes, "Traditional resource management systems," *Resource Management and Optimization* 8 (1991): 127–41; M. Chandrakanth and J. Romm, "Sacred forest, secular forest policies, and people's actions," *Natural Resources Journal* 41 (1991): 741–56; P. Ramakrishnan, "Conserving the sacred: From species to landscapes," *Nature and Resources* 32 (1996): 11–19; S. Sharma et al., "Conservation of natural resources through religion," *Society and Natural Resources* 12 (1999): 599–622.
8. See, for example, Glacken, *Traces on the Rhodian Shore;* Schmidt, *Back to Nature.* Also see P. Coates, *Nature: Western Attitudes since Ancient Times* (Berkeley: University of California Press, 1998); M. Oelschaeger, *The Idea of Wilderness* (New Haven, CT: Yale University Press, 1991).
9. See, for example, A. Fein, *Frederick Law Olmsted and the American Environmental Tradition* (New York: George Brazler, 1972); J. Todd, *Frederick Law Olmsted* (New York: Twayne, 1982).
10. C. Beverdige and P. Rocheleau, *Frederick Law Olmsted: Designing the American Landscape* (New York: Universe, 1998), 31. Also see F. L. Olmsted, "Introduction: Basic principles of city planning," in J. Nolen, ed., *City Planning: A Series of Papers Presenting the Essential Elements of a City Plan* (New York: Appleton, 1995); F. L. Olmsted, "The city beautiful," *The Builder* 101 (July 7, 1911); F. L. Olmsted, "The value and care of parks," in R. Nash, ed., *The American Environment: Readings in the History of Conservation* (Reading, MA: Addison-Wesley, 1968); C. Gilbert and F. L. Olmsted, *Report to the New Haven Improvement Commission* (New Haven, CT: New Haven Civic Improvement Committee, 1910).
11. R. Ulrich and R. Parsons, "Influences of passive experience with plants on individual well-being and health," in Relf, ed., *The Role of Horticulture,* 93–105; R. Ulrich, "Aesthetic and affective response to natural environment," in I. Altmann and J. F. Wohlwill, eds., *Human Behavior and Environment,* 85–125 (New York: Plenum, 1993); R. Ulrich, "Biophilia, biophobia, and natural landscapes," 73–137; T. Hartig et al., "Restorative effects of natural environment experiences," *Environment and Behavior* 23 (1991): 3–26; S. Kaplan, "The restorative benefits of nature: Toward an integrative framework," *Journal of Environmental Psychology* 12 (1995): 169–82; R. Parsons, "The potential influences of environmental perception on human health," *Journal of Environmental Psychology* 11 (1991): 1–23; R. Parsons et al., "The view from the road: Implications for stress recovery and immunization," *Journal of Environmental Psychology* 18 (1998): 113–40; M. Cooper-Marcus and M. Barnes, *Gardens in Healthcare Facilities: Uses, Therapeutic Benefits, and Design Recommendations* (Martinez, CA: Center for Health Design, 1995).
12. Ulrich, "Biophilia, biophobia, and natural landscapes," 73–137; S. Kaplan et al., "Rated prefer-

ence and complexity for natural and urban visual material," *Perception and Psychophysics* 12 (1972): 354–56; R. Ulrich, "View through a window may influence recovery from surgery," *Science* 224 (1984): 420–21; R. Ulrich et al., "Stress recovery during exposure to natural and urban environments," *Journal of Environmental Psychology* 11 (1991): 201–30; R. Hull and A. Harvey, "Explaining the emotion people experience in suburban parks," *Environment and Behavior* 21 (1989): 323–45; E. Zube et al., ed., *Landscape Assessment: Values, Perceptions, and Resources* (Stroudsburg, PA: Dowden, Hutchinson, and Ross, 1975); R. Kaplan, "Some psychological benefits of gardening," *Environment and Behavior* 5 (1973): 142–52.

13. T. Hartig, M. Barnes, and C. Marcus, "Conclusions and prospects," in Cooper-Marcus and Barnes, eds., *Healing Gardens*, 577.

14. Hartig et al., "Restorative effects of natural environment experiences"; T. Hartig et al., "Environmental influences on psychological restoration," *Scandinavian Journal of Psychology* 37 (1996): 378–93; T. Hartig and G. Evans, "Psychological foundations of nature experience," in T. Garlking and R. Golledge, eds., *Behavior and Environment: Psychological and Geographical Approaches*, 427–57 (Amsterdam: Elsevier/North Holland, 1993).

15. See, for example, A. Ewert, *Outdoor Adventure Pursuits: Foundations, Models, and Theories* (Scottsdale, AZ: Publishing Horizons, 1989); B. Driver et al., "Wilderness benefits: A state-of-the-knowledge review," in R. C. Lucas, ed., *Proceedings of the National Wilderness Research Conference,* General Technical Report INT-220 (Fort Collins, CO: USDA Forest Service, 1987); R. Knopf, "Human behavior, cognition, and affect in the natural environment," in D. Stokols and I. Altman, eds., *Handbook of Environmental Psychology* (New York: Wiley, 1987).

16. See, for example, Ulrich, "Biophilia, biophobia, and natural landscapes"; J. Appleton, *The Experience of Landscape* (London: Wiley, 1975); J. Heerwagen and G. Orians, "Humans, habitats, and aesthetics," in Kellert and Wilson, eds., *The Biophilia Hypothesis;* Y. Tuan, *Passing Strange and Wonderful: Aesthetics, Nature, and Culture* (Washington, DC: Island Press, 1993); G. Hildebrand, *The Origins of Psychological Pleasure* (Berkeley: University of California Press, 2000).

17. Kaplan and Kaplan, *The Experience of Nature;* S. Kaplan and R. Kaplan, *With People in Mind: Design and Management of Everyday Nature* (Washington, DC: Island Press, 1998).

18. A sample of important studies includes Ewert, *Outdoor Adventure Pursuits;* B. Driver et al., "Wilderness benefits"; annotated literature review in S. Kellert and V. Derr, *National Study of Outdoor Wilderness Experience* (New Haven, CT: Yale University School of Forestry and Environmental Studies; Charleston, NH: Student Conservation Association, 1998); A. Easley et al., *The Use of Wilderness for Personal Growth, Therapy, and Education,* General Technical Report RM-193 (Fort Collins, CO: USDA Forest Service, 1990); R. Schreyer et al., *The Role of Wilderness in Human Development,* General Technical Report SE-51 (Fort Collins, CO: USDA Forest Service, 1988); L. Levitt, "Therapeutic value of wilderness," in *Wilderness Benchmark 1988: Proceedings of the National Wilderness Colloquium,* General Technical Report SE-51 (Asheville, NC: USDA Forest Service, 1989), 156–68; R. Ulrich, U. Dimberg, and B. Driver, "Psychophysiological indicators of leisure benefits," in B. Driver, P. Brown, and G. Peterson, eds., *Benefits of Leisure* (State College, PA: Venture, 1991); Kaplan and Kaplan, *The Experience of Nature;* R. Kaplan and J. Talbot, "Psychological benefits of a wilderness experience," in Altman and Wohlwill, eds., *Behavior and the Natural Environment;* B. Driver and P. Brown, "Probable personal benefits of outdoor recreation," in *President's Commission on American Outdoors: A Literature Review,* 63–67 (Washington, DC: Government Printing Office, 1976); B. Driver et al., eds., *Nature and the Human Spirit* (State College, PA: Venture, 1999).

19. Ewert, *Outdoor Adventure Pursuits.*

20. Kellert and Derr, *National Study of Outdoor Wilderness Experience.*
21. See, for example, K. Thomas, *Man and the Natural World* (New York: Pantheon, 1983); G. Carson, *Men, Beasts, and Gods: A History of Cruelty and Kindness to Animals* (New York: Scribner's, 1972).
22. See, for example, J. Serpell, *In the Company of Animals* (Oxford: Basil Blackwell, 1986); A. Katcher and A. Beck, eds., *New Perspectives on Our Lives with Companion Animals* (Philadelphia: University of Pennsylvania Press, 1983); A. Beck and A. Katcher, *Between Pets and People: The Importance of Animal Companionship* (West Lafayette, IN: Purdue University Press, 1996); R. Anderson et al., eds., *The Pet Connection* (Minneapolis: University of Minnesota Press, 1984); B. Fogle, ed., *Interrelations between People and Pets* (Springfield, IL: Thomas, 1981); B. Levinson, *Pets and Human Development* (Springfield, IL: Thomas, 1972); A. Rowan, ed., *Animals and People Sharing the World* (Hanover, NH: University Press of New England, 1989); A. Katcher and G. Wilkins, "Dialogue with animals: Its nature and culture," in Kellert and Wilson, eds., *The Biophilia Hypothesis.*
23. P. Messent, "Social facilitation of contact with other people by pet dogs," in Katcher and Beck, eds., *New Perspectives on Our Lives with Companion Animals,* 354.
24. Serpell, *In the Company of Animals,* 31.
25. See, for example, B. Levinson, *Pet-Oriented Child Psychotherapy* (Springfield, IL: Thomas, 1969); Levinson, *Pets and Human Development;* R. Corson and E. Corson, "The socializing role of pet animals in nursing homes," in L. Levi, ed., *Society, Stress, and Disease* (London: Oxford University Press, 1977); E. Friedmann et al., "Animal companions and one-year survival of patients discharged from a coronary care unit," *Public Health Reports* 95 (1980): 307–12; L. Hart et al., "Socializing effects of service dogs for people with disabilities," *Anthrozoos* 1 (1987): 41–44; J. Siegel, "Stressful life events and use of physician services among the elderly: The moderating role of pet ownership," *Journal of Personality and Social Psychology* 58 (1990): 1081–86; Serpell, *In the Company of Animals;* Fogle, ed., *Interrelations between Pets and People;* A. Fine, ed., *The Handbook of Animal Assisted Therapy: Theoretical Foundations and Guidelines for Practice* (New York: Academic Press, 2000); E. Friedmann, "Animal-human bond: Health and wellness," in Katcher and Beck, eds., *New Perspectives on Our Lives with Companion Animals;* R. Draper et al., "Defining the role of pet animals in psychotherapy," *Journal of Developmental Psychology* 15 (1990): 169–72; D. Allen, "Effects of dogs on human health," *Journal of the American Veterinary Medicine Association* 210 (1997): 1136–39; A. Katcher, "Interactions between people and their pets: Form and function," in Fogle, ed., *Interrelations between Pets and People;* A. Katcher, "Animal assisted therapy and the study of human-animal relationships," in A. Fine, *The Handbook of Animal Assisted Therapy;* A. Katcher and A. Beck, "Animal companions: More companion than animals," in R. Robinson and L. Tiger, eds., *Man and Beast Revisited* (Washington, DC: Smithsonian Institution Press, 1991); A. Katcher and G. Wilkins, "Animal-assisted therapy in the treatment of disruptive behavior disorders," in A. Lundberg, ed., *The Environment and Mental Health* (Mahwah, NJ: Erlbaum, 1998); A. Katcher, "Animals in therapeutic education: Guides into the liminal state," in Kahn and Kellert, eds., *Children and Nature;* A. Cochrane and K. Callen, *Dolphins and Their Power to Heal* (London: Bloomsbury, 1992); Siegel, "Stressful life events"; D. Moore, "Animal-facilitated therapy: A review," *Children's Environment Quarterly* 1, no. 3 (1984): 37–40.
26. A. Katcher et al., "Looking, talking and blood pressure: The physiological consequences of interaction with the living environment," in Katcher and Beck, eds., *New Perspectives on Our Lives with Companion Animals;* Friedmann et al., "Animal companions and one-year survival." Also see these related studies: E. Friedmann et al., "Pet ownership, social support, and one-year survival after acute myocardial infarction in the cardiac arrhythmia suppression trial," *American Journal of Cardiology*

76 (1995): 1213–17; W. Anderson et al., "Pet ownership and risk factors for cardiovascular disease," *Medical Journal of Australia* 157 (1992): 298–301.

27. Katcher and Wilkins, "Dialogue with animals."
28. Serpell, *In the Company of Animals,* 114–16.
29. See, for example, K. Szasz, *Petishism: Pets and Their People in the Western World* (New York: Holt, Rinehart, & Winston, 1983); P. Shepard, "On animal friends," in Kellert and Wilson, eds., *The Biophilia Hypothesis;* Y. Tuan, *Dominance and Affection: The Making of Pets* (New Haven, CT: Yale University Press, 1984); A. Felthous and S. Kellert, "Children cruelty to animals and later aggression against people: A review," *American Journal of Psychiatry* 144 (1987): 710–17; S. Kellert and A. Felthous, "Childhood cruelty toward animals among criminals and non-criminals," *Human Relations* 38 (1985): 1113–29; L. DeVinner, J. Dickert, and R. Lockwood, "Care of pets within child abusing families," *International Journal for the Study of Animal Problems* 4 (1983): 321–36.
30. See statistics, for example, provided by the U.S. Pet Food Institute (http://www.petfoodinstitute.org) and the Humane Society of the United States (http://www.hsus.org).
31. See, for example, C. Levi-Strauss, *The Savage Mind* (Chicago: University of Chicago Press, 1966); F. Zeuner, *A History of Domesticated Animals* (New York: Harper & Row, 1963); Serpell, *In the Company of Animals;* Kellert, *Kinship to Mastery.*
32. See, for example, Ulrich, "View through a window"; R. Ulrich, "Effects of hospital environments on patient well being," in *Research Report 9* (Trondheim, Norway: Department of Psychiatry and Behavioral Medicine, 1986); R. Ulrich and O. Lunden, "Effects of nature and abstract pictures on patients recovering from open heart surgery" (paper presented at the International Congress of Behavioral Medicine, Uppsula, Sweden, 1990); Ulrich et al., "Stress recovery during exposure to natural and urban environments"; S. Kaplan and C. Peterson, "Health and environment: A psychological analysis," *Landscape and Urban Planning* 26 (1993): 17–23; Ulrich, "Biophilia, biophobia, and natural landscapes"; R. Ulrich, "Effects of interior design on wellness: Theory and recent scientific research," *Journal of Healthcare Design* 3 (1992): 97–109; R. Ulrich and R. Parsons, "Influences of passive experiences with plants on individual well-being and health," in Relf, ed., *The Role of Horticulture;* C. Baird and P. Bell, "Place attachment, isolation, and the power of a window in a hospital environment," *Psychological Reports* 76 (1995): 847–50; Parsons et al., "The view from the road"; R. Parsons, "The potential influences of environmental perception on human health," *Journal of Environmental Psychology* 11 (1991): 1–23; A. Taylor, "The therapeutic value of nature," *Journal of Operational Psychiatry* 12 (1976): 64–74; S. Verderber and D. Reuman, "Windows, views, and health status in hospital therapeutic environments," *Journal of Architectural Planning and Research* 4 (1987): 120–33; A. E. Van den Berg et al., "Health benefits of viewing nature" (in preparation); K. Korpela and T. Hartig, "Restorative qualities of favorite places," *Journal of Environmental Psychology* 16 (1996): 221–33; H. Frumkin, "Beyond toxicity: Human health and the natural environment," *American Journal of Preventive Medicine* 20 (2001): 234–39; Relf, ed., *The Role of Horticulture;* R. Clay, "Green is good for you," *Monitor on Psychology* 32 (2001); D. Hollander et al., "Health, environment and quality of life," *Landscape and Urban Planning* 89 (2002): 1–10; P. Grahm, "Green structures: The importance for health of nature areas and parks," *European Regional Planning* 56 (1994): 89–112; Hartig et al., "Environmental influences on psychological restoration"; Hartig et al., "Restorative effects of the natural environment"; C. Lewis, *Green Nature/Human Nature: The Meaning of Plants in Our Lives* (Urbana: University of Illinois Press, 1996); R. Parsons and T. Hartig, "Environmental physiology," in J. Caccioppo et al., *Handbook of Psychophysiology* (New York:

Cambridge University Press, 1999); B. Cimprich, "Development of an intervention to restore attention in cancer patients," *Cancer Nursing* 16 (1993): 83–92; R. Hull and S. Michael, "Nature-based recreation, mood change, and stress reduction," *Leisure Science* 17 (1995): 1–14; P. Mooney and P. Nicell, "The importance of exterior environment for Alzheimer residents," *Healthcare Management Forum* 5 (1992): 23–29; A. Taylor et al., "Coping with ADD: The surprising connection to green places," *Environment and Behavior* 33 (2001): 54–77; R. Nakamura and E. Fujii, "A comparative study of the characteristics of the electroencephalogram when observing a hedge and a concrete block fence," *Journal of the Japanese Institute of Landscape Architects* 55 (1992): 139–44; B. O'Connor et al., "Window view, social exposure and nursing home adaptation," *Canadian Journal of Aging* 10 (1991): 216–23; M. Francis, P. Lindsey, and J. Stone, eds., *The Healing Dimensions of People-plant Interactions;* A. Olds, "Nature as healer," in J. Weiser and T. Yeomans, eds., *Readings in Psychosynthesis: Theory, Process, and Practice* (Toronto: Ontario Institute for Studies in Education, 1985).

33. Cooper-Marcus and Barnes, *Gardens in Healthcare Facilities;* Cooper-Marcus and Barnes, eds., *Healing Gardens.*
34. See, for example, R. Ulrich, "Visual landscapes and psychological well-being," *Landscape Research* 4 (1979): 17–23; R. Ulrich, "Natural versus urban scenes," *Environment and Behavior* 12 (1981): 523–56; Ulrich, "Aesthetic and affective response to natural environment"; R. Ulrich, "Human responses to vegetation and landscapes," *Landscape and Urban Planning* 12 (1986): 29–44; R. Ulrich, "How design impacts wellness," *Healthcare Forum Journal* 20 (1992): 20–25; Ulrich et al., "Stress recovery during exposure to natural and urban environments"; Ulrich, "Biophilia, biophobia, and natural landscapes"; Parsons et al., "The view from the road"; plus all other references cited in note 32.
35. Ulrich, "View through a window"; Ulrich, "Biophilia, biophobia, and natural landscapes."
36. Ulrich, "Biophilia, biophobia, and natural landscapes," 107.
37. Ulrich and Lunden, "Effects of nature and abstract pictures."
38. Ulrich, "Effects of hospital environments on patient well being."
39. Katcher et al., "Comparison of contemplation and hypnosis."
40. See, for example, T. Godish, *Sick Buildings: Definitions, Diagnosis, and Mitigation* (Boca Raton, FL: Lewis, 1994); M. Baechler and D. Hadley, *Sick Building Syndrome: Sources, Health Effects, Mitigation* (New York: Noyes, 1992); M. Marcoin, B. Seifert, and T. Lindball, *Indoor Air Quality* (New York: Elsevier, 1995); R. Spiegel and D. Meadows, *Green Building Materials: A Guide to Product Selection and Specification* (New York: Wiley, 1999).
41. See, for example, J. Heerwagen and B. Hase, "Building biophilia: Connecting people to nature," *Environmental Design + Construction* (March 2001): 30–34; J. Heerwagen, "Green buildings, organizational success, and occupant productivity," *Building Research and Information* 28 (2000): 353–67; M. Boubekri et al., "Impact of window size and sunlight penetration on office workers' mood and satisfaction," *Environment and Behavior* 23 (1991): 474–93; W. Browning and J. Romm, "Greening and the bottom line," in K. Whitter and T. Cohn, eds., *Proceedings of the 2nd Intl. Green Buildings Conference,* Special Publication 888 (Gaithersburg, MD: National Institute of Standards and Technology, 1998); W. Fisk and A. Rosenfeld, "Estimates of improved productivity and health from better indoor environments," *Indoor Air* 7 (1997): 158–72; J. Heerwagen, "Affective functioning, light hunger, and room brightness preferences," *Environment and Behavior* 22 (1990): 608–35; J. Heerwagen, "The psychological aspects of windows and window design," *Environmental Design Research Association* 21 (1990): 269–80; J. Heerwagen et al., "Do energy efficient, green buildings spell profits?" *Energy and Environmental Management* 3 (1997): 29–34; J. Heerwagen et al.,

"Environmental design, work and well being," *American Association of Occupational Health Nurses Journal* 43 (1995): 458–68; J. Heerwagen, "Windowscapes: The role of nature," in *Proceedings Second International Daylighting Conference* (Long Beach, CA, November 1986); J. Heerwagen and G. Orians, "Adaptations to windowlessness: A study of the use of visual décor in windowed and windowless offices," *Environment and Behavior* 18 (1986): 623–30; R. Kaplan, "Urban forestry and the workplace," in P. Gobster, ed., *Managing Urban and High Use Recreation Settings,* General Technical Report NC-163 (Chicago: USDA Forest Service, 1995); P. Leather et al., "Windows in the workplace: Sunlight, view, and occupational stress," *Environment and Behavior* 30 (1998): 739–62; N. Sensharma et al., "Relationship between the indoor environment and productivity: A literature review," *ASHRAE Transactions* 104 (1998); J. Veitch and G. Newsham, "Lighting quality and energy efficient effects on task performance," *Journal of the Illuminating Engineering Society* 27 (1998): 107–29; V. Lohr et al., "Interior plants may improve worker productivity and reduce stress in a windowless environment," *Journal of Environmental Horticulture* 14 (1996): 97–100; C. Tennessen and B. Cimprich, "Views to nature: Effects on attention," *Journal of Environmental Psychology* 15 (1995): 77–85; L. Larsen et al., "Plants in the workplace," *Environment and Behavior* 31 (1998): 261–81; R. Kaplan, "The role of nature in the context of the workplace," *Landscape and Urban Planning* 26 (1993): 193–201; J. Wise, "How nature nurtures: Buildings as habitats and their benefits to people," *Heating/Piping/Air Conditioning* (February 1997): 48–51, 78; Boubekri et al., "Impact of window size and sunlight penetration"; J. Stewart-Pollack, "The need for nature: How nature determines our needs for and responses to environments," *Isdesign,* September-October, 1996; E. Moore, "A prison environment's effect on health care service demands," *Journal of Environmental Systems* 11 (1982): 17–34; R. Kuller and C. Lindsten, "Health and behavior of children in classrooms with and without windows," *Journal of Environmental Psychology* 12 (1992): 305–17; Rocky Mountain Institute et al., *Green Development* (New York: Wiley, 1998); Pacific Gas and Electric Company, *Daylighting in Schools: An Investigation into the Relationship between Daylighting and Human Performance* (Sacramento: California Public Utilities Commission, research by Heschong Mahone Group, 1999); G. Katts, *The Costs and Financial Benefits of Green Buildings* (Sacramento: California Sustainable Building Task Force, 2003).

42. J. Heerwagen, J. Wise, D. Lantrip, and M. Ivanovich, "A tale of two buildings: Biophilia and the benefits of green design," *US Green Buildings Council Conference* (November 1996); J. Heerwagen, "Do green buildings enhance the well being of workers? Yes," *Environmental Design + Construction* (July 2000): 24–34.

43. J. Corbett and M. Corbett, *Designing Sustainable Communities: Learning from Village Homes* (Washington, DC: Island Press, 2000); all following related quotes are from this source. Also see for related perspectives: R. Kaplan, "Nature at the doorstep: Residential satisfaction and the nearby environment," *Journal of Architectural and Planning Research* 2 (1985): 115–27; J. Nasar, "Adult viewers' preferences in residential sciences: A study of the relationship of environmental attributes to preference," *Environment and Behavior* 15 (1984): 589–614; Hartig, "Nature experience in transactional perspective"; J. Talbot and R. Kaplan, "The benefits of nearby nature for elderly apartment residents," *International Journal of Aging and Human Development* 33 (1991): 119–30.

44. J. Lacy, *An Examination of Market Appreciation for Clustered Housing with Permanently Protected Open Space* (Amherst: Center for Rural Massachusetts, University of Massachusetts, 1990). Also see for related information: Rocky Mountain Institute et al., *Green Development;* L. Anderson et al., "Influence of trees on residential property values in Athens, GA (USA): A survey based on actual

sales prices," *Landscape and Urban Planning* 15 (1975): 539–66.

45. See, for example, F. Kuo, "Coping with poverty: Impacts of environment and attention in the inner city," *Environment and Behavior* 33 (2001): 5–34; W. Sullivan and F. Kuo, "Do trees strengthen urban communities, reduce domestic violence," in *Forestry Report R8-FR 56, USDA Forest Service* (Atlanta: Southern Regions, USDA Forest Service); F. Kuo et al., "Fertile ground for community: Inner-city neighborhood common spaces," *American Journal of Community Psychology* 26 (1998): 823–51; F. Kuo et al., "Transforming inner-city landscapes: Trees, sense of safety, and preference," *Environment and Behavior* 30 (1998); A. Taylor, F. Kuo, and W. Sullivan, "Growing up in the inner city: Green spaces as places to grow," *Environment and Behavior* 30 (1998): 3–27; R. Coley and F. Kuo, "Where does community grow? The social context created by nature in urban public housing," *Environment and Behavior* 29 (1997).
46. Taylor, Kuo, and Sullivan, "Growing up in the inner city: Green spaces as places to grow," 24.
47. Coley and Kuo, "Where does community grow?"
48. See, for example, R. Costanza, B. Norton, and B. Haskell, eds., *Ecosystem Health* (Washington, DC: Island Press, 1992); R. de Groot, *Functions of Nature* (Amsterdam: Wolters-Noordhoff, 1992); G. Likens and F. Bormann, *Biogeochemistry of a Forest Ecosystem* (New York: Springer-Verlag, 1995); National Research Council, *Restoration of Aquatic Ecosystems* (Washington, DC: National Academy Press, 1992).
49. See, for example, Kellert, *The Value of Life;* Kellert, *Kinship to Mastery.*
50. See, for example, E. Babbie, *The Practice of Social Research* (Belmont, CA: Wadsworth/Thomson, 2001).
51. For more discussion of ecosystem service, see G. Daily, *Nature's Services: Societal Dependence on Natural Ecosystems* (Washington, DC: Island Press, 1997); H. Mooney et al., *Functional Roles of Biodiversity* (Chichester, Eng.: Wiley, 1996); E-D. Schulze and H. Mooney, eds., *Biodiversity and Ecosystem Function* (Berlin: Springer-Verlag, 1993); Y. Baskin, *The Work of Nature: How the Diversity of Life Sustains Us* (Washington, DC: Island Press, 1997); de Groot, *Functions of Nature.*
52. See, for example, S. Kellert, "Values and perceptions of invertebrates," *Conservation Biology* 7 (1993): 845–55; D. Pimentel, *Insects, Science and Society* (New York: Academic Press, 1975); D. Pimentel et al., "Economics and environmental benefits of biodiversity," *BioScience* 47 (1997): 747–57; Kellert, *Kinship to Mastery.*
53. Pimentel et al., "Economics and environmental benefits of biodiversity"; R. Costanza et al., "The value of the world's ecosystem services and natural capital," *Ecological Economics* 25 (1998): 3–15; D. Pearce and D. Moran, *The Economic Value of Biodiversity* (London: Earthscan, 1994).
54. R. Dasmann, *Environmental Conservation* (New York: Wiley, 1972).
55. See, for example, Wilson, *Biophilia;* Kellert and Wilson, eds., *The Biophilia Hypothesis;* Kellert, *Kinship to Mastery;* P. Kahn, "Developmental psychology and the biophilia hypothesis," *Developmental Review* 17 (1999): 1–61.
56. See, for example, C. Lumsden and E. O. Wilson, *Genes, Mind, and Culture* (Cambridge, MA: Harvard University Press, 1981); C. Lumsden and E. O. Wilson, "The relation between biological and cultural evolution," *Journal of Social and Biological Structures* 8 (1985): 343–59; J. Barkow, L. Cosmides, and J. Tooby, eds., *The Adapted Mind: Evolutionary Psychology and the Generation of Culture* (New York: Oxford University Press, 1992).
57. For more detailed descriptions of the nine biophilic values, see Kellert, *The Value of Life;* Kellert, *Kinship to Mastery.*
58. See, for example, J. Diamond, "New Guineans and their natural world," in Kellert and Wilson, eds.,

The Biophilia Hypothesis; R. Nelson, "Searching for the lost arrow: Physical and spiritual ecology in the hunter's world," in Kellert and Wilson, eds., *The Biophilia Hypothesis;* L. Maffi, ed., *On Biocultural Diversity: Linking Language, Knowledge, and the Environment* (Washington, DC: Smithsonian Institution Press, 2001); G. Nabhan, *Cultures of Habitat: On Nature, Culture, and Story* (Washington, DC: Counterpoint, 1997).

59. See, for example, P. Shepard, *Thinking Animals: Animals and the Development of Human Intelligence* (New York: Viking, 1978); P. Shepard, *The Others: How Animals Made Us Human* (Washington, DC: Island Press, 1996); E. Lawrence, "The sacred pig, the filthy pig, and the bat out of hell: Animal symbolism as cognitive biophilia," in Kellert and Wilson, eds., *The Biophilia Hypothesis;* D. Abrams, *The Spell of the Sensuous: Perception and Language in a More-Than-Human World* (New York: Pantheon, 1996).
60. See, for example, Appleton, *The Experience of Landscape;* Heerwagen and Orians, "Humans, habitats, and aesthetics."
61. H. Rolston, *Philosophy Gone Wild* (Buffalo, NY: Prometheus Books, 1986), 88.
62. R. Dubos, Wooing of the Earth (London: Althone, 1980), 109; Fein, *Frederick Law Olmsted and the American Environmental Tradition;* Todd, *Frederick Law Olmsted;* Olmsted, "The city beautiful"; Beverdige and Rocheleau, *Frederick Law Olmsted: Designing the American Landscape;* Olmsted, "The value and care of parks."
63. J. Jackson, *A Sense of Place, a Sense of Time* (New Haven, CT: Yale University Press, 1994).
64. Dubos, *Wooing of the Earth,* 110.
65. M. Sagoff, "Settling America or the concept of place in environmental ethics," *Journal of Natural Resources and Environmental Law* 12 (1992): 351–418.
66. S. Weil, *The Need for Roots* (New York: Harper Colophon, 1971).
67. E. Relph, *Place and Placelessness* (London: Pion, 1976), 12.
68. W. Berry, "The Regional Motive," in *A Continuous Harmony: Essays Cultural and Agricultural* (New York: Harcourt, 1972), 68–69. Also see W. Berry, *The Unsettling of America* (New York: Avon, 1978); W. Berry, *Sex, Economy, Freedom, and Community* (New York: Pantheon, 1993); W. Berry, *The Gift of Good Land* (San Francisco: Northpoint, 1981).
69. Sagoff, "Settling America."
70. Kellert, *The Value of Life.*
71. A. Leopold, *The Sand County Almanac, with Other Essays on Conservation from Round River* (New York: Oxford University Press, 1996).

第三章　自然与童年时期

1. U. Bronfrenbrenner, *The Ecology of Human Development* (Cambridge, MA: Harvard University Press, 1979); R. Barker, *Ecological Psychology* (Stanford, CA: Stanford University Press, 1968).
2. H. Searles, *The Nonhuman Environment: In Normal Development and in Schizophrenia* (New York: International Universities Press, 1960), 3.
3. P. Kahn and S. Kellert, eds., *Children and Nature: Psychological, Sociocultural, and Evolutionary Investigations* (Cambridge, MA: MIT Press, 2002).
4. R. Pyle, "Eden in a vacant lot: Special places, species, and kids in the neighborhood of life," in Kahn and Kellert, eds., *Children and Nature,* 319, 306.
5. M. Bloom et al., *Taxonomy of Educational Objectives: The Classification of Educational Goals; Handbook*

1, Cognitive Domain (New York: Longman, 1956). Also see C. Maker, *Teaching Models of the Gifted* (Austin, TX: Pro-Ed., 1982).

6. See, for example, P. Shepard, *Thinking Animals: Animals and the Development of Human Intelligence* (New York: Viking, 1978); P. Shepard, *The Others: How Animals Made Us Human* (Washington, DC: Island Press, 1996); S. Kellert, *The Value of Life: Biological Diversity and Human Society* (Washington, DC: Island Press, 1996).
7. E. Lawrence, "The sacred bee, the filthy pig, and the bat out of hell: Animal symbolism as cognitive biophilia," in S. Kellert and E. O. Wilson, eds., *The Biophilia Hypothesis* (Washington, DC: Island Press, 1993).
8. See, for example, E. O. Wilson, "Biophilia and the conservation ethic," in Kellert and Wilson, eds., *The Biophilia Hypothesis;* R. Pyle, *The Thunder Tree: Lessons from an Urban Wildland* (Boston: Houghton Mifflin, 1993).
9. D. Krathwohl, R. Bloom, and B. Masia, *Taxonomy of Educational Objectives: The Classification of Educational Goals; Handbook 2, Affective Domain* (New York: Longman, 1964). Also see Maker, *Teaching Models of the Gifted.*
10. Kellert, *The Value of Life;* S. Schwartz, "Are there universal aspects in the structure and content of human values?" *Journal of Social Issues* 50 (1994): 19–45; J. Grube et al., "Inducing change in values, attitudes, and behavior: Belief system theory and the method of value self-confrontation," *Journal of Social Issues* 50 (1994): 153–73.
11. L. Iozzi, "What research says to the educator, environmental education and the affective domain," *Journal of Environmental Education* 20 (1989): 3–13. Also see A. Katcher, "Animals in therapeutic education: Guides into the liminal state," in Kahn and Kellert, eds., *Children and Nature.*
12. O. Myers and C. Saunders, "Animals as links toward developing caring relationships with the natural world," in Kahn and Kellert, eds., *Children and Nature.*
13. R. Sebba, "The landscapes of childhood: The reflections of childhood's environment in adult memories and in children's attitudes," *Environment and Behavior* 23 (1991): 395–422.
14. E. Cobb, *The Ecology of Imagination in Childhood* (New York: Columbia University Press, 1977), 32. Also see L. Chawla, "Childhood place attachments," in I. Altman and S. Low, eds., *Place Attachment* (New York: Plenum, 1992); L. Chawla, "Spots of time. Manifold ways of being in nature in childhood," in Kahn and Kellert, eds., *Children and Nature.*
15. W. Whitman, *Leaves of Grass* (London: Putnam, 1997).
16. R. Carson, *The Sense of Wonder* (New York: HarperCollins, 1998), 54, 56, 100.
17. Carson, *The Sense of Wonder,* 100.
18. Sebba, "The landscapes of childhood," 401.
19. Searles, *The Nonhuman Environment,* 117.
20. B. Bettelheim, *The Uses of Enchantment: The Meaning and Importance of Fairy Tales* (New York: Vintage Books, 1977); Shepard, *Thinking Animals.*
21. Pyle, *The Thunder Tree;* Pyle, "Eden in a vacant lot"; J. Mander, *In the Absence of the Sacred* (San Francisco: Sierra Club Books, 1991); D. Orr, "Political economy and the ecology of childhood," in Kahn and Kellert, eds., *Children and Nature;* G. Nabhan and S. Trimble, *The Geography of Childhood* (Boston: Beacon, 1994).
22. D. Thomas, *Quite Early One Morning* (New York: New Directions, 1965), 4.
23. Kellert, *The Value of Life;* Kellert, *Kinship to Mastery;* S. Verbeek and F. de Waal, "The primate relationship with nature: Biophilia as a general pattern," in Kahn and Kellert, eds., *Children and Nature.*
24. S. Kellert, "Attitudes toward animals: Age-related development among children," *Journal of*

Environmental Education 16 (1985): 29–39; Kellert, *The Value of Life.*

25. D. Sobel, *Children's Special Places: Exploring the Role of Forts, Dens, and Bush Houses in Middle Childhood* (Tucson, AZ: Zephyr, 1993); R. Moore, *Childhood's Domain: Play and Space in Child Development* (London: Croom Helm, 1986); P. Kahn, *The Human Relationship with Nature: Development and Culture* (Cambridge, MA: MIT Press, 1999); R. Hart, *Children's Experience of Place* (New York: Knopf, 1979).
26. Sobel, *Children's Special Places,* 159.
27. E. Erikson, *Identity: Youth and Crisis* (New York: Norton, 1968).
28. Sobel, *Children's Special Places,* 70, 74.
29. W. Stegner, *Wolf Willow* (New York: Viking, 1962), 21.
30. L. Chawla, "Significant life experiences revisited," *Journal of Environmental Education* 29 (1998): 11–21; Chawla, "Spots of time."
31. Shepard, *Thinking Animals.*
32. Shepard, *The Others,* 76. Also see Bettelheim, *The Uses of Enchantment.*
33. A. Ewert, *Outdoor Adventure Pursuits: Foundations, Models, and Theories* (Scottsdale, AZ: Publishing Horizons, 1989); B. Driver et al., "Wilderness benefits: A state-of-the-knowledge review," in R. C. Lucas, ed., *Proceedings of the National Wilderness Research Conference,* General Technical Report INT-220 (Fort Collins, CO: USDA Forest Service, 1987); S. Kellert and V. Derr, *National Study of Outdoor Wilderness Experience* (New Haven, CT: Yale University School of Forestry and Environmental Studies, 1998).
34. R. Kaplan and S. Kaplan, "Adolescents and the natural environment: A time out?" in Kahn and Kellert, eds., *Children and Nature.*
35. Bloom et al., *Taxonomy of Educational Objectives: The Classification of Educational Goals; Handbook 1, Cognitive Domain;* Krathwohl et al., *Taxonomy of Educational Objectives: The Classification of Educational Goals; Handbook 2, Affective Domain;* J. Piaget, *The Child's Conception of the World* (Totowa, NJ: Littlefield Adams, 1969); Maker, *Teaching Models of the Gifted.*
36. Searles, *The Nonhuman Environment,* 27.
37. See, for example, Pyle, *The Thunder Tree;* Pyle, "Eden in a vacant lot"; Searles, *The Nonhuman Environment;* Sobel, *Children's Special Places;* M. Thomashaw, *Ecological Identity* (Cambridge, MA: MIT Press, 1995); M. Berg and E. Medich, "Children in four neighborhoods," *Environment and Behavior* 12 (1980): 320–48; L. Chawla, "Children's concern for the environment," *Children's Environments Quarterly* 5 (1988): 13–20; L. Chawla, ed., *Growing Up in an Urbanizing World* (Paris: UNESCO; London: Earthscan, 2001); Hart, *Children's Experience of Place;* Kahn, *The Human Relationship with Nature;* P. Kahn, "Developmental psychology and the biophilia hypothesis," *Developmental Review* 17 (1999): 1–61; P. Kahn, "Children's affiliations with nature: Structure, development, and the problem of environmental generational amnesia," in Kahn and Kellert, eds., *Children and Nature;* S. Kaplan and R. Kaplan, *The Experience of Nature* (New York: Cambridge University Press, 1989); R. Moore, *Childhood Domain* (London: Croom Helm, 1986); R. Moore and D. Young, "Childhood outdoors," in I. Altman and J. Wohlwill, eds., *Children and the Environment* (New York: Plenum, 1978); Nabhan and Trimble, *The Geography of Childhood;* S. Ratanapojnard, *Community-oriented Biodiversity Environmental Education* (PhD dissertation, Yale University, 2001); V. Derr, *Growing Up in the Hispano Homeland: The Interplay of Nature, Family, Culture, and Community in Shaping Children's Experiences and Sense of Place* (PhD dissertation, Yale University, 2001).
38. Pyle, "Eden in a vacant lot," 323.

39. Nabhan and Trimble, *The Geography of Childhood,* 7.
40. Sebba, "The landscapes of childhood."
41. See, for example, Pyle, *The Thunder Tree;* Pyle, "Eden in a vacant lot"; Chawla, ed., *Growing Up in an Urbanizing World;* Hart, *Children's Experience of Place;* Kahn, *The Human Relationship with Nature;* Kahn, "Children's affiliations with nature"; Nabhan and Trimble, *The Geography of Childhood;* Ratanapojnard, *Community-oriented Biodiversity Environmental Education;* Derr, *Growing Up in the Hispano Homeland;* Orr, "Political economy and the ecology of childhood"; J. Wargo, *Our Children's Toxic Legacy: How Science and Law Fail to Protect Us from Pesticides* (New Haven, CT: Yale University Press, 1996).
42. See, for example, J. Applegate, "Patterns of early desertion among New Jersey hunters," *Wildlife Society Bulletin* 17 (1991): 476–81; Carson, *The Sense of Wonder;* G. Nabhan and S. St. Antoine, "The loss of floral and faunal story: The extinction of experience," in Kellert and Wilson, eds., *The Biophilia Hypothesis.*
43. R. White, *Young Children's Relationship with Nature: Its Importance to Children's Development and the Earth's Future* (Kansas City, MO: White Hutchinson Leisure & Learning Group, 2004).
44. White, *Young Children's Relationship with Nature,* 12.
45. Orr, "Political economy and the ecology of childhood," 291.
46. Pyle, *The Thunder Tree.*
47. S. Wells, R. Pyle, and N. Collins, *The IUCN Invertebrate Red Data Book* (Gland, Switzerland: World Conservation Union [IUCN], 1983); E. O. Wilson, *The Diversity of Life* (Cambridge, MA: Harvard University Press, 1992).
48. Pyle, *The Thunder Tree,* 145, 147.
49. Pyle, "Eden in a vacant lot," 318–19.
50. Pyle, *The Thunder Tree,* 146.
51. See, for example, Kellert, *The Value of Life;* B. Birney, *A Comparative Study of Children's Perceptions and Knowledge of Wildlife as They Relate to Field Trip Experiences at the Los Angeles County Museum of Natural History and the Los Angeles Zoo* (Ann Arbor, MI: University Microfilms, 1986); J. Falk and L. Dierking, *The Museum Experience* (Washington, DC: Whaleback Books, 1992); G. Mitman, *Reel Nature: America's Romance with Wildlife on Film* (Cambridge, MA: Harvard University Press, 1999).
52. See, for example, citations in Kellert, *The Value of Life,* section on zoos.
53. Kellert and Derr, *National Study of Outdoor Wilderness Experience.*
54. Pyle, *The Thunder Tree,* 148.
55. See, for example, Moore, *Childhood's Domain;* R. Mabey, *The Unofficial Countryside* (London: Collins, 1973).

第四章　自然与人类城市环境的和谐

1. V. Scully, *Architecture: The Natural and the Manmade* (New York: St. Martin's, 1991), xi.
2. D. Hoffman, *Frank Lloyd Wright: Architecture and Nature* (New York: Dover, 1986), 156.
3. See, for example, C. Kibert, ed., *Reshaping the Built Environment: Ecology, Ethics, and Environment* (Washington, DC: Island Press, 1999); Rocky Mountain Institute et al., *Green Development* (New York: Wiley, 1998); S. Mendler and W. Odell, *The HOK Guidebook to Sustainable Development* (New York: Wiley, 2000); S. Van der Ryn and S. Cowan, *Ecological Design* (Washington, DC: Island Press, 1996); K. Yeang, *Designing with Nature: The Ecological Basis for Architectural Design* (New York: McGraw-Hill,

1995); L. Zeiher, *The Ecology of Architecture: A Complete Guide to Creating the Environmentally Conscious Building* (New York: Watson-Guptill, 1996); J. Farmer, *Green Shift: Towards a Green Sensibility in Architecture* (Oxford: Butterworth-Heinemann, 1996); J. Kraushaar and R. Ristinen, *Energy and Problems of a Technical Society* (New York: Wiley, 1993); K. Daniels, *Low-Tech/Light-Tech/High-Tech: Building in the Information Age* (Basel, Switzerland: Birkhauser, 1998); K. Daniels, *Sustainable Building Design* (Munich: HL-Technik AF, 2001); D. Orr, *The Nature of Design; Ecology, Culture, and Human Intention* (New York: Oxford, 2002); P. Hawken, A. Lovins, and L. Lovins, *Natural Capitalism: Creating the Next Industrial Revolution* (Boston: Little Brown, 1999); D. Jones, *Architecture and the Environment: Bioclimatic Building Design* (New York: Overlook, 1998); J. Lyle, *Regenerative Design for Sustainable Development* (New York: Wiley, 1994); W. McDonough and M. Braungart, *Cradle to Cradle: Remaking the Way We Make Things* (New York: North Point, 2002); BuildingGreen, *Environmental Building News: The Leading Newsletter on Environmentally Responsible Design and Construction* (Brattleboro, VT; http://www.BuildingGreen.com).

4. W. Shutkin, *The Land That Could Be: Environmentalism and Democracy in the 21st Century* (Cambridge, MA: MIT Press, 2001).
5. See, for example, United Nations Department of Economic and Social Affairs, Population Division; N. Livi Bacci, *Concise History of World Population: An Introduction to Population Processes* (London: Blackwell-Oxford, 1997).
6. See, for example, E. O. Wilson, *The Diversity of Life* (Cambridge, MA: Harvard University Press, 1992); P. Vitousek et al., "Human appropriation of the products of photosynthesis," *BioScience* 36 (1991): 368–73.
7. J. Heerwagen, "Do green buildings enhance the well being of workers? Yes," *Environmental Design + Construction* (July/August 2000): 24.
8. D. Orr, "Architecture as pedagogy," in Kibert, ed., *Reshaping the Built Environment,* 212–13.
9. J. Wines, *The Art of Architecture in the Age of Ecology* (New York: Taschen, 2000).
10. W. McDoungh and M. Braungart, "The NEXT Industrial Revolution," *Atlantic Monthly,* October 1998; McDonough and Braungart, *Cradle to Cradle.*
11. Lyle, *Regenerative Design for Sustainable Development;* N. Todd and J. Todd, *From Eco-Cities to Living Machines: Principles of Ecological Design* (Berkeley, CA: North Atlantic Books, 1994); Van der Ryn and Cowan, *Ecological Design;* Rocky Mountain Institute et al., *Green Development.*
12. See, for example, B. Pfeiffer and G. Nordland, eds., *Frank Lloyd Wright in the Realm of Ideas* (Carbondale: Southern Illinois University Press, 1988); G. Hildebrand, *Pattern and Meaning in Frank Lloyd Wright's Houses* (Seattle: University of Washington Press, 1991); Hoffman, *Frank Lloyd Wright: Architecture and Nature.*
13. See, for example, R. Dubos, *Wooing of the Earth* (London: Althone, 1980); A. Fein, *Frederick Law Olmsted and the American Environmental Tradition* (New York: George Brazler, 1972); J. Todd, *Frederick Law Olmsted* (New York: Twayne, 1982); C. Beverdige and P. Rocheleau, *Frederick Law Olmsted: Designing the American Landscape* (New York: Universe, 1998).
14. See, for example, K. Yeang, *The Green Skyscraper: The Basis for Designing Sustainable Intensive Buildings* (Munich: Prestel Verlag, 1999); C. Slessor, *Eco-Tech: Sustainable Architecture and High Technology* (London: Thames & Hudson, 1997); K. Daniels, *The Technology of Ecological Building: Basic Principles and Measures, Examples and Ideas* (Basel, Switzerland: Birkhauser Verlag, 1997).
15. See, for example, D. Klem, "Collisions between birds and windows: Mortality and prevention," *Journal of Field Ornithology* 61 (1990): 120–28; B. Jaroslow, "A review of factors involved in bird-tower kills, and mitigative procedures," in *National Workshop on Mitigating Losses of Fish and*

Wildlife Habitats (Fort Collins, CO: U.S. Department of Agriculture, 1979); M. Phair, "Towers increase bird fatalities," *ENR* 243 (1999): 16; J. Ogden, "Collision course: The hazards of lighted structures and windows to migrating birds," in *Fatal Light Awareness Program* (World Wildlife Fund, Toronto, 1999).

16. C. Kibert, "The promises and limits of sustainability," in Kibert, ed., *Reshaping the Built Environment,* 32.
17. See, for example, R. Thomas, ed., *Environmental Design: An Introduction for Architects and Engineers* (London: Spon, 1996); D. Annick, C. Boonstra, and J. Mak, *Handbook of Sustainable Building* (London: James & James, 2001); S. Szokolay, *Introduction to Architectural Science: The Basis of Sustainable Design* (Oxford: Architectural Press, 2004); European Commission, *A Green Vitruvius: Principles and Practices of Sustainable Architectural Design* (London: James & James, 1999); Karushaar and Ristiner, *Energy and Problems of a Technical Society;* Daniels, *Low-Tech/Light-Tech/High-Tech;* Mendler and Odell, *The HOK Guidebook to Sustainable Development;* Kibert, ed., *Reshaping the Built Environment;* BuildingGreen, *Environmental Building News;* D. Jones, *Architecture and the Environment: Bioclimatic Building Design* (Woodstock, NY: Overlook, 1998); D. Watson and K. Labs, *Climatic Design: Energy-Efficient Building Principles and Practices* (New York: McGraw-Hill, 1983); National Audubon Society and Croxton Collaborative, Architects, *Audubon House: Building the Environmentally Responsible, Energy-efficient Office* (New York: Wiley, 1994).
18. See, for example, U.S. Green Building Council, *Leadership in Energy and Environmental Design (LEED) Reference Guide,* version 2.1 (Washington, DC: U.S. Green Building Council, 2003); American Society of Heating, Refrigerating, and Air-conditioning Engineers (http://www.ashrae.org); U.S. Department of Energy, DOE-2 (http://www.eere.energy.gov/buildings/tools_directory); International Standards Organization 14000 Series (http://www.ems-14000.com/).
19. C. Jencks, *The Architecture of the Jumping Universe* (London: Chichester, 1997), 99.
20. See, for example, R. Spiegel and D. Meadows, *Green Building Materials: A Guide to Product Selection and Specification* (New York: Wiley, 1999); European Commission, *A Green Vitruvius;* Mendler and Odell, *The HOK Guidebook to Sustainable Development;* Kibert, ed., *Reshaping the Built Environment;* BuildingGreen, *Environmental Building News;* U.S. Green Building Council, *Leadership in Energy and Environmental Design (LEED) Reference Guide;* Thomas, ed., *Environmental Design;* Annick, Boonstra, and Mak, *Handbook of Sustainable Building;* Szokolay, *Introduction to Architectural Science;* National Audubon Society and Croxton Collaborative, Architects, *Audubon House.*
21. See, for example, U.S. EPA Energy Star Program (http://www.energystar.gov); Forest Stewardship Council (http://www.fsc.org/fsc); Institute for Sustainable Forestry (http://www.isf-sw.org); U.S. Department of Energy, Building for Environmental and Economic Sustainability (http://www.eere.energy.gov/buildings/tools_directory); International Standards Organization 14000 Series (http://www.ems-14000.com/).
22. Spiegel and Meadows, *Green Building Materials.*
23. National Audubon Society and Croxton Collaborative, Architects, *Audubon House.*
24. U.S. Green Building Council, *Leadership in Energy and Environmental Design (LEED) Reference Guide;* American Society of Heating, Refrigerating, and Air-conditioning Engineers (http://www.ashrae.org); U.S. Department of Energy (http://www.eere.energy.gov/buildings/tools_directory); International Standards Organization 14000 Series (http://www.ems-14000.com/); U.S. EPA Energy Star Program (http://www.energystar.gov); Forest Stewardship Council (http://www.fsc.org/fsc); Institute for Sustainable Forestry (http://www.isf-sw.org); U.S. Department of Energy, Building for Environmental and Economic Sustainability

(http://www.eere.energy.gov/buildings/tools_directory).

25. Todd and Todd, *From Eco-Cities to Living Machines*, 77; J. Todd, E. Brown, and E. Wells, "Ecological design applied," *Ecological Engineering* 20 (2003): 421–40; J. Todd and B. Josephson, "The design of living technologies for waste treatment," *Ecological Engineering* 6 (1996): 109–36.
26. Kibert, "The promises and limits of sustainability."
27. McDonough and Braungart, *Cradle to Cradle*.
28. U.S. Green Building Council, *Leadership in Energy and Environmental Design (LEED) Reference Guide*; American Society of Heating, Refrigerating, and Air-conditioning Engineers (http://www.ashrae.org); U.S. Department of Energy (http://www.eere.energy.gov/buildings/tools_directory); International Standards Organization 14000 Series (http://www.ems-14000.com/); U.S. EPA Energy Star Program (http://www.energystar.gov); Forest Stewardship Council (http://www.fsc.org/fsc); Institute for Sustainable Forestry (http://www.isf-sw.org); U.S. Department of Energy, Building for Environmental and Economic Sustainability (http://www.eere.energy.gov/buildings/tools_directory).
29. In addition to the references cited in notes 18 and 21, see, for example, J. Thompson and K. Sorvig, *Sustainable Landscape Construction: A Guide to Green Building Outdoors* (Washington, DC: Island Press, 2000); W. Dramstad, J. Olson, and R. Forman, *Landscape Ecology Principles in Landscape Architecture and Land-Use Planning* (Washington, DC: Island Press, 1996); I. McHarg, *Design with Nature* (Garden City, NY: Doubleday, 1971); K. Yeang, *Designing with Nature: The Ecological Basis for Architectural Design* (New York: McGraw-Hill, 1995); R. Forman et al., *Road Ecology: Science and Solutions* (Washington, DC: Island Press, 2003); R. Forman, *Landscape Ecology* (New York: Wiley, 1986); J. Cairns et al., National Research Council, *Restoration of Aquatic Ecosystems* (Washington, DC: National Academy Press, 1992); N. Dunnett and N. Kingsbury, *Planting Green Roofs and Living Walls* (Portland, OR: Timber, 2004); T. Beatley, *Green Urbanism* (Washington, DC: Island Press, 2000); K. Benfield, J. Terris, and N. Vorsanger, *Solving Sprawl: Models of Smart Growth in Communities across America* (New York: Natural Resources Defense Council, 2001).
30. See, for example, U.S. Green Building Council, *Leadership in Energy and Environmental Design (LEED) Reference Guide;* Rocky Mountain Institute et al., *Green Development;* Mendler and Odell, *The HOK Guidebook to Sustainable Development;* City of New York, Department of Design and Construction, *High Performance Building Guidelines* (New York: City of New York, Department of Design and Construction, 2002); British Research Establishment Environmental Assessment Method (http://www.breeam.org); *Minnesota Sustainable Design Guide* (http://www.msdg.umn.edu).

第五章　热爱自然本性的设计

1. J. Heerwagen and B. Hase, "Building biophilia: Connecting people to nature," *Environmental Design + Construction* (March/April 2001): 30.
2. R. Pelli, personal communication, 2003.
3. G. Hildebrand, *The Origins of Architectural Pleasure* (Berkeley: University of California Press, 1999), 18.
4. See chapter four, note 12.
5. Quoted in A. Boulton, *Frank Lloyd Wright: An Illustrated Biography* (New York: Rizzoli International, 1993), 32, 49, 77.
6. Quoted in C. Bolon, R. Nelson, and L. Seidel, eds., *The Nature of Frank Lloyd Wright* (Chicago: University of Chicago Press, 1988), 76.
7. G. Hildebrand, *The Wright Space: Pattern and Meaning in Frank Lloyd Wright's Houses* (Seattle:

University of Washington Press, 1991).

8. See, for example, N. Solomon, "New building systems mimic nature and return to a biocentric approach to design," *Architectural Record* (September 2, 2002): 174–82; S. Kellert, Kinship to Mastery: Biophilia in Human Evolution and Development *(Washington, DC: Island Press, 1997);* E. O. Wilson, *Biophilia: The Human Bond with Other Species* (Cambridge, MA: Harvard University Press, 1984); J. Todd and N. Todd, *From Eco-Cities to Living Machines: Principles of Ecological Design* (Berkeley, CA: North Atlantic Books, 1994); Hildebrand, *The Wright Space;* Hildebrand, *The Origins of Architectural Pleasure;* J. Appleton, *The Experience of Landscape* (London: Wiley, 1975); S. Kaplan, "Aesthetics, affect, and cognition: Environmental preference from an evolutionary perspective," *Environment and Behavior* 19 (1987): 3–32; S. Quill, *Ruskin's Venice* (Brookfield, VT: Ashgate, 2000); J. Ruskin, *The Seven Lamps of Architecture* (New York: Noonday, 1977); E. T. Cook and A. Wedderburn, eds., *The Works of John Ruskin* (London: Library Edition, 1912); J. Benyus, *Biomimicry: Innovation Inspired by Nature* (New York: William Morrow, 1997); G. Feuerstein, *Biomorphic Architecture: Human and Animal Forms in Architecture* (Stuttgart: Axel Menges, 2002); C. Jencks, *The Architecture of the Jumping Universe* (London: Chichester, 1997); S. Kaplan, R. Kaplan, and R. Ryan, *With People in Mind: Design and Management of Everyday Life* (Washington, DC: Island Press, 1998); S. Kellert and E. O. Wilson, eds., The Biophilia Hypothesis (Washington, DC: Island Press, 1993); J. Heerwagen and G. Orians, "Humans, habitats, and aesthetics," in Kellert and Wilson, eds., *The Biophilia Hypothesis;* R. Ulrich, "Biophilia, biophobia, and natural landscapes," in Kellert and Wilson, eds., *The Biophilia Hypothesis;* G. Hersey, *The Monumental Impulse: Architecture's Biological Roots* (Cambridge, MA: MIT Press, 1999); J. Barow, L. Cosmides, and J. Tooby, eds., *The Adapted Mind: Evolutionary Psychology and the Generation of Culture* (Oxford: Oxford University Press, 1992); E. Haeckel, *Art Forms in Nature* (New York: Dover, 1974); K. Bloomer, *The Nature of Ornament* (New York: Norton, 2000); D. Pearson, *Earth to Spirit: In Search of Natural Architecture* (San Francisco: Chronicle, 1995); D. Pearson, *New Organic Architecture: The Breaking Wave* (Berkeley: University of California Press, 2001); C. Day, *Places of the Soul: Architecture and Environmental Design as a Healing Art* (London: Thorsons, 1990); C. Day, *Building with the Heart* (Devon: Green Books, 1988); M. Wells, *Gentle Architecture* (New York: McGraw-Hill, 1982); C. Alexander et al., *A Pattern Language: Towns, Buildings, Construction* (New York: Oxford University Press, 1977); C. Alexander, *A Timeless Way of Building* (New York: Oxford University Press, 1979); A. Lawlor, *The Temple in the House: Finding the Sacred in Everyday Architecture* (New York: Putnam, 1994); V. Scully, *Architecture: The Natural and the Man-Made* (New York: St. Martin's, 1991); Heerwagen and Hase, "Building biophilia"; J. Heerwagen, "Do green buildings enhance the well being of workers? Yes," *Environmental Design + Construction* (July 2000): 24–34; J. Heerwagen, *Bio-Inspired Design: What Can We Learn from Nature?* (Seattle: J. Heerwagen Associates, 2003); J. Stewart-Pollack, *Perceptions of Relevance among Interior Design Professionals Concerning the Inherent Human Need for Nature in the Design of the Built Environment* (M.A. dissertation, Vermont College of Norwich University, October 1999); D. Ingber, "The architecture of life," *Scientific American* (January 1998): 48–57; J. Weiss, K. Williams, and J. Heerwagen, *Human-centered Design for Sustainable Facilities* (Seattle: J. Heerwagen Associates, 2002); J. Wise et al., *The Impact of Energy Efficiency Improvements on Students' Performance* (Richland, WA: Eco-Integrations Inc., June 7, 1999); J. Wise et al., *Protocol Development for Assessing the Ancillary Benefits of Green Buildings: A Case Study Using the MSQA Building,* NIST Special Publication 908 (Washington, DC: U.S. Department of Commerce, National Institute of Standards and

Technology, 1996); R. Dubos, *Wooing of the Earth* (London: Althone, 1980); G. Katts, *The Costs and Financial Benefits of Green Buildings* (Sacramento: California Sustainable Building Task Force, 2003); C. Moore, *Water and Architecture* (New York: Harry Abrams, 1994); Rocky Mountain Institute et al., *Green Development* (New York: Wiley, 1998); D. Wann, *Deep Design* (Washington, DC: Island Press, 1996); D. Wann, *Bio-Logic: Designing with Nature to Protect the Environment* (Boulder, CO: Johnson Books, 1994); R. Crowthers, *Ecologic Architecture* (Boston: Butterworth, 1992); C. Marcus, *House as a Mirror of Self* (Berkeley, CA: Conari, 1995); S. Van der Ryn and S. Cowan, *Ecological Design* (Washington, DC: Island Press, 1996); A. Spirn, *The Granite Garden: Urban Nature and Human Design* (New York: Basic Books, 1984); J. Farmer, *Green Shift: Towards a Green Sensibility in Architecture* (Oxford: Butterworth-Heinemann, 1996); S. Brand, *How Buildings Learn* (New York: Penguin, 1994); Earth Pledge Foundation, *Sustainable Architecture White Papers: Essays on Design and Building for a Sustainable Future* (New York: Earth Pledge Foundation, 2001); W. McDonough and M. Braungart, *Cradle to Cradle: Remaking the Way We Make Things* (New York: North Point, 2002); D. Orr, *The Nature of Design; Ecology, Culture, and Human Intention* (New York: Oxford, 2002); D. Jones, *Architecture and the Environment: Bioclimatic Building Design* (New York: Overlook, 1998); BuildingGreen, *Environmental Building News: The Leading Newsletter on Environmentally Responsible Design and Construction* (Brattleboro, VT; http://www.BuildingGreen.com).

9. Pearson, *New Organic Architecture,* 8–9.
10. Feuersten, *Biomorphic Architecture,* 45, 73.
11. Rocky Mountain Institute et al., *Green Development,* 27.
12. Ulrich, "Biophilia, biophobia, and natural landscapes," 91.
13. Quoted in Hildebrand, *The Origins of Architectural Pleasure,* 29.
14. Hildebrand, *The Origins of Architectural Pleasure,* 71.
15. Moore, *Water and Architecture,* 48–49.
16. B. Coldham; D. Watson, personal communication, 2001.
17. Hildebrand, *The Origins of Architectural Pleasure.*
18. Hildebrand, *The Origins of Architectural Pleasure,* 22.
19. Hildebrand, *The Origins of Architectural Pleasure,* 102.
20. Kaplan and Kaplan, *The Experience of Nature;* Kaplan and Kaplan, *With People in Mind..*
21. Heerwagen and Orians, "Humans, habitats, and aesthetics."
22. O. Jones, *The Grammar of Ornament* (London: Studio Editions, 1986), 2.
23. Hersey, *The Monumental Impulse,* 26.
24. Hersey, *The Monumental Impulse,* 39.
25. See, for example, S. Quill, *Ruskin's Venice;* Ruskin, *The Seven Lamps of Architecture* (1977); Cook and Wedderburn, eds., *The Works of John Ruskin.*
26. J. Ruskin, *The Seven Lamps of Architecture* (1880; reprint, New York: Dover, 1989).
27. Bloomer, *The Nature of Ornament,* 138–39. This book contains many important insights on the universal practice of ornamentation and its functional relation to the human affinity for nature.
28. Alexander et al., *A Pattern Language;* Alexander, *The Timeless Way of Building.*
29. Hildebrand, *The Origins of Architectural Pleasure,* 103.
30. Heerwagen and Hase, "Building biophilia," 32. Also see Benyus, *Biomimicry.*
31. See, for example, Feuersten, *Biomorphic Architecture;* Y. Joye, *Positive Effects of Biomorphic Design on Human Wellbeing* (Netherlands: Ghent University, 2004).
32. S. Kellert, "Ecological challenge, humans values of nature, and sustainability in the built envi-

ronment," in C. Kibert, ed., *Reshaping the Built Environment: Ecology, Ethics, and Environment* (Washington, DC: Island Press, 1999).

33. *The American Heritage Dictionary of the English Language,* 3rd ed. (Boston: Houghton Mifflin, 1992).

34. See note 62, chapter two.

35. Todd and Todd, *From Eco-Cities to Living Machines;* BuildingGreen, *Environmental Building News;* Rocky Mountain Institute et al., *Green Development;* Kibert, ed., *Reshaping the Built Environment;* C. Kuntsler, *The Geography of Nowhere* (New York: Touchstone, 1993); J. Corbett and M. Corbett, *Designing Sustainable Communities* (Washington, DC: Island Press, 1993); P. Calthorpe, *The Next American Metropolis: Ecology, Community, and the American Dream* (New York: Princeton Architectural Press, 1993); J. Todd, E. Brown, and E. Wells, "Ecological design applied," *Ecological Engineering* 20 (2003): 421–40; J. Todd and B. Josephson, "The design of living technologies for waste treatment," *Ecological Engineering* 6 (1996): 109–36; U.S. Environmental Protection Agency, *Our Built and Natural Environments: A Technical Review of the Interactions between Land Use, Transportation, and Environmental Quality,* EPA 231-R-01-002 (Washington, DC: U.S. Environmental Protection Agency, January 2001); Spirn, *The Granite Garden;* I. Altman and S. Low, *Place Attachment* (New York: Plenum, 1992); R. Pyle, *The Thunder Tree: Lessons from an Urban Wildland* (Boston: Houghton Mifflin, 1993); R. Platt, R. Rowntree, and P. Muick, eds., *The Ecological City: Preserving and Restoring Urban Biodiversity* (Amherst: University of Massachusetts Press, 1994); B. Brown, ed., *Eco-Revelatory Design: Nature Constructed/Nature Revealed* (Madison: University of Wisconsin Press, *Landscape Journal* Special Issue, 1988); R. Forman, *Landscape Ecology* (New York: Wiley, 1986); R. Forman et al., *Road Ecology: Science and Solutions* (Washington, DC: Island Press, 2003); R. Dramstad, J. Olson, and R. Forman, *Landscape Ecology Principles in Landscape Architecture and Land-Use Planning* (Washington, DC: Island Press, 1996); I. McHarg, *Design with Nature* (Garden City, NY: Doubleday, 1971); K. Yeang, *Designing with Nature: The Ecological Basis for Architectural Design* (New York: McGraw-Hill, 1995); J. Thompson and K. Sorvig, *Sustainable Landscape Construction: A Guide to Green Building Outdoors* (Washington, DC: Island Press, 2000); M. Leccese and K. McCormick, eds., *Charter of the New Urbanism* (New York: McGraw-Hill, 2000); K. Benfield, J. Terris, and N. Vorsanger, *Solving Sprawl: Models of Smart Growth in Communities across America* (New York: Natural Resources Defense Council, 2001); P. Katz, *The New Urbanism: Toward an Architecture of Community* (New York: McGraw-Hill, 1994); N. Dunnett and N. Kingsbury, *Planting Green Roofs and Living Walls* (Portland, OR: Timber, 2004); P. Hawken, A. Lovins, and L. Lovins, *Natural Capitalism: Creating the Next Industrial Revolution* (Boston: Little Brown, 1999); Van der Ryn and Cowan, *Ecological Design;* J. Lyle, *Regenerative Design for Sustainable Development* (New York: Wiley, 1994); S. Mendler and W. Odell, *The HOK Guidebook to Sustainable Development* (New York: Wiley, 2000); U.S. Green Building Council, *Leadership in Energy and Environmental Design (LEED) Reference Guide,* version 2.1 (Washington, DC: U.S. Green Building Council, 2003); M. Johnson, *Life on the Edge: Urban Waterfront Edges with Aquatic Habitats* (New York: Hudson River Foundation, 1991); M. Johnson, *The Opportunity to Design Post-Industrial Waterfronts in Relation to Their Ecological Context* (PhD dissertation, University of Pennsylvania, Department of City and Regional Planning, 1990).

36. McHarg, *Design with Nature.*

37. Dramstad, Olson, and Forman, *Landscape Ecology Principles.*

38. Dramstad, Olson, and Forman, *Landscape Ecology Principles,* 48.

39. Dramstad, Olson, and Forman, *Landscape Ecology Principles,* 15.

40. See, for example, chapter two, notes 63 to 68. Also see D. Canter, *The Psychology of Place* (New

York: St. Martin's, 1977); Altman and Low, *Place Attachment;* V. Derr, "Voices from the mountains: Children's sense of place in three communities of northern New Mexico," *Journal of Environmental Psychology* 22 (2001): 125–37; J. Eyles, *Senses of Place* (Cheshire, Eng.: Silverbrook, 1985); D. Hayden, *The Power of Place* (Boston: MIT Press, 1997); P. Lindholdt, "Writing from a sense of place," *Journal of Environmental Education* 30 (1999): 4–12; G. Mesch and O. Manor, "Social ties, environmental perception, and local attachment," *Environment and Behavior* 30 (1998): 504–20; H. Proshansky, A. Fabian, and R. Kaminof, "Place identity: Physical world and socialization of the self," *Journal of Environmental Psychology* 3 (1983): 57–83; E. Relph, *Place and Placelessness* (London: Pion, 1976); G. Snyder, *A Place in Space* (Washington, DC: Counterpoint, 1995); D. Sobel, *Children's Special Places* (Tucson, AZ: Zephyr, 1993); R. Thayer, *LifePlace: Bioregional Thought and Practice* (Berkeley: University of California Press, 2003); Y. Tuan, *Topophilia* (New York: Columbia University Press, 1974); Y. Tuan, *Space and Place* (London: Arnold, 1977); C. Twigger-Ross and D. Uzzell, "Place and identity process," *Journal of Environmental Psychology* 16 (1996): 205–20; N. Ardoin, "Ecoregional education: Sense of place and environmentally responsible behavior at an ecoregional scale" (PhD dissertation prospectus, Yale University, School of Forestry and Environmental Studies, 2004).

41. J. Jackson, *A Sense of Place, a Sense of Time* (New Haven, CT: Yale University Press, 1994).
42. S. Weil, *The Need for Roots* (New York: Harper Colophon, 1971), 38.
43. T. Bender, *Building with the Breath of Life: Working with Chi Energy in Our Homes and Communities* (Manzanita, OR: Fire River Press, 2000); T. Bender, *Learning to Count What Really Counts: The Economics of Wholeness* (Manzanita, OR: Fire River Press, 2002); T. Bender, "Building with a soul," in J. and R. Swan, *Dialogues with the Living Earth: New Ideas on the Spirit of Place from Designers, Architects, and Innovators* (Wheaton, IL: Theosophical Publishing House, 1996); T. Bender, "Being at home with our surroundings," *Urban Ecologist* 3 (1994); T. Bender, *The Heart of Place* (Manzanita, OR: Fire River Press, 1993).
44. M. Sagoff, "Settling America or the concept of place in environmental ethics," *Journal of Energy, Natural Resources, and Environmental Law* 12 (1992): 351–418 (352).
45. Dubos, *Wooing of the Earth.*
46. Relph, *Place and Placelessness,* 6.
47. Sagoff, "Settling America," 353, 358.
48. Snyder, *A Place in Space.*
49. See, for example, Rocky Mountain Institute et al., *Green Development;* Mendler and Odell, *The HOK Guidebook to Sustainable Design.*

第六章 可持续伦理观

1. See, for example, World Conservation Union (IUCN)/United Nations Environmental Programme (UNEP)/World Wide Fund for Nature (WWF), *Caring for the Earth: A Strategy for Sustainable Living: Second World Conservation Strategy* (Gland, Switzerland: IUCN, UNEP, WWF, 1991); National Research Council/Board on Sustainable Development, *Our Common Journey: A Transition toward Sustainability* (Washington, DC: U.S. National Research Council, National Academy of Sciences, September 1999); G. Brundtland, "The scientific understanding of policy," *Science* 277 (1997): 5325; W. Clark and R. Munn, eds., *Sustainable Development of the Biosphere* (Cambridge, UK: Cambridge University Press, 1986); R. Kates et al., "Sustainability science," *Science* 292 (2001): 641–42.
2. S. Mendler and W. Odell, *The HOK Guidebook to Sustainable Development* (New York: Wiley, 2000), 1.

3. D. Kennedy, "Editorial: Sustainability and the commons," *Science* 32 (December 12, 2003): 1861.
4. See, for example, S. Kellert, "Values, ethics, and spiritual and scientific relations to nature," in S. Kellert and T. Farnham, eds., *The Good in Nature and Humanity: Connecting Science, Religion, and Spirituality with the Natural World* (Washington, DC: Island Press, 2002); S. Kellert, *A Biocultural Basis for an Ethic toward the Natural Environment* (plenary presentation, American Institute for Biological Sciences, Washington, DC, March 22, 2003); E. O. Wilson, "Biophilia and the conservation ethic," in S. Kellert and E. O. Wilson, eds., *The Biophilia Hypothesis* (Washington, DC: Island Press, 1993).
5. See, for example, L. Pojman, ed., *Environmental Ethics: Readings in Theory and Application* (Belmont, CA: Wadsworth/Thomson, 2001).
6. See, for example, P. Taylor, "Biocentric egalitarianism," *Environmental Ethics* 3 (1981); B. Devall and G. Sessions, *Deep Ecology* (Salt Lake City, UT: Peregrine Smith, 1985).
7. Wilson, "Biophilia and the conservation ethic," 37.
8. R. Dubos, *Wooing of the Earth* (London: Althone, 1980), 126.
9. A. Leopold, *A Sand County Almanac, with Other Essays on Conservation from Round River* (New York: Oxford University Press, 1966), 228, 241.
10. L. White, "The historical roots of our ecological crisis," *Science* 155 (1967): 1203–7.

故事

故事一：森林和大海

1. The section on wrens was assisted by reading E. Lawrence, *Hunting the Wren: Transformation of Bird to Symbol: A Study in Human-Animal Relationships* (Knoxville: University of Tennessee Press, 1997).

故事三：无处不在的土地规划

1. See statistics and references cited in S. Kellert, "Japanese perceptions of wildlife," *Conservation Biology* 5 (1991): 297–308.

故事四：邻里关系的印记

1. Dante, *Inferno,* canto 24, lines 46–57 (trans. and ed. T. Bergin; New York: Appleton-Century-Crofts, 1954).

图片致谢

插图2	Photo courtesy of Anton Grassl/© Behnisch, Behnisch & Partner.
插图3	Photo by Jim Duxbury/© William McDonough & Partners.
插图4	Photo courtesy of Mark Francis.
插图5	Photos courtesy of William C. Sullivan.
插图13	Photo courtesy of Alexandra Halsey.
插图17	Photo © Jeff Goldberg/ESTO.
插图18	Photo courtesy of Ocean Arks International.
插图19	Photo courtesy of Martine Hamilton Knight.
插图21	Photo courtesy of DramticPhotograph.
插图23	Photo courtesy of Bill Browning.
插图24	Photo courtesy of Richard Davies.
插图27	Photo courtesy of Grant Hildebrand/College of Architecture and Urban Planning Visual Resources Collection, Univ. of Washington.
插图28	Photo courtesy of Green Roofs for Healthy Cities and Roofscapes Inc.
插图30 左	Photo courtesy of Nigel Young/Foster and Partners.
插图30 右	Photo courtesy of Ian Lambot.
插图31 底	Photo courtesy of Richard Davies.
插图33	Photo courtesy of Grant Hildebrand/College of Architecture and Urban Planning Visual Resources Collection, Univ. of Washington.
插图35	Photo courtesy of Welding Works.
插图36 底	Photo courtesy of Kent Bloomer.
插图41	Photo courtesy of Kent Bloomer.
插图41 反面	Photo courtesy of Priscilla Kellert.

英汉对照词汇

ADHD (attention deficit hyperactivity disorder) 注意力缺陷多动症

Adolescence 青少年

Aesthetic appreciation of nature 自然的美学吸引力

Aesthetic value 审美价值

Affective development 情感发展

Aging 成熟，老化

Alberts, Anton 安东·艾伯特斯

Alexander, Christopher 克里斯多弗·亚历山大

Alternative energy sources. See Renewable energy sources 替代性能源资源。见可再生能源资源

American Institute of Architects 美国建筑协会

Analysis as cognitive stage 认知阶段——分析阶段

Animals, companion; and childhood development 动物，伙伴。童年发展

Anthropomorphism 神人同形同性论

Appleton, Jay 杰伊·阿普尔顿

Application as cognitive stage 认知阶段——应用阶段

Artificial fertilizers 人工施肥

ASHRAE(American Society of Heating, Refrigerating, and Air-conditioning Engineers) 美国采暖制冷空调工程师协会

Ashton, Mark 马克·阿什顿

Asphalt 沥青

Attrition 磨损，消耗

Audubon House (New York City) 奥杜邦大楼（纽约）

Barten, Paul 保罗·巴顿

Bastille Viaduct 巴士底狱高架桥

Bates, Emerson 爱默生·贝茨

Beck, Alan 艾伦·贝克

Behnisch, Behnisch & Partner 宾尼斯奇和合作者

Benchmarks 基准，标准

Bender, Tom 汤姆·本德

Bennett, Lynne 莉妮·班尼特

Benoit, Gaboury 加保利·班诺特

Benyus, Janine 简妮·比尼斯

Berry, Wendell 温德尔·贝里

Bethany (Conn.) 康恩·伯达尼

Bettelheim, Bruno 布鲁诺·贝特尔海姆

Biocentric ethic of sustainability 以生物为中心的可持续伦理观

Coping skills：and childhood development；and out door recreation 模仿能力：童年时期的发展；户外娱乐

Corbett，Judith 朱迪斯·柯贝特

Corbett，Michael 迈克尔·柯贝特

Corridors 廊道

Corson，Stuart 斯图亚特·科尔逊

Critical thinking 判断性思考

Croxton，Randy 兰迪·克罗克斯顿

Cultural traditions 文化传统

Dante 但丁

Dasmann，Raymond 雷蒙德·达斯曼

Decomposition of waste 废弃物的降解

Decoration 装饰性

Deep roots 深深的根

De Montfort University 德蒙特福特大学

Designing with nature 设计结合自然

Direct contact with nature：and childhood development；and organic design 直接接触自然：童年时期的发展；有机设计

Disabled persons 残疾人士

Dissection 分类

Domesticated animals. See Companion animals 驯养动物，见动物伙伴

Dominionistic value 主导性价值

Donald Bren School of Environmental Science 唐纳德·布伦环境学院

Dramstad，Wenche 文奇·德拉姆斯泰德

Dubos，René 雷内·迪博

Early adulthood 成年早期

Early childhood 童年早期

Eco-effectiveness 生态效率

Eco-efficiency 生态效力

Eco-industrial systems 生态工业园系统

Ecological and wildlife impacts 生态效应和野生动物效应

Ecology of imagination in childhood，*The* (Cobb) 《童年时期的生态想像》，科布

Ecology of place 场地的生态环境

Ecosystem people 生态系统人

Ecosystem services 生态系统服务

Edges 边缘，边界

Embodied energy 具体化能源

Emotional development 情感发展

Emotional restoration 情感恢复

Emotional spaces 情感空间

Energy use and efficiency；passive energy design；renewable energy sources 能源使用和效力；被动能源设计；可再生能源资源

Enticement as design element 设计要素—诱惑力

Environmental affinity 环境亲和力

Erikson 埃里克逊

Ethics of sustainability 可持续伦理观

Evaluation as cognitive stage 认知阶段——评价阶段

Evaluative development 评价发展

Ewert，Alan 艾伦·伊维特

External landscape as design element 设计要素—外部环境

Extinction of experience 体验的灭绝

Factor analysis 因子分析

Fallingwater (Bear Run，Penna.) 流水别墅（熊跑，盆纳）

Fertilizers，artificial 人工受精

Feuerstein，Günther 君特·弗瑞斯坦

Fire as design element 设计要素—火

Fly ash 飞尘

Housing projects　住宅工程

Humanistic value　人性价值

Human - nature relationships; and companion animals; explanation of; in homes, neighborhoods, and communities; and outdoor recreation; and parks and gardens; and stress relief; in workplace　人与自然的联系；动物伙伴；诠释；住宅、邻里关系和社区；户外娱乐；公园和花园；缓解压力；工作场所

Hydrogen fuel cells　氢燃料电池

IEQ(indoor environmental quality)　室内环境质量

Indigenous peoples　本地人

Indirect contact with nature: and childhood development; and organic design　间接接触自然：童年时期发展；有机设计

ING (International Netherlands Group) Bank complex (Amsterdam)　荷兰国际联合银行（阿姆斯特丹）

Ingalls hockey rink (Yale Univ.)　曲棍球冰球馆（耶鲁大学）

Inherent biological tendencies: and aesthetic value; and biophilic design; and childhood development　内在的生物倾向：美学价值；热爱自然的本性设计；童年时期发展

Inside gardens　内置花园

Intellectual development: in childhood; and outdoor recreation; and scientific value; and urban open spaces　智力发展：童年时期；户外活动；科学价值；城市户外开放空间

Intelligent building design　智能建筑设计

Interdisciplinary planning process, Iozzi, Leonard　伦纳德·艾奥兹

ISO (International Organization for Standardization)　国际标准化组织

Ivy covered walls　常春藤爬满的墙体

Jackson, John Brinckerhoff　杰克逊，约翰·布林克霍夫

Jencks, Charles　查尔斯·詹克斯

Johnson Wax builing (Racine, Wis.)　约翰逊·沃克斯办公大楼（威斯康星州拉辛市）

Jones, Owen　欧文·琼斯

Joye, Yannick　燕尼克·乔伊

Jubilee campus (Univ. of Nottingham)　朱比利校区（诺丁汉大学商学院校区）

Kahn, Peter　彼得·康

Kaplan, Rachel　雷切尔·卡普兰

Kaplan, Stephen　斯蒂芬·卡普兰

Katcher, Aaron　亚伦·卡特丘

Kellert, Stephen R.　斯蒂芬·R·凯勒特

Kennedy, Donald　唐纳德·肯尼迪

Kennedy Airport (New York City)　肯尼迪机场（纽约）

Keystone species　关键种

Kibert, Charles　查尔斯·凯伯特

Knowledge as cognitive stage　认知阶段——认识阶段

Krathwohl, David　大卫·克拉斯沃尔

Kuo, Frances　弗朗西丝·栝

Landscape ecology　景观生态学

Language development　语言能力发展

Lawrence, Elizabeth　伊丽莎白·劳伦斯

LEED (Leadership in Energy and Environmental Design)　能源和环境设计先导计划

Legibility as design element　设计要素—易辨性

Natural lighting and ventilation: in organic design; in workplace 自然采光和自然通风：有机设计；工作场所

Natural materials, shapes, and forms as design elements 设计要素—自然材料，自然外形和自然形式

Negativistic value 消极价值观

Neighborhoods; Greater New Haven Watershed study; public housing developments; Village Homes (Davis, Calif.) 邻里关系；大纽黑文流域研究或"盲人摸象"研究；公共住宅开发；乡村住宅(哈利法·戴维斯)

New Haven (Conn.) 纽黑文

New urbanism strategies 城市化新策略

New York City skyline 纽约城天际线

Norman Forster and Associates 诺曼·福斯特联合公司

Notre Dame Cathedral 巴黎圣母院

Olmsted, Frederick Law 弗雷德里克·劳·奥姆斯特德

Olson, James 詹姆斯·奥尔逊

Open space 开放空间

Order as design element 设计要素—秩序

Ordinary nature 常规自然

Organic design; and direct contact with nature; and indirect contact with nature; and ING Bank complex (Amsterdam); and Parliament building (London); and symbolic contact with nature; and Frank Wright 有机设计；直接接触自然；间接接触自然；荷兰国际联合银行(阿姆斯特丹)；伦敦议会大厦；象征接触自然；弗兰克·赖特

Organization of values in childhood 童年时期的组织价值

Orians, Gordon 戈登·奥里安斯

Ornamentation 装饰性

Orr, David 大卫·奥尔

Outdoor recreation 户外娱乐

Outward Bound 户外拓展训练

Parks 公园

Parliament building (London) 伦敦议会大厦

Participatory involvement in nature 自然中供人分享的空间、活动

Passive energy design 被动能源设计

Patches 斑块

Patina of time 时光痕迹

Pattern language 语言形式

Pearson, David 大卫·皮尔森

Pedestrian pathways 人行步道

Pelli, Cesar 凯撒·皮利

Pelli, Rafael 雷切尔·皮利

Performance standards 执行标准

Peril as design element 设计要素—危险性

Pest control 病虫害控制

Pets. *See* Companion animals 宠物。见动物伙伴

Photosynthesis 光合作用

Photovoltaic (PV) energy 光电能源

Pimentel, David 大卫·皮蒙特尔

Place: ecology of; genius of; spirit of (See Spirit of place) 场地的生态、特征和精神(见场所精神)

Place - based design. *See* Vernacular design 以场地为基础的设计。见本土设计

Placelessness 场所感遗失

Plasticity 可塑性

Playfulness, sense of, as design element 设计要素—游憩性

Play in nature 在自然中嬉戏

人名

斯蒂芬·R·凯勒特(Stephen R. Kellert)

加波利·比诺伊特(Gaboury Benoit)

鲍勃·派尔(Bob Pyle)

彼得·康恩(Peter Kahn)

大卫·奥尔(David Orr)

小伊丽莎白·劳伦斯(the late Elizabeth Lawrence)

汤姆·马姆布雷(Tom Mumbray)

克里斯·迈尔斯(Chris Myers)

小保罗·谢巴德(the late Paul Shepard)

特里尔·休布(Terrill Shorb)

伊薇特·斯克诺伊柯·休布(Yvette Schnoeker - Shorb)

格斯·司比斯(Gus Speth)

爱德华·O·威尔逊(Edward O. Willson)

尼科尔·阿尔多因(Nicole Ardoin)

托莱·德尔(Tori Derr)

斯玛·艾宾(Syma Ebbin)

凯文·艾丁斯(Kevin Eddings)

提姆·法恩哈姆(Tim Farnham)

艾奥娜·豪肯(Iona Hawken)

拉莉·里奇屯菲尔德(Laly Lichtenfeld)

杰·米塔(Jai Mehta)

鲍勃·鲍威尔(Bob Powell)

索雷特·拉塔纳泊纳德(Sorrayut Ratanapojnard)

特里·特尔哈尔(Terry Terhaar)

克里斯蒂·沃尔布拉奇特(Christy Vollbracht)

里丘·华莱士(Rich Wallace)

吉姆·阿克斯利(Jim Axley)

比尔·伯朗宁(Bill Browning)

兰迪·克罗克斯顿(Randy Croxton)

朱迪斯·赫尔瓦根(Judith Heerwagen)

格兰特·希尔德布兰德(Grant Hildebrand)

史蒂夫·凯兰(Steve Kieran)

拉斐尔·皮利(Rafael Pelli)

地名

科维罗(Covelo)

康涅狄格州(Connecticut)

柴郡(Cheshire)

圣巴巴拉市(Santa Barbara)

太平洋海岸(the Pacific Ocean)

莱斯特(Leicester)

怀俄明州(Wyoming)

北达科他州(North Dakota)

南达科他州(South Dakota)

曼哈顿(Manhattan)

明尼苏达州(Minnesota)

新泽西州(New Jersey)

泽西城(Jersey City)

哈德逊河(the Hudson River)

亚利桑那州斯格特达勒市(Scottsdale, Arizona)

阿姆斯特丹(Amsterdam)

布鲁塞尔(Brussels)

布宜诺斯艾利斯(Buenos Aires)

延巴克图(Timbuktu)

乔纳森·罗斯(Jonathan Rose)

唐·沃森(Don Watson)

加维·贡扎利兹·卡姆帕纳(Javier Gonzalez - Campana)

马蒂·玛多(Marty Mador)

特伦斯·米勒(Terrence Miller)

本·谢菲尔德(Ben Shepherd)

杰夫·哈德威克(Jeff Hardwick)

希瑟·博伊尔(Heather Boyer)

詹姆士·努祖姆(James Nuzum)

芭芭拉·迪安(Barbara Dean)

丹·塞利(Dan Sayre)

斯蒂凡·宾尼斯奇(Stefan Behnisch)

肯特·布鲁默(Kent Bloomer)

沃尔特·卡恩(Walter Cahn)

诺曼·福斯特爵士(Sir Norman Foster)

亚历山大·哈尔希(Alexandra Halsey)

迈克尔·霍普金斯爵士(Sir Michael Hopkins)

希拉·凯勒特(Cilla Kellert)

弗朗西丝·栝(Frances Kuo)

威廉·麦克多瑙夫(William McDonough)

史蒂文·皮克(Steven Peck)

凯撒·皮利(Cesar Pelli)

艾伦·肖特(Alan Short)

麦克·泰勒(Mike Taylor)

约翰·托德(John Todd)

雷内·迪博(Rene Dubos)

弗雷德里克·劳·奥姆斯特德(Frederick Law Olmsted)

特里·哈尔廷(Terry Harting)

艾伦·伊维特(Alan Ewert)

雷切尔·卡普兰和斯蒂芬·卡普兰(Rachel and Stephen Kaplan)

詹姆斯·塞佩尔(James Serpell)

鲍里斯·勒文逊(Boris Levinson)

塞缪尔·科尔逊(Samuel Corson)

亚伦·卡特丘(Aaron Katcher)

艾伦·贝克(Alan Beck)

罗杰·乌尔里奇(Roger Ulrich)

大卫·皮蒙特尔(David Pimentel)

雷蒙德·达斯曼(Raymond Dasmann)

霍姆斯·罗尔斯顿(Holmes Rolston)

弗雷德里克·劳·奥姆斯特德(Frederick Law Olmsted)

西蒙·威尔(Simone Weil)

爱德华·里尔夫(Edward Relph)

温德尔·贝里(Wendell Berry)

奥尔多·利奥波德(Aldo Leopold)

哈罗德·思尔斯(Harold Searles)

彼得·康(Peter Kahn)

罗伯特·派尔(Robert Pyle)

本杰明·布卢姆(Benjamin Bloom)

伊丽莎白·劳伦斯(Elizabeth Lawrence)

大卫·克拉斯沃尔(David Krathwohl)

伦纳德·艾奥兹(Leonard Iozzi)

吉恩·迈尔斯(Gene Myers)

卡罗尔·松德斯(Carol Saunders)

雷切尔·斯巴(Rachel Sebba)

伊迪丝·科布(Edith Cobb)

沃尔特·惠特曼(Walt Whitman)

迪伦·托马斯(Dylan Thomas)

大卫·索贝尔(David Sobel)

埃里克·埃里克逊(Erik Erikson)

华莱士·斯蒂格内(Wallace Stegner)

路易丝·哈瓦拉(Louise Chawla)

沃兹沃斯(Wordsworth)

布鲁诺·贝特尔海姆 (Bruno Bettelheim)

保罗·谢巴德(Paul Shepard)

加里·纳布汗(Gary Nabhan)

兰迪·怀特(Randy White)

大卫·奥尔(David Orr)

文森特·思卡里(Vincent Scully)

威廉·夏特金(William Shutkin)

詹姆斯·外恩斯(James Wines)

迈克尔·布劳家特(Michael Braungart)

约翰·莱尔(John Lyle)

约翰·托德和南希·托德(John and Nancy Todd)

西蒙·万·德·莱恩(Sim Van der Ryn)

斯图亚特·科万(Stuart Cowan)

弗兰克·劳埃德·赖特(Frank Lloyd Wright)

凯撒·佩里(Cesar Pelli)

查尔斯·凯伯特(Charles Kibert)

查尔斯·詹克斯(Charles Jencks)

菲利普·卡索维茨(Philippe Mathieu)

雅克·维吉里(Jacques Vergely)

安东·艾伯特斯(Anton Alberts)

鲁道夫·斯坦纳(Rudolf Steiner)

罗杰·乌尔里奇(Roger Ulrich)

约翰·罗斯金(John Ruskin)

查尔斯·摩尔(Charles Moore)

杰伊·阿普尔顿(Jay Appleton)

欧文·琼斯(Owen Jones)

乔治·赫希(George Hersey)

埃罗·沙里宁(Eero Saarinen)

肯特·布卢默(Kent Bloomer)

克里斯多弗·亚历山大(Christopher Alexander)

简妮·比尼斯(Janine Benyus)

燕尼克·乔伊(Yannick Joye)

理查德·福尔曼(Richard Forman)

詹姆斯·奥尔逊(James Olson)

文奇·德拉姆斯泰德(Wenche Dramstad)

约翰·布林克霍夫(John Brinckerhoff)

汤姆·本德(Tom Bender)

马克·萨哥夫(Mark Sagoff)

爱德华·里尔夫(Edward Relph)

加里·斯恩德(Gary Snyder)

奥劳斯·穆里(Olaus Murie)

唐纳德·肯尼迪(Donald Kennedy)

爱德华·威尔逊(Edward O. Wilson)

康恩·伯达尼(Bethany Conn.)

爱默生·贝茨(Bates, Emerson)

莉妮·班尼特(Bennett, Lynne)

加保利·班诺特(Benoit, Gaboury)

雷切尔·卡森(Carson, Rachel)

朱迪斯·柯贝特(Corbett, Judith)

斯图亚特·科尔逊(Corson, Stuart)

君特·弗瑞斯坦(Feuerstein, Günther)

爱利卡·弗里德曼(Friedman, Erika)

贝蒂·哈斯(Hase, Betty)

赫尔曼·米勒公司(Herman Miller Company)

亚伦·卡特丘(Katcher, Aaron)

艾米莉·戴尔米德(McDiarmid, Emly)

伊恩·麦克哈格(McHarg, Ian)

戈登·奥里安斯(Orians, Gordon)

加姆博尔·詹姆斯·罗杰斯(Rogers, James Gamble)

大卫·斯科里(Skelly, David)

约恩·尤特尊(Utzon, Jorn)

莫蒂默·里士满(Mortimer Richmond)

塞拉斯·匹兹(Silas Pease)

爱默生·贝茨(Emerson Bates)

专业词汇

户外拓展训练(Outward Bound)

国家户外领导学校(the National Outdoor Leadership School)

学生保护联盟(the Student Conservation Association)

落矶山研究中心(the Rocky Mountains Institute, RMI)

长岛海湾(the Long Island Sound)

美国人口署(U. S. Census Bureau)

岩石山组织(Rocky Mountain Institute)

齐默·冈苏尔·弗拉斯卡建筑事务所(Zimmer Gunsul Frasca Partnership)

高盛公司(Goldman Sachs)

弗罗里达州建设和环境中心大学(the University of Florida's Center for Construction and Environment)

美国能源部(the U. S. Department of Energy)

美国采暖制冷空调工程师协会(the American Society of Heating，Refrigerating，and Air-conditioning Engineers，ASHRAE)

女王大楼(Queen's Building)

德蒙特福特工程学院(De Montfort Engineering School)

休特福特公司(Short and Ford)

“后现代哥特式建筑”(Post-Modern Gothic)

氢气燃料电池(Hydrogen Fuel Cell)

“绿色材料”(Green Materials)

森林管理委员会(the Forest Stewardship Council)

可持续森林计划协会(the Sustainable Forestry Initiative)

美国环境保护署(the U.S. Environmental Protection Agency)

国际标准化组织(ISO，the International Organization for Standardization)

奥杜邦大楼(Audubon House)

国家奥杜邦协会(the National Audubon Society)

美国环境保护局(the U.S. Environmental Projection Agency)

美国绿色建筑协会(the U.S. Green Building Council)

能源和环境设计先导计划(Leadership in Energy and Environmental Design，LEED)

《明尼苏达州可持续设计导则》(Minnesota Sustainable Design Guide)

HOK 建筑公司(Hellmuth，Obata，Kassabaum，Inc)

英国建筑研究所环境评估法(the British Research Establishment Environmental Assessment Method，BREEAM)

巴士底狱高架桥(Bastille Viaduct)

艺术桥商业长廊(Promenade Plantee)

流水别墅(Falling Water)

东塔里埃森住宅(Taliesin East)

西塔里埃森住宅(Taliesin West)

约翰逊·沃克斯办公大楼(Johnson Wax Office Building)

荷兰国际联合银行(the International Netherlands Group Bank)

诺曼·福斯特联合公司(Norman Foster and Associates)

《装饰法则》(*The Grammar of Ornament*)

耶鲁大学(Yale University)

纽约肯尼迪机场(New York's Kennedy Airport)

巴黎圣母院(Notre Dame Cathedral)

印度泰姬陵(the Taj Mahal)

纽约中央车站(New York City's Grand Central Station)

布伦特兰委员会(Brundtland Commission)

朱比利校区(诺丁汉大学商学院校区)Jubilee campus (Univ. of Nottingham)

译后记

我们离自然世界越来越远。

当看到这本书时，我不禁想起了我的童年、我的家乡，我怀念那些与自然亲密接触的日子，而这本书则让我重温了年少时美好的回忆。我希望所有看了这本书的读者都能够与我有同样的感受。

与大多数介绍规划设计方法与案例的书不同，本书从环境伦理角度出发，论述了人与自然联系的价值内涵，以及通过恢复性设计来创造和体现这种内涵。本书讲述了童年时代的重要性，还着重讲解了如何通过合理的设计重建自然界与人类生活环境的有益联系。本书特别强调的是，现存的环境危机是因为设计的失败，而不是现代生活方式不可避免的；现今的科学技术发展可以更好地协调自然与人类生活环境的矛盾。

本书主要涵盖了3个方面的内容：首先，通过多方面的实验证明同自然世界广泛接触以及保持自然界的多样性对于人类物质和精神财富的发展是至关重要的；其次，童年时代被认为是同自然接触、相互联系最关键的时期，它影响人类身心发展和成熟，甚至会影响人一生的学习能力；本书的最后一部分将关注如何建立一种新的发展模式，从而协助人类重拾在现代都市环境中失落于自然界的那部分价值。文章最后用叙述性的语言，用讲故事的方式来阐释前面三个方面的理论。

在翻译过程中，我们佩服作者清晰的条理性，每个问题阐述得清楚、明了；更佩服作者优美的文字，有时会产生错觉，以为是一篇优美的散文，而其中的故事更让我们恋恋不忘。

翻译过程同时也是一个深入学习的过程，为了能让读者理解原书作者所要表达的意思，翻译者首先必须理解原文的真实含义，并通过最精练合适的中文文字进行表达。译完全书，我们对作者提出的设计中的“LOVE”原则——低环境影响的(Low Impact)、有机的(Organic)本土的环境设计(Vernacular Environment Design)和可持续性伦理观也有了更深入的认识，这或许才是对我们最好的鼓励。希望本书的面世能让更多的读者走进自然，接近自然，保护自然；希望设计师、规划师更多考虑自然的价值，培养低环境影响设计、有机设计和本土设计理念，实现人与自然的和谐共存。

本书中文版的面世首先要感谢中国建筑工业出版社的盛情邀请和信任。尤其感谢姚丹宁、董苏华两位编辑在本书翻译、校对、再校对的过程中所付出的辛勤劳动。同时还要感谢在翻译过程中关心、支持我们的亲人、师长和朋友们。

本书的翻译过程基本经历了三个阶段：第一阶段由刘英直译原文；第二阶段由朱强、俞来雷统稿和意译；三是由俞孔坚、朱强对全书进行审校。统观全书，比较原著和译著，虽然尽到了自己最大的努力，但仍然自愧不能用同样优美的语言将原著呈现给读者，在此也希望得到广大读者的谅解。

朱强

北京大学景观设计学研究院

2007年12月29日

北大及土人景观著作系列

为推动景观设计学科和实践在中国的发展，北京大学景观设计学研究院，北京土人景观规划设计研究院与中国建筑工业出版社等合作，连续出版理论专著、实践案例和译著，近年来已出版的著作包括：

<u>著作与案例</u>

2007年，俞孔坚．生存的艺术，北京：中国建筑工业出版社。

2006年，俞孔坚，李迪华，刘海龙《“反规划”途径》，北京：中国建筑工业出版社。

2005年，俞孔坚，刘向军，李鸿田——人民景观叙事南北案例，中国建筑工业出版社。

2004年，俞孔坚，王建，黄国平，土呷，李伟，曼陀罗的世界：东乡土景观阅读与城市设计案例，中国建筑工业出版社。

2004年，俞孔坚，石颖 Mary Pudua 著，人民广场——都江堰广场案例，中国建筑工业出版社。

2003年，俞孔坚，庞伟，《足下文化与野草之美——岐江公园案例》，中国建筑工业出版社。

2003年，俞孔坚，李迪华，景观设计：专业，学科与教育，中国建筑工业出版社。

2003年，俞孔坚，李迪华著，城市景观之路，中国建筑工业出版社。

2003年，俞孔坚，Davorin Gazvoda 李迪华等著，多解规划——北京大环案例，中国建筑工业出版社。

2002年，俞孔坚编著，设计时代，河北美术出版社。

2001年，俞孔坚等著，高科技园区景观设计——从硅谷到中关村，中国建筑工业出版社。

1998年，2000，俞孔坚著，景观：文化、生态与感知，北京，科学出版社。

1998年，俞孔坚著，景观：文化、生态与感知，台湾，田园文化出版社。

1998年，2000，俞孔坚著，理想景观探源：风水与理想景观的文化意义，北京，商务印书馆。

1998年，俞孔坚著，生物与文化基于上的图式——风水与理想景观的深层意义，台湾，田园文化出版社。

译著

2008年，朱强，刘英，俞来雷，俞孔坚. 生命的栖居——设计并理解人与自然的联系，中国建筑工业出版社。

2007年，朱强，李雪，张媛，刘英等译，赖特景观，中国建筑工业出版社。

2006年，朱强，黄丽玲，俞孔坚等译，景观规划与环境（第四版），威廉·M·马什（William M. Marsh）著，中国建筑工业出版社。

2006年，刘海龙，郭凌云，俞孔坚等译，城市设计手册，中国建筑工业出版社。

2004年，周年兴，李小凌，俞孔坚等译，（F. Steiner 原著）生命的景观——景观规划的生态学途径(第二版)，中国建筑工业出版社。

2003 年，孟亚凡，俞孔坚等译，(C. Birnnaum，和 R. Karson 原著)，美国景观设计先驱，中国建筑工业出版社。

2002 年，刘玉杰，吉庆萍，俞孔坚等译，(N. Nines 和 K. Browh 原著)，景观设计师简易手册，中国建筑工业出版社。

2001 年，俞孔坚，王志芳，孙鹏等译，(C. Marcus 和 C. Francis 原著)，人性场所，中国建筑工业出版社。

2000 年，俞孔坚，王志芳，孙鹏等译，(J. Simonds 原著)，景观设计学——场地规划与设计手册，中国建筑工业出版社。